高等院校电子信息类专业“互联网+”创新规划教材

MATLAB 基础及其应用教程
（第 2 版）

主　编　王　旭　周开利

内 容 简 介

本书基于 MATLAB 2022a 版本，详细介绍了 MATLAB 的基础知识、数值计算、符号运算、图形处理、程序设计、Simulink 仿真等内容。为配合教学，使读者更加便利地使用本教材，各章编写了教学提示、教学要求和习题，书后附有上机实验指导，随书附赠示例代码或操作指令的相关文件、习题解答、PPT 等电子资源。

本书以适用和实用为基本目标，深入浅出，实例引导，讲解翔实，便于自学，可以作为高等学校的教学用书，也可供有关科研和工程技术人员参考使用。

图书在版编目(CIP)数据

MATLAB 基础及其应用教程 / 王旭，周开利主编. -- 2 版. -- 北京 : 北京大学出版社，2025. 1. -- (高等院校电子信息类专业“互联网+”创新规划教材). ISBN 978-7-301-35377-6

Ⅰ. TP317

中国国家版本馆 CIP 数据核字第 2024A3G684 号

书　　名　MATLAB 基础及其应用教程（第 2 版）
　　　　　　MATLAB JICHU JIQI YINGYONG JIAOCHENG（DI-ER BAN）
著作责任者　王　旭 周开利　主编
策 划 编 辑　郑　双
责 任 编 辑　李斯楠 郑　双
数 字 编 辑　蒙俞材
标 准 书 号　ISBN 978-7-301-35377-6
出 版 发 行　北京大学出版社
地　　址　北京市海淀区成府路 205 号　100871
网　　址　http://www.pup.cn　新浪微博：@北京大学出版社
电 子 邮 箱　编辑部 pup6@pup.cn　总编室 zpup@pup.cn
电　　话　邮购部 010-62752015　发行部 010-62750672　编辑部 010-62750667
印 刷 者　河北滦县鑫华书刊印刷厂
经 销 者　新华书店
　　　　　　787 毫米×1092 毫米　16 开本　21 印张　482 千字
　　　　　　2007 年 3 月第 1 版
　　　　　　2025 年 1 月第 2 版　2025 年 1 月第 1 次印刷
定　　价　59.00 元

第 2 版前言

《MATLAB 基础及其应用教程》（第 1 版）自出版以来，一直是多所学校 MATLAB 课程的指定教材，深受广大师生喜爱。本教材第 1 版已出版近十七年，MATLAB 的版本从当初的 MATLAB 7.1 到如今的 MATLAB R2024a，也历经了多达三十几个版本的更新，广大读者迫切希望本教材能够基于较新的 MATLAB 版本进行修订。

第 2 版基于 MATLAB R2022a 版本进行改编，继承了第 1 版的基本内容和写作风格，尽量精简非必要的部分，着重讲解 MATLAB 最基本的内容，以适应本课程“课时少、内容多、应用广、实践性强”的基本特点。主要对 MATLAB R2022a 的相关新增内容进行了补充，对操作界面、操作方法、运行结果等进行了更新，增加了示例代码或操作指令的文本文件、习题解答、PPT 等电子资源，使本书“深入浅出，实例引导，讲解翔实，便于自学”的特点进一步发扬光大，以期成为新一代 MATLAB 课程的优秀教材。

第 2 版是在第 1 版的基础上改编的，在此，对参与本书第 1 版编写工作的所有老师表示深深的谢意！

参与改编工作的有来自五邑大学的王旭、周开利、徐颖老师和海南大学的伍小芹老师，他们都具有多年从事 MATLAB 教学的经历，其中，王旭、周开利和伍小芹老师还参与了第 1 版的编写工作，为改编本书奠定了良好的基础。本书第 1 章、第四章和上机实验由王旭改编，第 2～3 和第 5 章由伍小芹改编，第 6～8 章由徐颖改编，教学视频由周开利完成。在改编过程中，王旭和周开利完成了对各章节的修改，最后由周开利统编、定稿。

限于作者水平，本书不当之处在所难免，恳请读者批评指正，有关意见可以发至主编的电子邮箱：765486906@qq.com。

编　者

2024 年 10 月

第 1 版前言

MATLAB 作为目前国际上最流行、应用最广泛的科学与工程计算软件之一，深受广大研究工作者的欢迎，成为在校学生必须学习和掌握的基本软件。为此，许多高校开设了 MATLAB 课程，广大师生迫切希望拥有一本适合 MATLAB 课程教学的优秀教材。本教材正是顺应这种需求，在北京大学出版社组织编写“北大版·21 世纪全国应用型本科电子通信系列实用规划教材”之际，组织多所高校从事 MATLAB 教学的教师，结合近年来的教学实践和应用开发实际编写的，期望能为 MATLAB 的教学提供一本适用且实用的优秀教材，同时为 MATLAB 的各类培训和以 MATLAB 进行应用开发的用户提供参考。

本教材基于 MATLAB 7.1 版，讲解 MATLAB 的基础知识和核心内容。在本教材的编写过程中，根据本课程“课时少、内容多、应用广、实践性强”的基本特点，在内容编排上，尽量精简非必要的部分，着重讲解 MATLAB 最基本的内容；对需要学生掌握的内容，做到深入浅出，实例引导，讲解翔实，既为教师讲授提供较大的选择余地，又为学生自主学习提供了方便；而且为使学生能通过练习和实际操作，在较短的时间内掌握 MATLAB 的基本内容及其应用技术，本教材还编写了习题和上机实验。以上编写安排，使本教材在目前的 MATLAB 教材市场上具有明显特色。

本书凝结了集体的智慧，参与本书编写工作的有周开利、李临生、邓春晖、沈献博、伍小芹、李爱华、王旭、易家傅老师，他们分别来自海南大学、厦门大学、太原科技大学、南阳师范学院、烟台大学等多所高等学校。在编写过程中，周开利和邓春晖完成了对各章节的修改，伍小芹和王旭对文字进行了校对，最后由周开利统编、定稿。限于作者水平，本教材不当之处在所难免，恳请读者批评指正，有关意见可以发至主编的电子邮箱：kaili@hainu.edu.cn。

编　者
2006 年 8 月

目　　录

第 1 章

MATLAB 简介

教学提示

MATLAB 是目前在国际上被广泛接受和使用的科学与工程计算软件。虽然 Cleve Moler 博士开发它的初衷是为了更简单快捷地解决矩阵运算，但 MATLAB 现在的发展已经使其成为一种集数值运算、符号运算、数据可视化、图形界面设计、程序设计、仿真等多种功能于一体的集成软件。MATLAB 在科学研究、工程设计、数值计算等众多科学领域应用广泛。

教学要求

MATLAB
课程简介

了解 MATLAB 的发展历史、应用领域、特点和功能，了解 MATLAB 工具箱的概念及类型，熟悉 MATLAB 的文件类型，重点掌握 MATLAB 主界面中各窗口的用途、操作指令和操作方法。

1.1 MATLAB 的发展沿革

20 世纪 70 年代中后期，曾在密西根大学、斯坦福大学和新墨西哥大学担任数学与计算机科学教授的 Cleve Moler 博士，为满足讲授矩阵理论和数值分析课程的需要，和他的同事用 Fortran 语言编写了两个子程序库 EISPACK 和 LINPACK，这便是构思和开发 MATLAB 的起点。MATLAB 一词是对 Matrix Laboratory（矩阵实验室）的缩写，由此可见 MATLAB 与矩阵计算的渊源。MATLAB 除了包含 EISPACK 和 LINPACK 两大软件包的子程序，还包含了用 Fortran 语言编写的、用于承担命令翻译的部分。

为进一步推动 MATLAB 的应用，在 20 世纪 80 年代初，John Little 等将先前的 MATLAB 全部用 C 语言进行改写，形成了新一代的 MATLAB。1984 年，Cleve Moler 和 John Little 等成立 MathWorks 公司，并于同年在拉斯维加斯举行的 IEEE 决策与控制会议（IEEE Conference on Decision and Control）上首次发布台式机商业版本 PC-MATLAB。次年，发布了针对 UNIX 工作站的 Pro-MATLAB。在扩展版本中，John Little 和 Bangert 对初版 MATLAB 做了许多重要的修改和提高。其中最重要的是函数、工具箱和图形化。

随着市场接受度的提高，MATLAB 的功能也不断增强，在完成数值计算的基础上，新增了数据可视化以及与其他流行软件的接口等功能，并开始了对MATLAB工具箱的研究开发。

表 1-1 列出了 MATLAB 桌面版版本的更新时间，下面对各版本新增的主要特性及功能进行简单介绍。

表 1-1　MATLAB 桌面版版本更新

版本	建造编号	发布时间	版本	建造编号	发布时间
MATLAB 1.0	—	1984	MATLAB 7.8	R2009a	2009
MATLAB 2.0	—	1986	MATLAB 7.9	R2009b	2009
MATLAB 3.0	—	1987	MATLAB 7.10	R2010a	2010
MATLAB 3.5	—	1990	MATLAB 7.11	R2010b	2010
MATLAB 4.0	—	1992	MATLAB 7.12	R2011a	2011
MATLAB 4.2c	R7	1994	MATLAB 7.13	R2011b	2011
MATLAB 5.0	R8	1996	MATLAB 7.14	R2012a	2012
MATLAB 5.1	R9	1997	MATLAB 8.0	R2012b	2012
MATLAB 5.1.1	R9.1	1997	MATLAB 8.1	R2013a	2013
MATLAB 5.2	R10	1998	MATLAB 8.2	R2013b	2013
MATLAB 5.2.1	R10.1	1998	MATLAB 8.3	R2014a	2014
MATLAB 5.3	R11	1999	MATLAB 8.4	R2014b	2014
MATLAB 5.3.1	R11.1	1999	MATLAB 8.5	R2015a	2015
MATLAB 6.0	R12	2000	MATLAB 8.6	R2015b	2015
MATLAB 6.1	R12.1	2001	MATLAB 9.0	R2016a	2016
MATLAB 6.5	R13	2002	MATLAB 9.1	R2016b	2016
MATLAB 6.5.1	R13SP1	2003	MATLAB 9.2	R2017a	2017
MATLAB 6.5.2	R13SP2	2003	MATLAB 9.3	R2017b	2017
MATLAB 7.0	R14	2004	MATLAB 9.4	R2018a	2018
MATLAB 7.0.1	R14SP1	2004	MATLAB 9.5	R2018b	2018
MATLAB 7.0.4	R14SP2	2005	MATLAB 9.6	R2019a	2019
MATLAB 7.1	R14SP3	2005	MATLAB 9.7	R2019b	2019
MATLAB 7.2	R2006a	2006	MATLAB 9.8	R2020a	2020
MATLAB 7.3	R2006b	2006	MATLAB 9.9	R2020b	2020
MATLAB 7.4	R2007a	2007	MATLAB 9.10	R2021a	2021
MATLAB 7.5	R2007b	2007	MATLAB 9.11	R2021b	2021
MATLAB 7.6	R2008a	2008	MATLAB 9.12	R2022a	2022
MATLAB 7.7	R2008b	2008	MATLAB 9.13	R2022b	2022

1986 年推出的 2.0 版增加了控制系统工具箱，次年发布的 3.0 版又增加了信号处理工具箱，同时，新增了 MATLAB 和 Simulink 的核心内容——常微分方程（Ordinary Differential Equation，ODE）的数值解。

1990 年，MATLAB 提供了新的控制系统模型化图形输入与仿真工具，并命名为 Simulab，使得仿真软件进入了模型化图形组态阶段。

1992 年推出了基于个人计算机（Personal Computer，PC）的以 Windows 为操作系统平台的 MATLAB 4.0 版，将 Simulab 正式命名为 Simulink［即 simu（仿真）和 link（连接）］作为可视化仿真工具。Simulink 是一个模块图环境，用于多域仿真以及基于模型的设计，支持系统设计、仿真、自动代码生成以及嵌入式系统的连续测试和验证。同时，新增了稀疏矩阵处理功能。Simscape 提供对多域物理系统进行建模和仿真的工具以扩展 Simulink 的功能，该工具可以将包含机械、液压和电气组件的多域物理系统描述为物理网络。

1994 年推出的 MATLAB 4.2c 版，扩充了 4.0 版的功能，尤其在图形界面设计方面提供了新的方法，新增了图像处理工具箱和符号运算工具箱。

1996 年推出的 MATLAB 5.0 版增加了更多的数据结构，如结构数组、元胞数组、多维数组、结构体等，使其成为了一种更方便的编程语言。

1999 年初推出的 MATLAB 5.3 版新增了对象、类等，在很多方面又进一步改进了 MATLAB 的功能。

2000 年 10 月底推出了全新的 MATLAB 6.0 正式版（Release 12），在核心数值算法、界面设计、外部接口、应用桌面等诸多方面都有了极大的改进。时隔 2 年，即 2002 年 8 月又推出了 MATLAB 6.5 版，其操作界面进一步集成化，并开始运用 JIT 加速技术，使其运算速度有了明显提高。

2004 年 7 月，MathWorks 公司推出了 MATLAB 7.0 版（Release l4），其中集成了 MATLAB 7.0 编译器、Simulink 6.0 图形仿真器及很多工具箱，在数据类型、编程环境、代码效率、数据可视化、文件 I/O、函数句柄、并行计算等方面都进行了全面的升级。在以后近十年的时间里，MATLAB 取得了长足的发展。例如，新增了改进的对象、GPU 支持、实时编辑器、Tall 数组和分类数组等强大功能。

2022 年 9 月推出了 MATLAB 9.13 版（R2022b），包括了新的时间序列分析工具，提供了 Linux 平台上的 64 位版本，进一步加强了对 MacOS 平台的支持，并且优化了在 Linux 和 MacOS 平台上的基本线性代数子程序库。

MATLAB Online 是由 Math Works 公司推出的网页版 MATLAB。该版本无须下载或安装，只要接入互联网并登录，即可通过任何标准的 Web 浏览器访问 MATLAB，并可以直接与他人共享脚本及其他 MATLAB 文件；其云存储和同步功能，能够使 MATLAB Online 从任何位置存储、访问和管理文件。例如，在个人计算机和 MATLAB Online 之间同步文件，无须手动上传或下载；能够自动更新到最新版本，为所有用户提供具有最新功能的统一平台。

显然，今天的 MATLAB 已经不再是仅仅解决矩阵与数值计算的软件，更是一种集数值运算、符号运算、数据可视化、图形界面设计、程序设计、仿真等多种功能于一体的集成软件，其广泛应用于工程设计、数值计算等众多科学领域，并提供全面的解决方案。目前，在教育领域，MATLAB 已经成为线性代数、数值分析计算、数学建模、信号与系统分析、自动控制、数字信号处理、通信系统仿真等课程的基本教学工具。在工程领域，数以百万计的工程师都在使用 MATLAB 分析和设计系统与产品。MATLAB 不仅可以支持桌面上的创新，还可以进一步扩展到集群和云计算环境，实现对大型数据集的高效运算与分析模拟。

1.2　MATLAB 的特点及应用领域

MATLAB 有两种基本的数据运算量：数组和矩阵。单从形式上来看，它们之间是不好区分的。每一个量可能被当作数组，也可能被当作矩阵，这要依据所采用的运算法则或运算函数来定。在 MATLAB 中，数组与矩阵的运算法则和运算函数是有区别的。但不论是 MATLAB 的数组还是 MATLAB 的矩阵，都已经改变了一般高级语言中使用数组的方式和解决矩阵问题的方法。

在 MATLAB 中，矩阵运算是把矩阵视为一个整体来进行，基本上与线性代数的处理方法一致。矩阵的加减乘除、乘方开方、指数对数等运算，都有一套专门的运算符或运算函数。而对于数组，不论是算术运算，还是关系或逻辑运算，甚至于调用函数的运算，都有一套有别于矩阵的、完整的运算符和运算函数，虽然在形式上可以把数组当作整体，但实质上却是针对数组的每个元素施行的。

当 MATLAB 把矩阵（或数组）独立地当作一个运算量来对待后，向下可以兼容向量和标量。不仅如此，矩阵和数组中的元素可以用复数作基本单元，向下可以包含实数集。这些是 MATLAB 区别于其他高级语言的根本特点。以此为基础，还可以概括出如下一些 MATLAB 的特色。

1. 语言简洁，编程效率高

因为 MATLAB 定义了专门用于矩阵运算的运算符，使得矩阵运算就像列出算式执行标量运算一样简单，而且这些运算符本身就能执行向量和标量的多种运算。利用这些运算符可使一般高级语言中的循环结构变成一个简单的 MATLAB 语句，再结合 MATLAB 丰富的库函数可使程序变得相当简短，几条语句即可代替数十行 C 语言或 Fortran 语言程序语句的功能。

2. 计算功能强大，快速解决计算问题

MATLAB 包含了大量计算算法，拥有 600 多个工程中要用到的数学运算函数，可以方便地实现用户所需的各种计算功能。在计算要求相同的情况下，使用 MATLAB 的编程工作量会大大减少。强大的数值计算及符号计算功能，能使用户从繁杂的数学运算分析中解脱出来。

3. 交互性好，使用方便

在 MATLAB 的命令行窗口中，输入一条命令，立即就能看到该命令的执行结果，体现了良好的交互性。这种交互方式减少了编程和调试程序的工作量，给使用者带来了极大的方便。因为不用像使用 C 语言和 Fortran 语言那样，首先编写源程序，然后对其进行编译、连接，待形成可执行文件后，方可运行程序得出结果。

4. 强大的绘图能力，便于数据可视化

MATLAB 不仅能绘制多种不同坐标系中的二维曲线，还能绘制三维曲面，体现了其强大的绘图能力。正是这种能力为数据的图形化表示（即数据可视化）提供了有力工具，使数据的展示更加形象生动，有利于揭示数据间的内在关系。

5. 学科众多、领域广泛的工具箱

MATLAB 工具箱（函数库）可分为两类：功能性工具箱和学科性工具箱。功能性工具箱主要用来扩充其符号计算功能、图示建模仿真功能、文字处理功能以及与硬件实时交互的功能。而学科性工具箱专业性比较强，如优化工具箱、统计工具箱、控制工具箱、通信工具箱、图像处理工具箱、小波工具箱等。

6. 开放性好，易于扩充

除内部函数外，MATLAB 的其他文件都是公开的、可读可改的源文件，这体现了 MATLAB 开放性强的特点。用户可修改源文件和加入自己的文件，甚至构造自己的工具箱。

7. 与 C 语言和 Fortran 语言有良好的接口

通过 MEX 文件，可以方便地调用 C 语言和 Fortran 语言编写的函数或程序，完成 MATLAB 与它们的混合编程。MATLAB 代码可以与其他语言集成，使其能够在 Web、企业和生产系统中部署算法和应用程序。

MATLAB 的应用领域十分广阔，典型的应用举例如下。

（1）数据分析。

（2）并行计算。

（3）数值与符号计算。

（4）工程与科学绘图。

（5）控制系统设计。

（6）AI、数据科学和统计学。

（7）机器人与自主系统。

（8）信号处理。

（9）图像处理和计算机视觉。

（10）语音处理。

（11）测试和测量。

（12）FPGA、ASIC 和 SoC 开发。

（13）无线通信。

（14）财务、金融分析。

（15）建模、仿真及样机开发。

（16）新算法研究开发。

（17）图形用户界面设计。

（18）航空航天。

（19）汽车工业。

（20）计算生物学。

（21）计算金融学。

1.3 MATLAB 系统及工具箱

概括地讲，整个 MATLAB 系统由两部分组成：一是 MATLAB 基本部分，二是各种功能性和学科性的工具箱。系统的强大功能由它们表现出来。

MATLAB 系统的基本组成部分包括数组、矩阵运算，代数和超越方程的求解，数据处理和傅里叶变换，数值积分等。

MATLAB 工具箱实际上是用 MATLAB 语句编成的、可供调用的函数文件集，用于解决某一方面的专业问题或实现某一类新算法。MATLAB 工具箱中的函数文件可以修改、增加或删除，用户也可根据自己研究领域的需要自行开发工具箱并外挂到 MATLAB 中。MATLAB 2022a 本身提供的工具箱就多达几十个，互联网上还有大量的由用户开发的工具箱资源。

1. 信号处理类

（1）信号处理工具箱（Signal Processing Toolbox）。

（2）相控阵系统工具箱（Phased Array System Toolbox）。

（3）DSP 系统工具箱（DSP System Toolbox）。

（4）小波工具箱（Wavelet Toolbox）。

（5）高阶谱分析工具箱（Higher Order Spectral Analysis Toolbox）。

2. 射频与混合信号类

（1）天线工具箱（Antenna Toolbox）。

（2）射频工具箱（RF Toolbox）。

（3）射频模块集（RF Blockset）。

（4）雷达工具箱（Radar Toolbox）。

（5）激光雷达工具箱（Lidar Toolbox）。

（6）混合信号模块集（Mixed-Signal Blockset）。

（7）串行器/解串器工具箱（SerDes Toolbox）。

3. 图像与音视频类

（1）图像采集工具箱（Image Acquisition Toolbox）。
（2）图像处理工具箱（Image Processing Toolbox）。
（3）GPU 编码器（GPU Coder）。
（4）计算机视觉工具箱（Computer Vision Toolbox）。
（5）音频工具箱（Audio Toolbox）。

4. 控制系统类

（1）控制系统工具箱（Control System Toolbox）。
（2）系统辨识工具箱（System Identification Toolbox）。
（3）预测性维护工具箱（Predictive Maintenance Toolbox）。
（4）鲁棒控制工具箱（Robust Control Toolbox）。
（5）模型预测控制工具箱（Model Predictive Control Toolbox）。
（6）模型校准工具箱（Model-Based Calibration Toolbox）。
（7）Simulink 控制设计（Simulink Control Design）。
（8）强化学习工具箱（Reinforcement Learning Toolbox）。
（9）电机控制模块集（Motor Control Blockset）。
（10）状态流建模与仿真（Stateflow）。
（11）系统工程和软件架构建模工具箱（System Composer）。
（12）过程控制 OLE 工具箱（OPC Toolbox）。

5. 计算机类

（1）TCP/UDP/IP 工具箱（TCP/UDP/IP Toolbox）。
（2）数据库工具箱（Database Toolbox）。
（3）数据输入工具箱（Datafeed Toolbox）。
（4）离散事件仿真引擎和组件（SimEvents）。
（5）ThingSpeak 物联网平台（ThingSpeak for IoT Projects）。

6. 测试和测量类

（1）数据采集工具箱（Data Acquisition Toolbox）。
（2）仪器控制工具箱（Instrument Control Toolbox）。
（3）传感器融合与跟踪工具箱（Sensor Fusion and Tracking Toolbox）。

7. 无线通信类

（1）通信工具箱（Communications Toolbox）。
（2）无线局域网工具箱（WLAN Toolbox）。
（3）LTE 工具箱（LTE Toolbox）。
（4）5G 工具箱（5G Toolbox）。

8. FPGA、ASIC 和 SoC 开发类

（1）嵌入式编码器（Embedded Coder）。
（2）HDL 编码器（HDL Coder）。
（3）HDL 验证器（HDL Verifier）。
（4）无线 HDL 工具箱（Wireless HDL Toolbox）。
（5）视觉 HDL 工具箱（Vision HDL Toolbox）。
（6）深度学习 HDL 工具箱（Deep Learning HDL Toolbox）。
（7）滤波器设计 HDL 编码器（Filter Design HDL Coder）。
（8）定点设计器（Fixed-Point Designer）。
（9）SoC 模块集（SoC Blockset）。

9. 汽车类

（1）动力系统模块集（Powertrain Blockset）。
（2）车辆动力学模块集（Vehicle Dynamics Blockset）。
（3）导航工具箱（Navigation Toolbox）。
（4）自动驾驶工具箱（Automated Driving Toolbox）。
（5）车联网工具箱（Vehicle Network Toolbox）。
（6）汽车开放系统架构仿真模块（AUTOSAR Blockset）。
（7）RoadRunner 资源库（RoadRunner Asset Library）。

10. 航空航天类

（1）航空模块集（Aerospace Blockset）。
（2）航空工具箱（Aerospace Toolbox）。
（3）飞机适航认证套件（DO Qualification Kit）。
（4）无人机工具箱（UAV Toolbox）。

11. 计算金融类

（1）计量经济学工具箱（Econometrics Toolbox）。
（2）金融工具箱（Financial Toolbox）。
（3）金融工具工具箱（Financial Instruments Toolbox）。
（4）贸易工具箱（Trading Toolbox）。
（5）风险管理工具箱（Risk Management Toolbox）。

12. 计算生物学类

（1）生物信息学工具箱（Bioinformatics Toolbox）。
（2）模拟生物学工具箱（SimBiology）。

13. 数学和优化类

（1）曲线拟合工具箱（Curve Fitting Toolbox）。
（2）优化工具箱（Optimization Toolbox）。
（3）全局优化工具箱（Global Optimization Toolbox）。
（4）符号数学工具箱（Symbolic Math Toolbox）。
（5）地理工具箱（Mapping Toolbox）。
（6）偏微分方程工具箱（Partial Differential Equation Toolbox）。
（7）凸优化工具包求解器（SeDuMi）。
（8）Yalmip 优化工具箱（Yalmip）。

14. AI、数据科学和统计学类

（1）统计学与机器学习工具箱（Statistics and Machine Learning Toolbox）。
（2）机器人系统工具箱（Robotics System Toolbox）。
（3）机器人操作系统工具箱（ROS Toolbox）。
（4）强化学习工具箱（Reinforcement Learning Toolbox）。
（5）文本分析工具箱（Text Analytics Toolbox）。
（6）深度学习工具箱（Deep Learning Toolbox）。
（7）模糊逻辑工具箱（Fuzzy Logic Toolbox）。

15. Simscape 和 Simulink 类

（1）Simscape 传动系统建模与仿真（Simscape Driveline）。
（2）Simscape 电气系统建模与仿真（Simscape Electrical）。
（3）Simscape 流体系统建模与仿真（Simscape Fluids）。
（4）Simscape 多体机械系统建模与仿真（Simscape Multibody）。
（5）Simulink 三维动画动态仿真系统（Simulink 3D Animation）。
（6）Simulink 设计质量与标准合规性检查（Simulink Check）。
（7）Simulink 代码检查器（Simulink Code Inspector）。
（8）Simulink 代码生成器（Simulink Coder）。
（9）Simulink 编译器（Simulink Compiler）。
（10）Simulink 控制系统设计（Simulink Control Design）。
（11）Simulink 模型和代码覆盖率分析（Simulink Coverage）。
（12）Simulink 优化设计（Simulink Design Optimization）。
（13）Simulink 设计验证（Simulink Design Verifier）。
（14）Simulink 桌面实时控制系统（Simulink Desktop Real-Time）。
（15）Simulink PLC 代码生成器（Simulink PLC Coder）。
（16）Simulink 实时仿真和测试（Simulink Real-Time）。

（17）Simulink 报告生成器（Simulink Report Generator）。
（18）Simulink 仿真测试（Simulink Test）。

16. 其他类

（1）并行计算工具箱（Parallel Computing Toolbox）。
（2）GUI 排版工具箱（GUI Layout Toolbox）。
（3）IEC 认证工具包（IEC Certification Kit）。
（4）多空间 Bug 查找器（Polyspace Bug Finder）。
（5）多空间 Bug 查找服务器（Polyspace Bug Finder Server）。
（6）多空间码验证器（Polyspace Code Prover）。
（7）多空间码验证服务器（Polyspace Code Prover Server）。
（8）电子表格链接（Spreadsheet Link for Microsoft Excel）。

1.4 MATLAB 的安装和启动

1.4.1 MATLAB 对系统的要求

MATLAB 可以在 Windows、MacOS、Linux 等平台上运行，对于大家常用的 Windows 平台，推荐的系统配置如下。

1. 操作系统

（1）Windows 11。
（2）Windows 10（Version 1909 或者更高）。
（3）Windows Server 2019。
（4）Windows Server 2022。

2. 处理器

任何 Intel 或 AMD x86 64 位处理器均可，推荐使用具有 4 个逻辑核心和支持 AVX2 指令集的 Intel 或 AMD x86 64 位处理器，MATLAB 的未来版本将需要支持 AVX2 指令集的处理器。

3. RAM

最小 4 GB，推荐 8 GB。

4. 硬盘

强烈建议使用 SSD（Solid State Drive，固态硬盘），其存储空间大小要求如下。
（1）仅安装 MATLAB：3.6 GB。
（2）典型安装：5～8 GB。
（3）所有产品安装：31.5 GB。

5. 显卡

不需要特定的显卡，但建议使用支持 OpenGL 3.3、1GB GPU（Graphic Processing Unit，图形处理单元）内存的硬件加速显卡。使用并行计算工具箱的 GPU 加速需要，具有特定计算能力范围的 GPU。有关更多信息，请参阅 GPU 计算要求。

1.4.2　获取和安装 MATLAB

（1）从 MathWorks Store 或管理员处获取软件许可证或试用版。

（2）从 MathWorks 官网下载安装程序。

（3）运行安装程序，安装程序将会自动提示安装步骤，按所给提示做出选择，便能顺利完成安装。

成功安装后，MATLAB 将在桌面放置一图标，双击该图标即可启动 MATLAB，如图 1.1 所示。

图 1.1　MATLAB 启动界面

1.5　MATLAB 操作界面

安装后首次启动 MATLAB R2022a 的主界面如图 1.2 所示，这是系统默认的、未曾被用户依据自身需要和喜好设置过的界面。

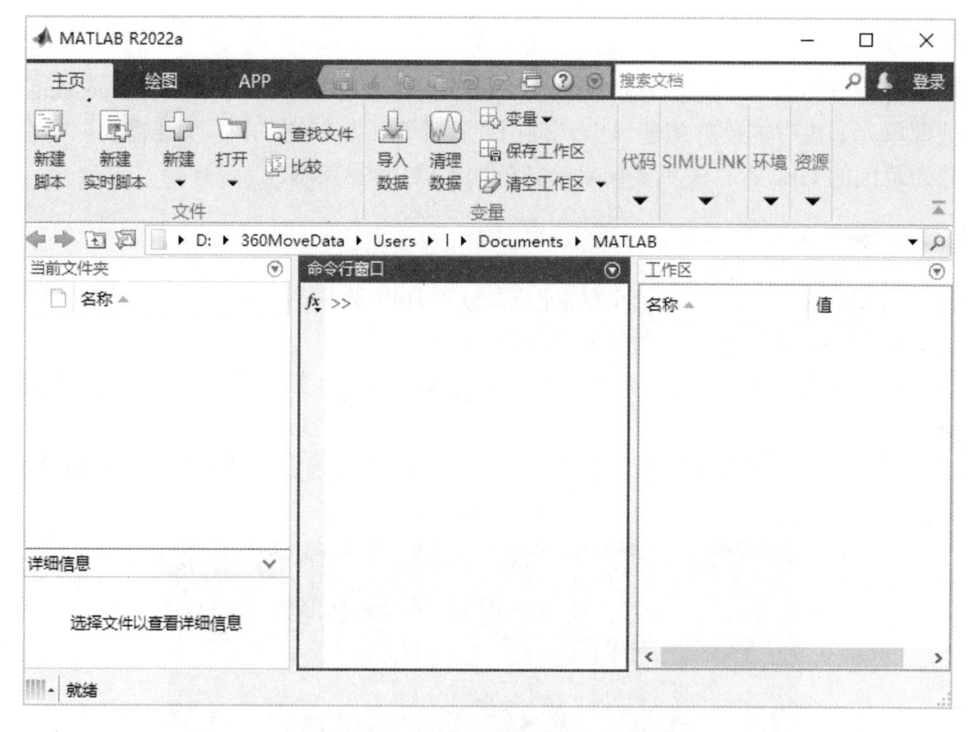

图 1.2　MATLAB R2022a 默认的主界面

MATLAB R2022a 操作界面中包含“主页”“绘图”“APP”3 个选项卡。其中，“绘图”选项卡提供数据的绘图功能；“APP”选项卡则提供了各应用程序的入口；“主页”选项卡的功能在 1.5.1 节中详细介绍。

MATLAB R2022a 默认操作界面包括“命令行窗口”“当前文件夹”窗口、文件“详细信息”窗口和“工作区”窗口。

1.5.1　“主页”选项卡面板

“主页”选项卡下包括“文件”“变量”“代码”“Simulink”“环境”“资源”6 个面板，主要提供如下功能。

1. 文件操作

（1）新建：可以新建脚本、实时脚本、函数、实时函数、类、测试类、System object、工程、图窗、App、Stateflow 图、Simulink 模型等文件类型。

（2）打开：可以打开最近打开的文件，以及其他所有的 MATLAB 文件类型，也可通过快捷键 Ctrl+O 来实现此项操作。

（3）查找：可以根据用户设定的查询条件，查找文件。

（4）比较：可以比较 2 个代码文件或数据文件之间的差异，作为辅助开发比较方便，常用的代码文件格式有 MATLAB 中的.m、.tlc 文件，C 语言中的.c、.h 文件等。

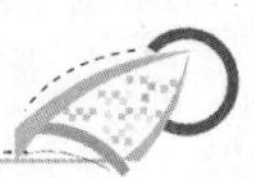

2. 变量操作

（1）新建：打开“工作区变量”窗口，直接新建变量，编辑变量。

（2）打开变量：打开“工作区变量”窗口，编辑变量。

（3）导入数据：从其他文件中导入数据。

（4）清理数据：打开“数据清理器”窗口，以交互方式识别和清理混乱的时间表数据。

（5）保存工作区：把工作区的数据存放到相应的路径文件中。

（6）清空工作区：清除工作区变量或清除工作区中所有变量和函数。

3. 代码操作

（1）收藏夹：收藏命令（之前称为命令快捷方式）提供了一种简单的方法来运行一组用户常用的 MATLAB 语句。例如，可以使用收藏命令来设置开始工作的环境，或为用户创建的图窗设置相同的属性。

① 创建和运行收藏命令。要创建收藏命令，请执行下列操作。

（a）单击“主页”选项卡上的“收藏夹”按钮，然后单击“新建收藏”选项，打开“收藏命令编辑器”对话框。

（b）在标签字段中，为收藏命令输入一个名称。例如，输入 Setup Workspace。

（c）在代码字段中，输入希望该收藏命令运行的语句。也可以从“命令行”窗口、“命令历史记录”窗口或文件中拖放语句。在保存收藏命令时，MATLAB 会自动删除代码字段中的任何命令提示符“>>”。例如，输入以下语句：

```
format compact
clear
workspace
filebrowser
clc
```

（d）在类别字段中，输入新类别的名称或从下拉列表中选择一个现有类别。如果将此字段留空，则收藏命令将会显示在默认收藏命令类别中。

（e）在图标字段中，选择一个图标。

（f）要将收藏命令添加到快速访问工具栏中，请选中“添加到快速访问工具栏”和“在快速访问工具栏上显示标签”这两个选项。

（g）要运行代码部分的语句并确保其执行所需的操作，请单击“测试”按钮。

（h）完成收藏命令的配置后，单击“保存”按钮。

要运行收藏命令，请在“主页”选项卡上单击“收藏夹”按钮，然后单击所需收藏命令的图标，“收藏命令编辑器”的代码字段中的所有语句都会被执行，就好像从“命令行”窗口运行这些语句一样，但它们不显示在“命令历史记录”窗口中。

要编辑收藏命令，单击收藏命令右侧的 图标。要删除收藏命令，单击收藏命令右侧的 图标，也可以右键单击“收藏”命令，然后选择“编辑收藏”命令或“删除收藏”命令。

② 组织收藏命令，将其存储在不同的类别中。要创建一个新类别，请执行下列操作。

（a）在“主页”选项卡的代码部分中，单击“收藏夹”命令，然后单击“新建类别”命令。将打开“收藏项类别编辑器”对话框。

（b）在标签字段中，为该类别输入一个名称。对于此示例，输入 My Favorite Favorites。

（c）在图标字段中，选择一个图标。

（d）要将该类别添加到快速访问工具栏，选中“添加到快速访问工具栏”和“在快速访问工具栏上显示标签”这两个选项。

（e）单击“保存”按钮。

要在类别列表中向上或向下移动某个类别，或在类别中移动某个收藏命令，请将该类别或收藏命令拖到所需的位置，也可以使用类别右侧的▲和▼按钮。

要更改一个类别或收藏命令是否显示在快速访问栏中，请单击该类别或收藏命令右侧的和图标。在 MATLAB Online 中，右击“类别”或“收藏”命令，然后选择“添加到快速访问工具栏”命令。要将所有收藏命令添加到快速访问栏，请在“主页”选项卡上右击“收藏夹”选项，然后选择“添加到快速访问工具栏”命令。

要进一步配置在快速访问栏中显示哪些收藏命令和收藏项类别，请在“主页”选项卡的代码部分中，单击“收藏夹”选项，然后单击图标。MATLAB Online 不支持配置“快速访问栏”。

（2）分析代码：探查器为用户提供有关代码的整体执行以及所调用的每个函数的信息，以帮助用户确定可以在何处改进代码的性能。要开始对代码进行探查，在“主页”选项卡中单击“分析代码”选项，打开“探查器”窗口，使用以下选项之一。

① 在上面的探查部分中选择“开始探查”选项。

② 在上面的“输入要运行的代码并计时”文本字段中输入 MATLAB 代码，然后单击“运行并计时”按钮。

③ 在编辑器中打开 MATLAB 脚本或函数，然后在“编辑器”选项卡的运行部分中单击“运行并计时”按钮。

（3）清除命令：清除命令行窗口或命令历史记录的显示内容（clc）。

4. Simulink

启动 Simulink，打开“Simulink 起始页”。

5. 环境设置

（1）布局：提供工作界面上各个组件的显示选项，并提供预设的布局，包括“默认”“两列”“除命令行窗口外全部最小化”“仅命令行窗口”“保存布局”“整理布局”“显示”（当前文件夹、工作区、面板标题、工具条）“命令历史记录”“快速访问工具栏”“当前文件夹工具栏”等选项。

（2）预设：用于设置 MATLAB 界面窗口的属性，默认为命令行窗口属性，单击“预设”按钮弹出“预设项”对话框进行设置。

（3）设置路径：单击“设置路径”按钮，弹出“设置路径”对话框，设置工作路径。

（4）Parallel：单击“Parallel”按钮，进行并行计算（Parallel computing options）环境设置，选择项包括“Select a Default Cluster”“Discover Clusters”“Create and Manage Clusters”“Monitor Jobs”“Parallel Preferences”等。

（5）附加功能：通过 MathWorks 工具箱、硬件支持和社区来扩展 MATLAB 功能。使用附加功能资源管理器可查找、运行和安装附加功能，包括 App、工具箱、支持包以及更多内容。附加功能通过提供针对特定任务和应用程序的额外功能而对 MATLAB 的功能进行扩展，如连接到硬件设备、其他算法和交互式 App。它们包含各种资源，如产品、App、支持包和工具箱。附加功能可从 MathWorks 公司和全球的 MATLAB 用户社区获取。

注意：要访问附加功能资源管理器，许可证必须在 MathWorks 软件维护有效期内。

6. 资源

（1）帮助：单击?图标打开“帮助”窗口，或者单击“帮助”按钮，选择所需要的帮助选项，如“帮助文档”“示例”“支持网站”等。

（2）社区：单击“社区”按钮，访问 MathWorks 在线社区。

（3）请求支持：单击“请求支持”按钮，按弹出窗口的提示，逐项进行寻求技术支持的操作，以获得技术支持。

（4）了解 MATLAB：单击“了解 MATLAB”按钮，打开自定义进度在线课程网页，按需访问学习资源。

1.5.2　“命令行”窗口

MATLAB
命令行窗口

在 MATLAB 默认主界面的中间是“命令行”窗口，它是 MATLAB 最重要的窗口。单击窗口右上角图标，可以弹出对“命令行”窗口进行操作的各种选项，如图 1.3 所示。

“命令行”窗口可从 MATLAB 主界面中分离出来，以便单独显示和操作，当然也可重新返回主界面中，其他窗口也有相同的行为。分离“命令行”窗口可单击窗口右上角图标，在弹出菜单中选择“取消停靠”命令，也可直接用鼠标将“命令行”窗口拖离主界面，其结果如图 1.4 所示。若将“命令行”窗口返回到主界面中，可单击窗口右上角图标，在弹出菜单中选择“停靠”命令即可。

清空命令行窗口(W)
全选(S)　Ctrl+A
查找(F)...　Ctrl+F
打印(P)...　Ctrl+P
页面设置(G)...
最小化
最大化　Ctrl+Shift+M
取消停靠　Ctrl+Shift+U

图 1.3　对“命令行”窗口进行操作的弹出菜单

图 1.4　分离的命令行窗口

“命令行”窗口，顾名思义是一行一行接受命令输入的窗口，但实际上，可输入的对象除 MATLAB 命令之外，还包括函数、表达式、语句以及 M 文件名或 MEX 文件名等。为叙述方便，这些可输入的对象以下统称语句。

MATLAB 的工作方式之一是：在“命令行”窗口中输入语句，然后由 MATLAB 逐句解释、执行并在“命令行”窗口中给出结果，“命令行”窗口可显示除图形以外的所有运算结果。下面分几点对使用“命令行”窗口的一些相关问题加以说明。

1. 命令提示符和语句颜色

在“命令行”窗口中，每行语句前都有一个符号“>>”，此即命令提示符。可在此符号后（也只能在此符号后）输入各种语句并按 Enter 键，方可被 MATLAB 接受和执行，执行的结果通常就直接显示在语句下方。

不同类型语句用不同颜色区分。在默认情况下，输入的命令、函数、表达式以及计算结果等采用黑色字体；字符串采用紫色；if、for 等关键词采用蓝色；注释语句用绿色；错误提示字体为褐红色。

2. 语句的重复调用、编辑和重运行

命令行窗口不仅能编辑和运行当前输入的语句，而且对曾经输入的语句也有快捷的方法进行重复调用、编辑和运行。成功实施重复调用的前提是已输入的语句仍然保存在“命令历史”窗口中（未对该窗口执行清除操作）。而重复调用和编辑的快捷方法就是利用表 1-2 所列的键盘按键进行操作。

表 1-2　重复调用和编辑用到的键盘按键

键盘按键	作用	键盘按键	作用
↑	向上回调以前输入的语句行	Home	让光标跳到当前行的开头
↓	向下回调以前输入的语句行	End	让光标跳到当前行的末尾
←	光标在当前行中左移一字符	Delete	删除当前行光标后的字符
→	光标在当前行中右移一字符	Backspace	删除当前行光标前的字符

其实这些按键与文字处理软件中的同一编辑键在功能上是大体一致的，不同点主要是：在文字处理软件中编辑键是针对整个文档使用；而在 MATLAB“命令行”窗口中是以行为单位使用这些按键，类似于编辑 DOS 命令的使用方法。提到后一点是有用意的，实际上，MATLAB 有很多命令就是从 DOS 命令中借来的。本书 1.8 节还会就一些常用命令做专门介绍。

3. 语句行中使用的标点符号

在 MATLAB 中输入语句时，可能要用到各种符号，这些符号在 MATLAB 中所起的作用如表 1-3 所示。提醒一下，在向“命令行”窗口输入语句时，一定要在英文输入状态下输入，尤其在刚刚输完汉字后初学者很容易忽视中英文输入状态的转换。

表 1-3　MATLAB 语句中常用标点符号的作用

名　称	符　号	作　用
空格		变量分隔符；矩阵一行中各元素间的分隔符；程序语句关键词分隔符
逗号	,	分隔欲显示计算结果的各语句；变量分隔符；矩阵一行中各元素间分隔符
点号	.	数值中的小数点；结构数组的域访问符
分号	;	分隔不想显示计算结果的各语句；矩阵行与行的分隔符
冒号	:	用于生成一维数值数组；表示一维数组的全部元素或多维数组某一维的全部元素
百分号	%	注释语句说明符，凡在其后的字符视为注释性内容而不被执行
单引号	' '	字符串标识符
圆括号	()	用于矩阵元素引用；用于函数输入变量列表；确定运算的先后次序
方括号	[]	向量和矩阵标识符；用于函数输出列表
花括号	{}	标识元胞数组
续行号	…	长命令行需分行时连接下行用
赋值号	=	将表达式赋值给一个变量

语句行中使用标点符号示例。

```
>> a=24.5,b='Hi,Miss Black'          %“>>”为命令提示符；
                                     %逗号“,”用来分隔显示计算结果的各语句；
                                     %单引号“'”用来标识字符串；百分号“%”为注释语句
说明符。
a=
    24.5000
b=
    'Hi,Miss Black'
>>c=[1 2;3 4]                        %方括号标识矩阵，分号用来分隔行，空格用来分隔元素
c=
    1   2
    3   4
```

4. “命令行”窗口中数值的显示格式

为了适应用户以不同格式显示计算结果的需要，MATLAB 设计了多种数据显示格式以供用户选用，如表 1-4 所示。其中默认的显示格式是：数值为整数时，以整数显示；数值为实数时，以 short 格式显示；如果数值的有效数字超出了实数范围，则以科学记数法显示结果。

必须指出，MATLAB 所有数值均按 IEEE 浮点标准所规定的长型格式（long）存储，显示的精度并不代表数值实际的存储精度，或者说数值参与运算的精度，认清这点是非常必要的。

需要说明的是，表中最后 2 个是控制屏幕显示格式的，不是数值显示格式。

表 1-4　MATLAB 的数据显示格式

格　式	“命令行”窗口中的显示形式	格式效果说明
short（默认）	2.7183	保留 4 位小数，整数部分超过 3 位的小数用 short e 格式
short e	2.7183e+000	用 1 位整数和 4 位小数表示，倍数关系用科学记数法表示成十进制指数形式
short g	2.7183	保证 5 位有效数字，数字大小在 10 的正负 5 次幂之间时，自动调整数位多少，超出幂次范围时用 short e 格式
long	2.71828182845905	14 位小数，最多 2 位整数，共 16 位十进制数，否则用 long e 格式表示
long e	2.718281828459046e+000	15 位小数的科学记数法表示
long g	2.71828182845905	保证 15 位有效数字，数字大小在 10 的+15 和−5 次幂之间时，自动调整数位多少，超出幂次范围时用 long e 格式
rational	1457/536	用分数有理数近似表示
hex	4005bf0a8b14576a	十六进制表示
+	+	正、负数和零分别用+、−、空格表示
bank	2.72	限两位小数，用于表示元、角、分
compact	不留空行显示	在显示结果之间没有空行的压缩格式
loose	留空行显示	在显示结果之间有空行的稀疏格式

5. 数值显示格式的设定方法

数值显示格式设定的方法有两种。一是单击 MATLAB“主页”选项卡中“环境”面板上的“预设”按钮，打开“预设项”对话框（见图 1.5）进行设置。

二是执行 format 命令。例如，要使用 long 格式显示数据，就在“命令行”窗口中输入 format long 语句即可。两种方法均可独立完成设定，但使用命令是方便在程序设计时进行格式设定的。不仅数值显示格式可由用户自行设置，数字和文字的字体显示风格、大小、颜色也可由用户自行挑选，其方法还是打开“预设项”对话框进行设置。利用该对话框左边的格式对象树，从中选择要设定的对象，再配合相应的选项，便可对所选对象的风格、大小、颜色等进行设定。

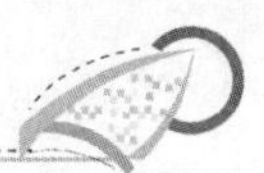

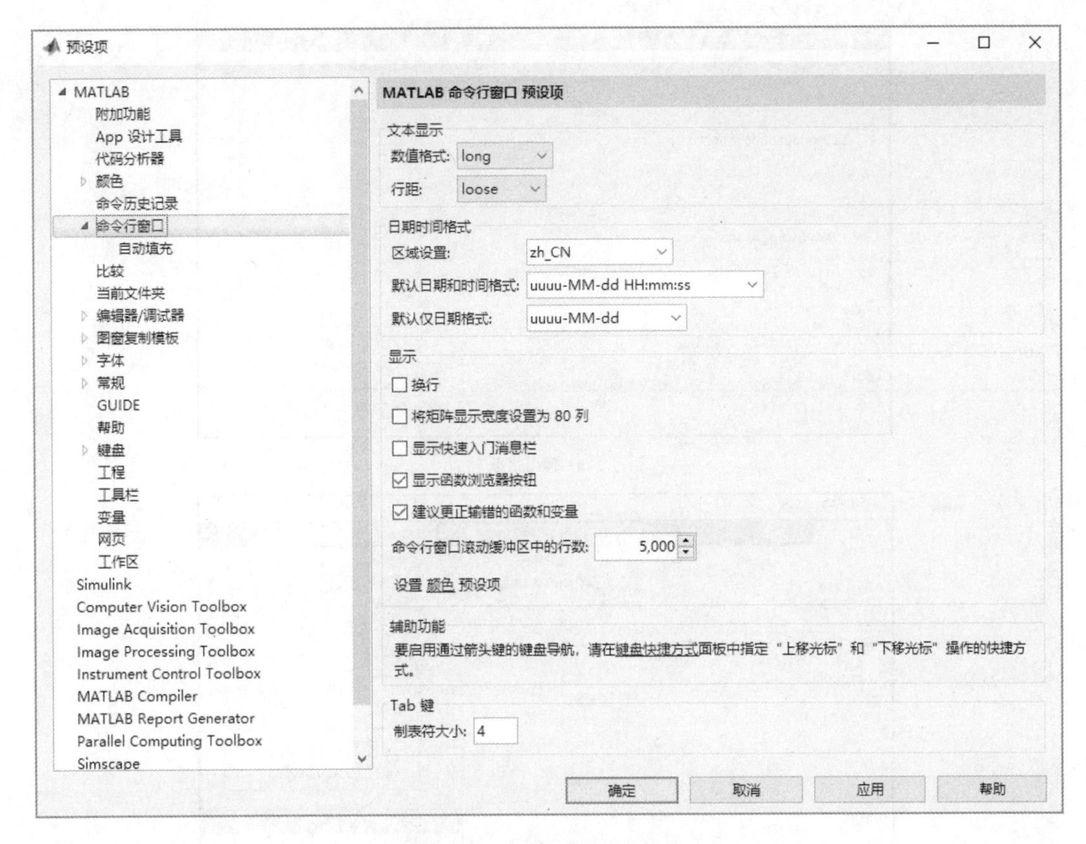

图 1.5　“预设项”对话框

6. “命令行”窗口清屏

当“命令行”窗口中执行过许多命令后，窗口会被占满，为方便阅读，清除“命令行”窗口显示是经常采用的操作。清除“命令行”窗口显示通常有两种方法：一是单击命令行窗口右上角图标，在弹出菜单中（见图 1.3）选择“清空命令行窗口”命令即可；二是在提示符后直接输入 clc 语句。两种方法都能清除“命令行”窗口中的显示内容，也仅仅是“命令行”窗口的显示内容而已，并不能清除“工作区”和“命令历史记录”窗口的显示内容。

1.5.3　“命令历史记录”窗口

“命令历史记录”窗口是 MATLAB 用来存放曾在“命令行”窗口中使用过的语句。它借用计算机的存储器来保存信息。其主要目的是便于用户追溯、查找曾经用过的语句，利用这些既有的资源节省编程时间。

单击 MATLAB“主页”选项卡中“环境”面板上的“布局”按钮，在弹出的下拉菜单中将鼠标移至“命令历史记录”选项，在其右侧弹出菜单中可选择“命令历史记录”窗口的形式：停靠、弹出、关闭。默认是“弹出”。不同状态下的命令历史记录窗口如图 1.6 所示。

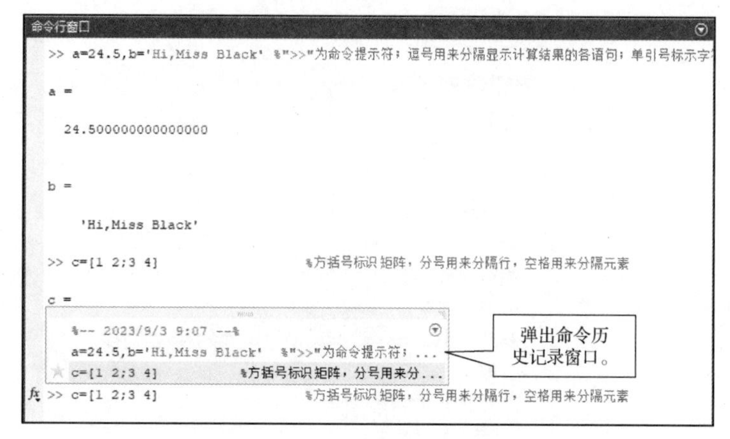

（a）弹出状态

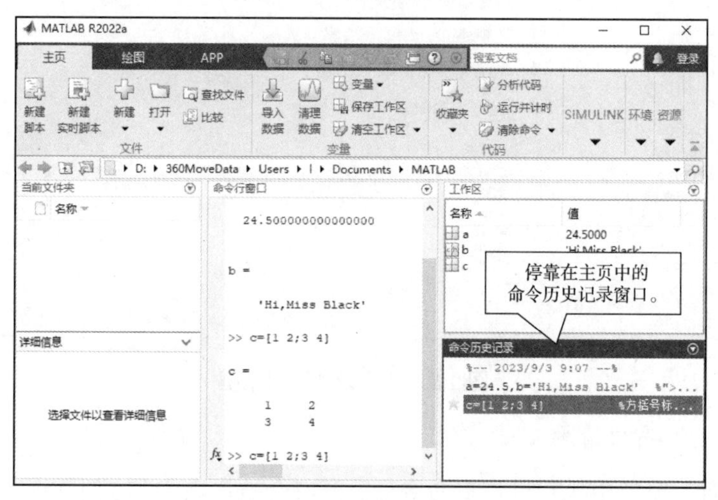

（b）停靠状态

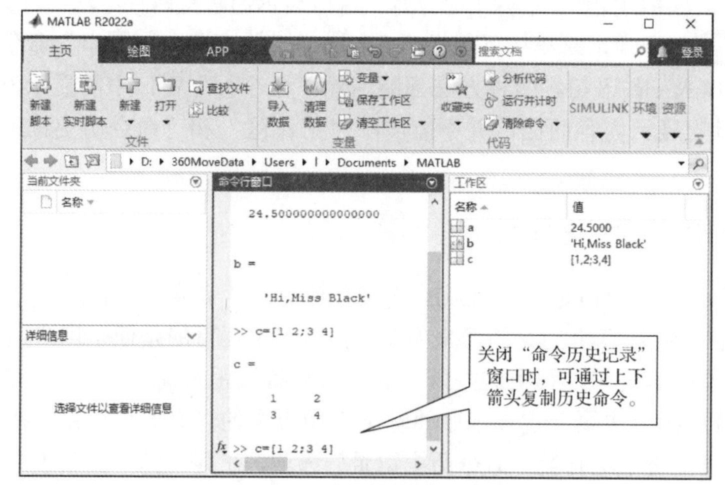

（c）关闭状态

图 1.6　不同状态下的“命令历史记录”窗口

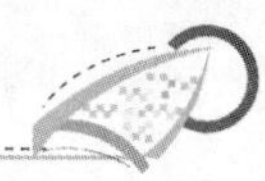

在弹出状态下，可以通过鼠标，直接将其“命令历史记录”窗口从主界面中分离出来，如图 1.7 所示。

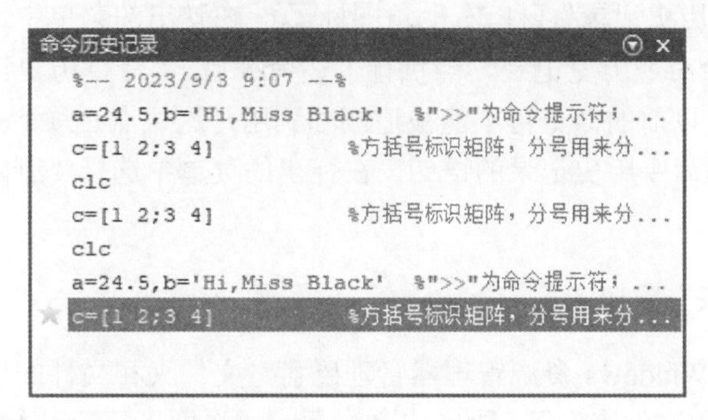

图 1.7　分离出来的“命令历史记录”窗口

1. 复制、执行命令历史记录中的语句

“命令历史记录”窗口的命令行可以进行选中、复制、粘贴和执行操作。选中操作，可以通过上下移动键进行，也可以使用 Windows 选中文件时的方法，也可以结合 Ctrl 键和 Shift 键选择多个命令行。

（1）复制/选择单行语句并执行。

① 在各种状态下，都可以通过上下移动键将所选单行语句复制到命令提示符“>>”后面，然后回车即可执行所选择的单行语句。也可直接在“命令行”窗口中，通过鼠标选中某行语句，然后复制、粘贴在命令提示符“>>”后面，然后回车即可（如果复制时包括回车符，则不需要回车，粘贴后立即执行）。

② 在弹出和停靠状态下，可以通过鼠标右击所选择的单行语句，然后在弹出菜单中，选择“执行所选内容”选项；或者直接双击所选择的单行语句，即可执行所选择的单行语句。

（2）在“命令行”窗口中复制多行语句并执行。

① 在各种状态下，都可以在“命令行”窗口中，通过鼠标选中某行语句（不要选择回车符，建议也不要选择注释语句），然后复制、粘贴在命令提示符“>>”后面。

② 在行末（非注释句）加逗号“,”。

③ 重复以上步骤，直至欲执行的多行语句全部粘贴在“>>”后面。如果一行太长，可以在行尾加续行符“...”后换行。

④ 然后回车，即可一并执行复制的多行语句。

（3）在“命令历史记录”窗口中选择多行语句并执行。

在“弹出”和“停靠”状态下，可以通过鼠标结合 Ctrl 键和 Shift 键，在“命令历史记录”窗口中选择连续或不连续的多行语句，然后右击所选语句，在弹出的菜单中选择“执行所选内容”命令，即可执行所选择的多行语句。

（4）把语句写成 M 文件。

可以创建 M 文件，把命令行窗口或者命令历史记录窗口的单行或多行语句复制、粘贴到 M 文件中执行。

2. 清除“命令历史记录”窗口中的内容

（1）单击“命令历史记录”窗口右上角图标，在弹出的菜单中选择“清除命令历史记录”选项即可清除命令历史记录。当执行上述命令后，“命令历史记录”窗口当前的内容就被完全清除了，以前的命令再不能被追溯和利用，这一点必须清楚。

（2）右击选中的命令历史记录的语句，在弹出的菜单中选择“删除”选项，即可清除所选命令历史记录。

1.5.4 “当前文件夹”窗口

MATLAB 借鉴 Windows 资源管理器管理磁盘、文件夹和文件的思想，设计了“当前文件夹”窗口。“当前文件夹”窗口如图 1.8 所示，用桌面图标启动 MATLAB 后，系统默认的当前目录是 ...\MATLAB\work。

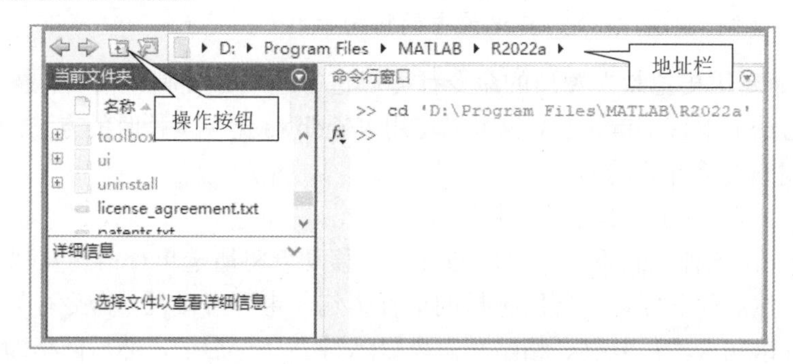

图 1.8 “当前文件夹”窗口

利用该窗口可组织、管理和使用所有 MATLAB 文件和非 MATLAB 文件，如新建、复制、删除和重命名文件夹和文件。甚至还可用此窗口打开、编辑和运行 M 程序文件以及载入 MAT 数据文件、TXT 文本文件等。MATLAB“当前文件夹”窗口中的操作与 Windows 资源管理器的基本一样，不再赘述。

不过，MATLAB 还可以在命令行窗口对当前文件夹进行设置，类似于 Windows 中在“命令提示符”窗口进行路径操作一样，其命令格式也类似，如表 1-5 所示。用命令对当前文件夹进行操作，为在程序中改变当前目录提供了方便。

表 1-5 几个常用的设置当前目录的命令

目录命令	含　义	示　例
cd	显示当前目录	—
cd '文件夹名'	设定当前目录为“文件夹名”	cd 'D:\Program Files\MATLAB\R2022a'
cd ../	回到当前目录的上一级目录	—

1.5.5 “工作区”窗口

“工作区”窗口的主要作用是为了对 MATLAB 中用到的变量进行观察、编辑、提取和

保存。从该窗口中可以得到变量的名称、数据结构、字节数、变量的类型甚至变量的值等多项信息。工作区的物理本质就是计算机内存中的某一特定存储区域，因而工作区的存储表现亦如内存的表现。

默认的“工作区”窗口位于主页界面中，如图 1.2 所示，它可以对主页“环境”面板中“布局”下拉菜单中的“工作区”选项进行勾选或取消勾选，确定是否显示“工作区”窗口。同样，还可以单击“工作区”窗口右上角图标，在弹出的菜单中选择“取消停靠”选项，将“工作区”窗口从主页中分离出来，如图 1.9 所示。

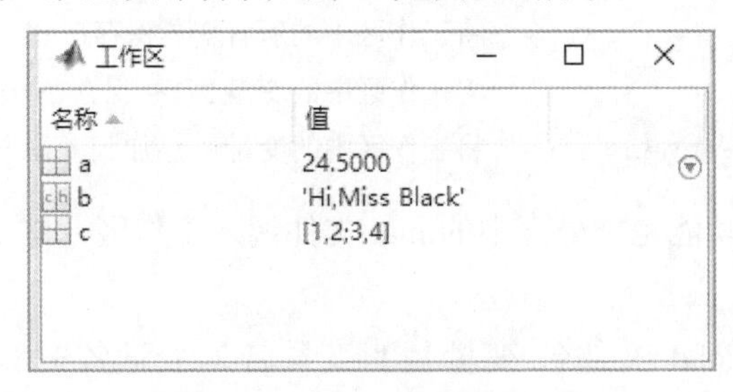

图 1.9　分离的工作区窗口

在“工作区”窗口，可以选择一个或多个变量进行操作，操作选项包括“打开所选内容”“另存为...”“复制”“删除”“重命名”“编辑值”等，右击所选择变量，在弹出菜单中选择相应选项即可完成，如图 1.10 所示。

双击工作区的某个变量，可以打开“变量”编辑窗口，对变量进行编辑，如图 1.11 所示。

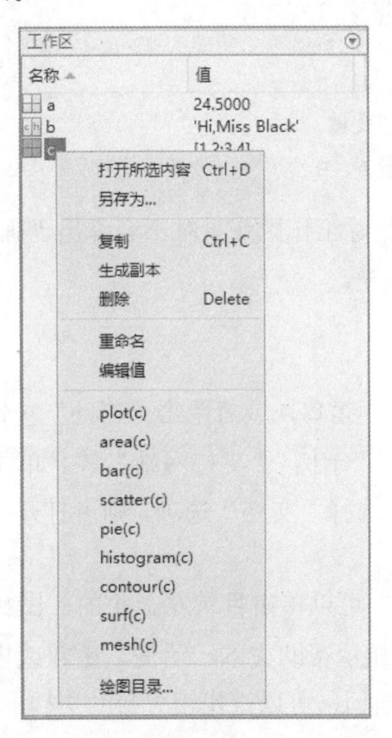

图 1.10　“工作区”窗口变量操作菜单

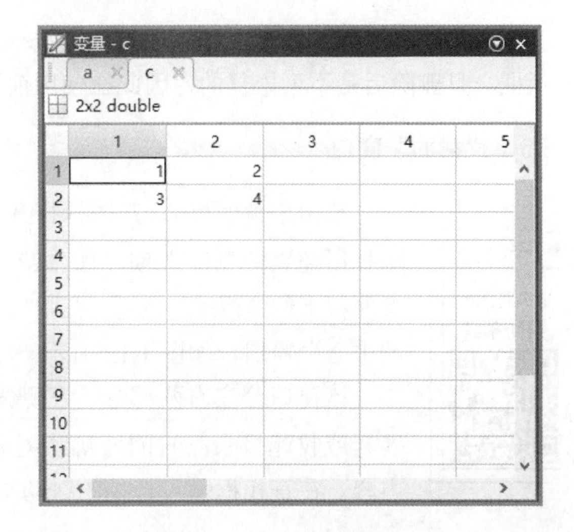

图 1.11　“变量”编辑窗口

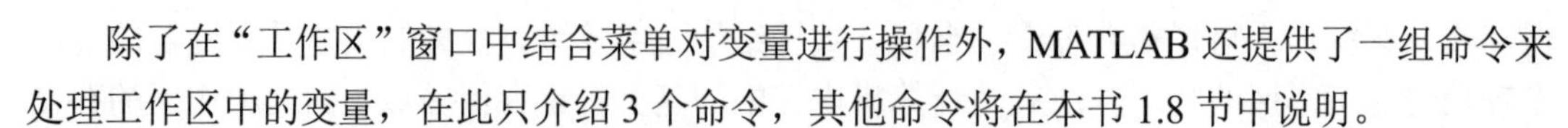

除了在“工作区”窗口中结合菜单对变量进行操作外，MATLAB还提供了一组命令来处理工作区中的变量，在此只介绍3个命令，其他命令将在本书1.8节中说明。

（1）save命令，其功能是把工作区的部分或全部变量保存为以.mat为扩展名的文件。它的通用格式是：

save 文件名 变量名1 变量名2 变量名3...

将工作区中的全部或部分变量保存为数据文件：

```
>>save dataf                 %将工作区中的所有变量保存在dataf.mat文件中
>>save var_ab A B            %将工作区中的变量A、B保存在var_ab.mat文件中
>>save var_ab C-append       %将工作区中的变量C添加到var_ab.mat文件中
```

（2）load命令，其功能是把外存中的.mat文件调入工作区，与save命令相对。它的通用格式是：

load 文件名 变量名1 变量名2 变量名3...

将外存中.mat文件中的全部或部分变量调入工作区：

```
>>load dataf                 %将dataf.mat文件中的全部变量调入工作区
>>load var_ab A B            %将var_ab.mat文件中的变量A、B调入工作区
```

（3）clear命令，其功能是把工作区的部分或全部变量删除，但它不清除“命令行”窗口中的变量。它的通用格式是：

clear 变量名1 变量名2 变量名3...

删除工作区中的全部或部分变量：

```
>>clear                      %删除工作区中的全部变量
>>clear A B                  %删除工作区中的变量A、B
```

与用菜单方式删除工作区变量不同，用clear命令删除工作区变量时不会弹出“确认”对话框，且删除后是不可恢复的，因此在使用前要想清楚。

1.5.6 “帮助”窗口

单击主页面板上?图标打开“帮助”窗口，或者单击“帮助”按钮，选择所需要的帮助选项，如“帮助文档”“示例”“支持网站”等。单击主页面板上的“帮助”按钮，在弹出菜单中选择“文档”选项，则可打开“帮助中心”窗口，如图1.12所示。

该窗口分左右两部分，左侧为目录，可以单击目录左上角的≡图标，展开或收起目录；右侧为帮助浏览器，显示帮助文本、示例、函数或模块内容。在查找框输入查找的帮助文档检索词，可以查找相关帮助文档。

图 1.12　“帮助中心”窗口

1.6　MATLAB 的各种文件

因为 MATLAB 是一个多功能集成软件，不同的功能需要用不同的文件格式去表现，所以 MATLAB 的文件也有多种格式。最基本的是代码文件、数据文件和图形文件。除此之外，还有可执行文件、模型文件和仿真文件等，下面分别加以说明。

（1）代码文件（*.m, *.mlx）：M 文件是由一系列 MATLAB 语句组成的文件，包括命令文件和函数文件两类，命令文件类似于其他高级语言中的主程序或主函数，而函数文件则类似于子程序或被调用的函数，也称 M 脚本文件。MLX 是 MATLAB 实时代码文件，它可以将命令、图形以及富文本排版合并在一起，形成一种实时编程环境，相比于 M 脚本文件，MLX 文件更加美观、易读，并且更加易于共享。

MATLAB 众多工具箱中的（函数）文件基本上是 M 函数文件。因为它们是由 ASCII 码表示的文件，所以可由任一文字处理软件编辑后以文本格式存放。

（2）数据文件（*.mat）：用以保存 MATLAB“工作区”窗口中的变量数据。在讨论“工作区”窗口时已经涉及 MAT 文件。

（3）图窗文件（*.fig）：主要由 MATLAB 的绘图命令产生，当然也可用 File 菜单中的 New 命令建立。

（4）可执行文件（*.mex,*.dll）：MEX 实际是由 MATLAB Executable 缩写而成的，是 MATLAB 的可执行文件。

（5）应用程序文件（*.mlapp）：是 MATLAB App 文件。App Designer 是 MATLAB 平台上的一款基于可视化界面的应用设计工具，通过 App Designer，可以在 MATLAB 中轻松创建美观的应用程序，并通过 MLAPP 文件共享和部署应用程序。

（6）应用程序安装文件（*.mlappinstall）：是 MATLAB App 的安装程序。

（7）工具箱安装文件（*.mltbx）：创建工具箱时，MATLAB 会生成一个安装文件(.mltbx)，可利用该文件来安装工具箱。

（8）数据导出文件（*.mldatx）：mldatx 是 Simulink 仿真数据检查器保存的设置和数据，用于检查和比较数据的仿真结果，以验证和迭代模型设计，它只包括仿真结果。

（9）模型和仿真文件（*.slx, *.mdl）：模型文件以.slx 或.mdl 为扩展名，用以保存 Simulink 模型。

（10）数据字典文件：（*.sldd）：通过建立 Simulink 数据字典文件 SLDD，并将其和 Simulink 模型关联，就可以实现数据对象的管理。

（11）工程文件（*.pri）：用以保存工程。

（12）工程存档文件（*.mlproj）：将工程转换为 .mlproj 为扩展名的文件或 ZIP 文件存档，并与协作者共享该存档。与无法访问所连接的源代码管理工具的人员一起工作时，共享存档非常有用。

（13）Simscape 文件（*.ssc）：Simscape 提供对多域物理系统进行建模和仿真的工具以扩展 Simulink 的功能，SSC 用以存放 Simscape 文件。

（14）虚拟现实 3D 文件（*.wrl, *.x3d, *.x3dv）：虚拟现实三维图像文件及场景模型文件。

（15）代码生成器文件（*.rtw, *.tlc, *.tmf, *.c, *.cpp, *.h, *.mk, *.vhd, *.v）：MATLAB 可以使用代码生成工具生成函数、程序、C/C++代码等，可以帮助用户生成高效、可重复使用的代码，存放在不同的代码生成器文件中。

（16）报告生成器文件（*.rpt）：报告生成器可以自动记录在 MATLAB 中执行的任务，如分析和可视化数据以及开发算法。它能够运行 MATLAB 代码并捕获生成的图形和数据，可以使用预先构建的模板，或者创建包含自己的样式和标准的模板。报告生成器文件用以存储报告生成器创建的各种报告文件。

1.7 MATLAB 的搜索路径

MATLAB 中大量的函数和工具箱文件是组织在硬盘的不同文件夹中的。用户建立的数据文件、命令和函数文件也是由用户存放在指定的文件夹中。当需要调用这些函数或文件时，找到这些函数或文件所存放的文件夹就成为首要问题，路径的概念也就因此而产生了。

1.7.1 搜索路径机制和搜索顺序

路径其实就是给出存放某个待查函数和文件的文件夹名称。当然，这个文件夹名称应包括盘符和一级级嵌套的子文件夹名。例如，现有一文件 lx04_01.m 存放在 D 盘“MATLAB 文件”文件夹下的“M 文件”子文件夹下的“第 4 章”子文件夹中，那么，描述它的路径是：D:\MATLAB 文件\M 文件\第 4 章。若要调用这个 M 文件，可在“命令行”窗口或程序中将其表述为：D:\MATLAB 文件\M 文件\第 4 章\lx04_01.m。在实际使用时，这种书写因为明显过长而很不方便，MATLAB 为解决这一问题，引入了搜索路径机制。

设置搜索路径机制就是将一些可能要被用到的函数或文件的存放路径提前通知系统，而无须在执行和调用这些函数和文件时输入一长串的路径。

必须指出，不是说有了搜索路径，MATLAB 对程序中出现的符号就只能从搜索路径中去查找。在 MATLAB 中，一个符号出现在程序语句里或“命令行”窗口的语句中可能有多种解读，它也许是一个变量、特殊常量、函数名、M 文件或 MEX 文件等，到底将其识别成什么，这里涉及一个搜索顺序的问题。

如果在命令提示符“>>”后输入符号 xt，或程序语句中有一个符号 xt，那么，MATLAB 将试图按下列次序去搜索和识别。

（1）在 MATLAB 内存中进行搜索识别，看 xt 是否为“工作区”窗口的变量或特殊常量，如果是，则将其当成变量或特殊常量来处理，不再往下展开搜索识别。

（2）上一步否定后，识别 xt 是否为 MATLAB 的内部函数，如果是，则调用 xt 这个内部函数。

（3）上一步否定后，继续在当前目录中搜索是否有名为“xt.m”或“xt.mex”的文件存在，若存在，则将 xt 作为文件调用。

（4）上一步否定后，继续在 MATLAB 搜索路径的所有目录中搜索是否有名为“xt.m”或“xt.mex”的文件存在，若存在，则将 xt 作为文件调用。

（5）上述 4 步全走完后，仍未发现 xt 这一符号的出处，则 MATLAB 发出错误信息。

必须指出的是，这种搜索是以花费更多执行时间为代价的。

1.7.2 设置搜索路径的方法

MATLAB 设置搜索路径的方法有两种：一种是用对话框，另一种是用命令。现将两种方法分述如下。

1. 对话框设置搜索路径

在 MATLAB“主页”选项卡“环境”面板中，单击“设置路径”按钮，打开“设置路径”对话框，如图 1.13 所示。

对话框左边设计了多个按钮，其中最上面的两个按钮分别是“添加文件夹...”和“添加并包含子文件...”，单击按钮则弹出一个名为“将文件夹添加到路径”或“添加到路径时包含子文件夹”的对话框，如图 1.14 所示。利用对话框可以从树形目录结构中选择欲指定为搜索路径的文件夹。

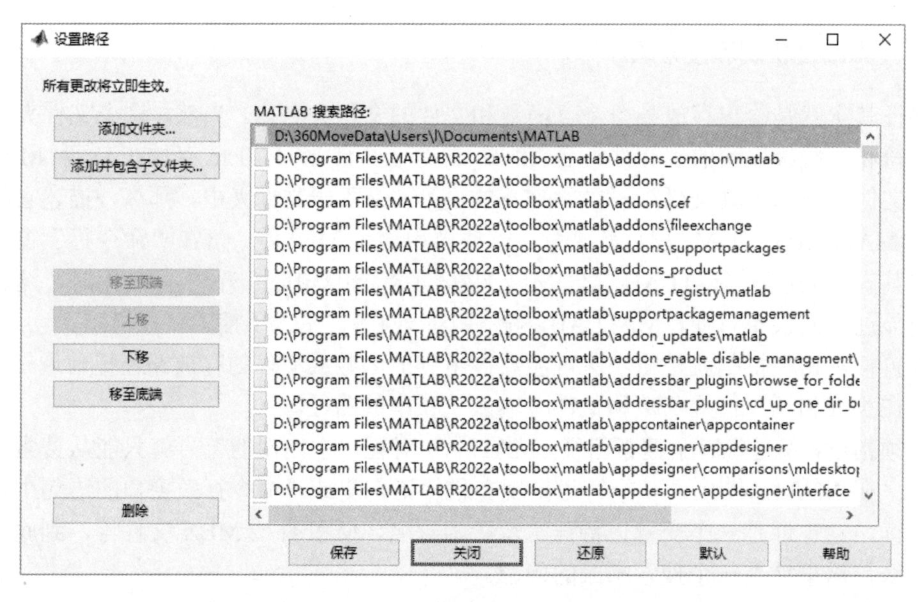

图 1.13 “设置路径”对话框

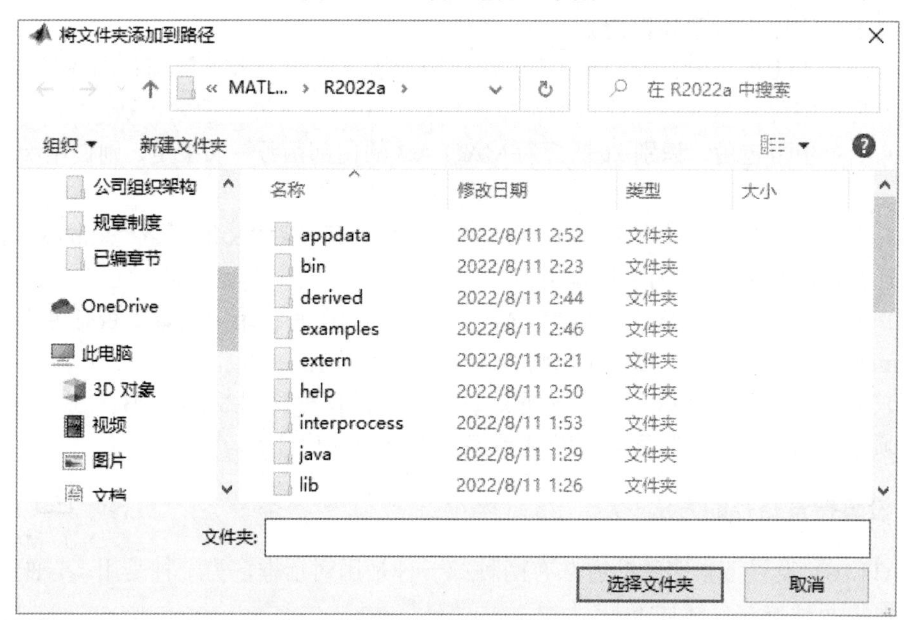

图 1.14 “将文件夹添加到路径”对话框

“将文件夹添加到路径”和“添加到路径时包含子文件夹”两个按钮的不同之处在于后者设置某个文件夹成为可搜索的路径后，其下级子文件夹将自动被加入到搜索路径中。

图 1.13 所示对话框下面有两个按钮“保存”和“关闭”，在使用时值得注意。“保存”按钮是用来保存对当前搜索路径所做修改的，通常先执行保存命令后，再执行关闭。“关闭”按钮是用来关闭对话框的，但是如果只想将修改过的路径为本次打开的 MATLAB 使用，无意供 MATLAB 永久搜索，那么直接单击“关闭”按钮，再在弹出的对话框中作否

定回答即可。单击“还原”按钮，则还原到打开对话框时的路径；单击“默认”按钮，则设置为 MATLAB 安装时的路径。

2. 用命令设置搜索路径

MATLAB 能够将某一路径设置成可搜索路径的命令有两个，一个是 path，另一个是 addpath。下面以将路径“F:\ MATLAB 文件\M 文件”设置成可搜索路径为例，分别加以说明。值得注意的是，所设置的搜索路径“F:\ MATLAB 文件\M 文件”必须存在，否则会报错。

用 path 和 addpath 命令设置搜索路径：

```
>>path(path,'F:\ MATLAB 文件\M 文件');
>>addpath F:\ MATLAB 文件\M 文件 -begin    %begin 意为将路径放在路径表的最前面
>>addpath F:\ MATLAB 文件\M 文件 -end      %end 意为将路径放在路径表的最后
```

1.8 MATLAB 窗口操作命令

在本章前述的讨论中曾多次指出，针对 MATLAB 各窗口在应用中所需的多种设置，可用菜单、对话框去设置，也可用命令去设置，这是 MATLAB 提供的两套并行的解决方案，目的在于适应不同的应用需求。当用户处在命令行窗口中与系统采用交互的行编辑方式执行命令时，用菜单和对话框是方便的。但当用户需要编写一个程序，而将所需的设置动作体现在程序中时，只能采用命令去设置，因为编好的程序不方便在执行中途退出后去完成打开菜单和对话框的操作，然后又回去接着执行后续的程序。因此用命令去完成 MATLAB 的多种设置操作就不是可有可无的了。

MATLAB 针对窗口的操作命令在前面其实已被多次提及。例如，清除“命令行”窗口的命令 clc，清除“工作区”窗口的命令 clear，设置当前目录的命令 cd，等等。限于篇幅，本节仅将与 MATLAB 基本操作有关的命令以列表形式给出，不做详细讲解。这些命令被分成 4 组，分别列在表 1-6 至表 1-9 中。

表 1-6 工作区管理命令

命 令	示 例	说 明
save	save lx01 或 save lx02 A B	将工作区中的变量以数据文件格式保存在外存中
load	load lx01	从外存中将某数据文件调入内存
who	who	查询当前工作区中的变量名
whos	whos	查询当前工作区中的变量名、大小、类型和字节数
clear	clear A	删除工作区中的全部或部分变量

表 1-7　与命令行窗口相关的操作命令

命　令	示　例	说　明
format	format bank format compact	对“命令行”窗口显示内容的格式进行设定，与表 1-4 所列格式结合使用
echo	echo on,echo off	用来控制是否显示正在执行的 MATLAB 语句，on 表示肯定，off 表示否定
more	more（10）	规定“命令行”窗口中每个页面的显示行数
clc	clc	清除“命令行”窗口的显示内容
clf	clf	清除图形窗口中的图形内容
cla	cla	清除当前坐标内容
close	close all	关闭当前图形窗口，加参数 all 则关闭所有图形窗口

表 1-8　目录文件管理命令

命 令	示　例	说　明
pwd	pwd	显示当前目录的名称
cd	cd d:\xt_mat\04	把 cd 命令后所跟的目录变成当前目录
mkdir	mkdir xt_mat	在当前文件夹下建立一子文件夹
dir	dir	显示当前或指定目录下的文件或子目录清单
what	what	显示当前目录下 M、MAT、MEX 这 3 类文件清单
which	which inv.m	显示某个文件所在的文件夹
type	type xt06.m	显示某个文件的内容或注释
delete	delete xt01.m	删除文件和图形对象

表 1-9　帮助命令

命　令	示　例	说　明
help	help mkdir	提供 MATLAB 命令、函数和 M 文件的使用和帮助信息
lookfor	lookfor Z	根据用户提供的关键字去查找相关函数的信息，常用来查找具有某种功能而不知道准确名字的命令
helpwin	helpwin graphics	打开“帮助”窗口，显示指定的主题信息

1.9　本 章 小 结

MATLAB 是一个功能多样的、高度集成的、适合科学和工程计算的软件，但同时它又是一种高级程序设计语言。

MATLAB 的主界面集成了“命令行”窗口、“当前文件夹”窗口、“命令历史记录”窗口、“工作区”窗口、“帮助”窗口等多个窗口。它们既可单独使用，又可相互配合使用，为用户提供了十分灵活方便的操作环境。

对 MATLAB 各窗口的某项设置操作通常都有两条途径：一条是用 MATLAB 相关窗口的对话框或菜单（包括快捷菜单）；另一条是在命令行窗口执行某一命令。前者的优点是方便用户与 MATLAB 的交互，而后者主要是考虑到程序设计的需要和方便。

本 章 习 题

1. 单项选择题

（1）可以用命令或是菜单清除“命令行”窗口中的内容。若用命令，则这个命令是（　　）。

A. clear　　B. clc　　C. clf　　D. cls

（2）启动 MATLAB2022a 程序后，“工作区”窗口没有出现，其最有可能的原因是（　　）。

A. 程序出了问题　　B. 布局菜单中“工作区”菜单项未选中

C. 其他窗口打开太多　　D. 其他窗口未打开

（3）在一个矩阵的行与行之间需用某个符号分隔，这个符号可以是（　　）。

A. 句号　　B. 减号　　C. 逗号　　D. 回车

2. 多项选择题

（1）在 MATLAB 语言中，逗号会在多种场合中用到，但代表的含义有所不同，下列哪些是它能起的作用（　　）。

A. 分隔希望显示执行结果的命令　　B. 实现转置共轭

C. 分隔矩阵中同一行的各元素　　D. 分隔输入变量

E. 用作矩阵行与行之间的分隔符

（2）分号在 MATLAB 语言中经常会被用到，但代表的含义有所不同，下列哪些是它能起到的作用（　　）。

A. 分隔希望显示执行结果的命令

B. 用在不希望显示执行结果的命令结尾

C. 分隔不希望显示执行结果的命令

D. 用作矩阵行与行之间的分隔符

E. MATLAB 语句书写格式的要求

（3）工具箱是 MATLAB 解决专门领域问题的特殊程序集，MATLAB 2022a 有多达数十个工具箱，常用的工具箱有（　　）。

A. 自动控制　　B. 信号处理　　C. 图像处理

D. 通信仿真　　E. 小波变换　　F. 最优化问题

（4）命令历史记录窗口能够实现的功能有（　　）。

A. 记录并显示已经运行过的命令

B. 可以把该窗口中的命令复制到命令行窗口中

C. 可以把该窗口中的命令选中后，用快捷菜单构造 M 文件

D. 可以把该窗口中的命令选中后，用快捷菜单去执行

3. 填空题

（1）MATLAB 是目前国际上最流行、应用最广泛的__________软件。

（2）MATLAB 动态仿真功能是由__________工具箱提供的（用英文）。

（3）启动 MATLAB 2022a 程序后，在默认设置下，会同时打开 3 个窗口，它们分别是__________、工作区和当前文件夹。

第 2 章

MATLAB 语言基础

教学提示

数组是一种在高级语言中被广泛使用的构造型数据结构。但与一般高级语言不同，在 MATLAB 中，数组可作为一个独立的运算单位，直接进行类似简单变量的多种运算而无须采用循环结构，由此决定了数组在 MATLAB 中作为基本运算量的角色定位。数组有一维、二维和多维之分，在 MATLAB 中，它们有类似于简单变量的、统一的运算符号和运算函数。当一维数组按向量的运算规则实施运算时，它便是向量；当二维数组按矩阵的运算规则实施运算时，它便是矩阵。数组及矩阵的基本运算构成了整个 MATLAB 的语言基础。

教学要求

了解 MATLAB 的数据类型，理解向量、矩阵、数组、函数和表达式等基本概念，掌握向量、矩阵和数组的基本运算法则及运算函数的使用。

2.1 基本概念

数据类型、常量与变量是程序语言入门时必须引入的一些基本概念，MATLAB 虽是一个集多种功能于一体的集成软件，但就其语言部分而言，这些概念同样不可缺少。本节除了引入这些概念，还将对诸如向量、矩阵、数组、运算符、函数和表达式等一些更专业的概念给出描述和说明。

2.1.1 MATLAB 数据类型

数据作为计算机处理的对象，在程序语言中可分为不同类型，MATLAB 作为一种可编程的语言当然也不例外。MATLAB 的主要数据类型如图 2.1 所示。

MATLAB 数值型数据划分成整型和浮点型的用意与 C 语言有所不同。MATLAB 的整型主要是为图像处理等特殊的应用问题提供的数据类型，以便节省空间或提高运行速度。对一般数值运算，绝大多数情况是采用双精度浮点型的数据。

MATLAB 的构造型数据与 C++的构造型数据相似，但它的数组却有更加广泛的含义和不同于一般语言的运算方法。

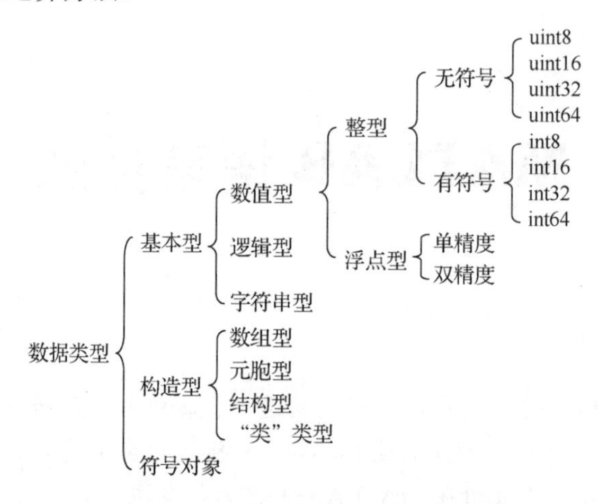

图 2.1 MATLAB 的主要数据类型

符号对象是 MATLAB 所特有的一类为符号运算而设置的数据类型。严格地说，它指定的不是某一类型的数据，它可以是数组、矩阵、字符等多种类型数据及其组合，但它在 MATLAB 的工作空间中又的确是专门设立的一种数据类型。

MATLAB 数据类型在使用中有一个突出的特点，即对不同数据类型的变量在程序中被引用时，一般不用事先对变量的数据类型进行定义或说明，系统会依据变量被赋值的类型自动进行类型识别，这在高级语言中是极有特色的。这样处理的好处是，在编写程序时可以随时引入新的变量而不用担心出问题，这的确给应用带来了很大方便。但缺点是有失严谨，会给搜索和确定一个符号是否为变量名带来更多的时间开销。

2.1.2 常量与变量

常量是程序语句中取不变值的那些量，如表达式 y=0.618*x，其中就包含一个“0.618”这样的数值常数，它便是一个数值常量。而另一表达式 s='Tomorrow and Tomorrow'中，单引号内的英文字符串“Tomorrow and Tomorrow”则是一个字符串常量。

在 MATLAB 中，有一类常量是由系统默认给定一个符号来表示的。例如“pi”，它代表圆周率 π 这个常数，即 3.1415926…，类似于 C 语言中的符号常量。这些常量如表 2-1 所示，有时又称为系统预定义的变量。

表 2-1 MATLAB 特殊常量表

常量符号	常量含义
i 或 j	虚数单位，定义为 $i^2 = j^2 = -1$
Inf 或 inf	正无穷大，由零做除数时引入此常量
NaN	不定式，表示非数值量，产生于 0/0、∞/∞、0*∞等运算
pi	圆周率 π 的双精度表示

续表

常量符号	常量含义
eps	容差变量，当某量的绝对值小于 eps 时，可认为此量为零，即为浮点数的最小分辨率，PC 上此值为 2^{-52}
Realmin 或 realmin	最小浮点数，2^{-1022}
Realmax 或 realmax	最大浮点数，2^{1023}

变量是在程序运行中其值可以改变的量，变量由变量名来表示。在 MATLAB 中变量的命名有自己的规则，可以归纳为如下几条。

（1）变量名必须以字母开头，且只能由字母、数字或者下划线 3 类符号组成，不能含有空格和标点符号，如顿号（、）、逗号（，）、句号（。）、百分号（%）、撇（'）等。

（2）变量名应区分字母的大小写。例如，“a”和“A”是不同的变量。

（3）变量名不能超过 63 个字符，第 63 个字符后的字符将被忽略。

（4）关键字（如 if、while 等）不能作为变量名。

（5）最好不要用表 2-1 中的特殊常量符号作为变量名。

常见的错误命名如 f(x)、y'、y"、A_2 等。

2.1.3　标量、向量、矩阵与数组

标量、向量、矩阵和数组是 MATLAB 运算中涉及的一组基本运算量。它们各自的特点及相互间的关系如下。

（1）数组不是一个数学量，而是一个用于高级语言程序设计的概念。如果数组元素按一维线性方式组织在一起，那么称其为一维数组，一维数组的数学原型是向量。如果数组元素分行、列排成一个二维平面表格，那么称其为二维数组，二维数组的数学原型是矩阵。如果元素在排成二维数组的基础上，再将多个行、列数分别相同的二维数组叠成一个立体表格，便形成三维数组。依此类推，便有了多维数组的概念。在 MATLAB 中，数组的用法与一般高级语言不同，它不借助于循环，而是直接采用运算符，有自己独立的运算符和运算法则，2.1.5 节和 2.4 节将对其进行专门讨论。

（2）矩阵是一个数学概念，一般高级语言并未将其引入作为基本的运算量，但 MATLAB 是个例外。一般高级语言是不认可将两个矩阵视为两个简单变量而直接进行加减乘除的，要完成矩阵的四则运算必须借助于循环结构。当 MATLAB 将矩阵引入作为基本运算量后，上述局面改变了。MATLAB 不仅实现了矩阵的简单加减乘除运算，而且许多与矩阵相关的其他运算也因此大大简化了。

（3）向量是一个数学量，一般高级语言中也未引入，它可视为矩阵的特例。从 MATLAB 的工作空间窗口可以看到：一个 n 维的行向量是一个 $1\times n$ 阶的矩阵，而一个 n 维的列向量则是一个 $n\times 1$ 阶的矩阵。

（4）标量也是一个数学概念，但在 MATLAB 中，一方面可将其视为一般高级语言的简单变量来处理，另一方面又可把它当成 1×1 阶的矩阵。这一看法与矩阵作为 MATLAB 的基本运算量是一致的。

（5）在 MATLAB 中，二维数组和矩阵其实是数据结构形式相同的两种运算量。二维数组和矩阵的表示、建立、存储没有根本的区别，区别只在它们的运算符和运算法则不同。

例如，向命令窗口中输入 a=[1 2;3 4]这个量，实际上它有两种可能的角色：矩阵 a 或二维数组 a。也就是说，单从形式上是不能完全区分矩阵和数组的，必须再看它使用什么运算符、与其他量之间进行什么运算。相关运算符在 2.1.5 节会给出描述。

（6）数组的维和向量的维是两个完全不同的概念。数组的维是从数组元素排列后所形成的空间结构去定义的：线性结构是一维，平面结构是二维，立体结构是三维，当然还有四维甚至多维。向量的维相当于一维数组中的元素个数。

MATLAB 中的算术运算

2.1.4　字符串

字符串是 MATLAB 中另外一种形式的运算量。在 MATLAB 中，字符串是用单引号来标识的，如 S='I Have a Dream.'。赋值号之后在单引号之内的字符即是一个字符串，而 S 是一个字符串变量，整个语句完成了将一个字符串常量赋值给一个字符串变量的操作。

在 MATLAB 中，字符串的存储是按其中字符的顺序逐个存放的，且存放的是它们各自的 ASCII 码，由此看来字符串实际可视为一个字符数组，字符串中每个字符则是这个数组的一个元素。字符串的相关运算将在 2.5 节讨论。

2.1.5　运算符

MATLAB 运算符可分为三大类，它们是算术运算符、关系运算符和逻辑运算符。下面分别给出它们的运算符和运算法则。

1. 算术运算符

算术运算因所处理的对象不同，分为矩阵算术运算和数组算术运算两类。表 2-2 给出的是矩阵算术运算符的说明。表 2-3 给出的是数组算术运算符的说明。

表 2-2　矩阵算术运算符

运算符	名　称	示　例	法则或使用说明
+	加	C=A+B	矩阵加法法则，即 $C(i,j)=A(i,j)+B(i,j)$
-	减	C=A-B	矩阵减法法则，即 $C(i,j)=A(i,j)-B(i,j)$
*	矩阵乘	C=A*B	矩阵乘法法则
/	矩阵右除	C=A/B	定义为线性方程组 $\boldsymbol{X*B=A}$ 的解，即 $\boldsymbol{C=A/B=A*B^{-1}}$
\	矩阵左除	C=A\B	定义为线性方程组 $\boldsymbol{A*X=B}$ 的解，即 $\boldsymbol{C=A\backslash B=A^{-1}*B}$
^	矩阵乘幂	C=A^B	$\boldsymbol{A}$、$\boldsymbol{B}$ 其中一个为标量时有定义
'	共轭转置	B=A'	$\boldsymbol{B}$ 是 $\boldsymbol{A}$ 的共轭转置矩阵

表 2-3　数组算术运算符

运算符	名　称	示　例	法则或使用说明（以二维数组为例）
.*	数组乘	C=A.*B	C(*i*, *j*)=A(*i*, *j*)*B(*i*, *j*)
./	数组右除	C=A./B	C(*i*, *j*)=A(*i*, *j*)/B(*i*, *j*)
.\	数组左除	C=A.\B	C(*i*, *j*)=B(*i*, *j*)/A(*i*, *j*)
.^	数组乘幂	C=A.^B	C(*i*, *j*)=A(*i*, *j*)^B(*i*, *j*)
.'	数组转置	A.'	将数组的行摆放成列，复数元素不做共轭

针对表 2-2 和表 2-3 需要说明几点。

（1）矩阵的加、减、乘运算是严格按矩阵运算法则定义的，而矩阵的除法虽和矩阵求逆有关系，但却分了左除和右除，因此不是完全等价的。乘幂运算更是将标量幂扩展到矩阵中，使矩阵可作为幂指数。总的来说，MATLAB 接受了线性代数已有的矩阵运算规则，但又不止于此。

（2）表 2-3 中并未定义数组的加减法，这是因为矩阵的加减法与数组的加减法相同，所以未做重复定义。

（3）不论是加减乘除，还是乘幂，数组的运算都是元素间的运算，即对应下标元素一对一的运算。

（4）多维数组的运算法则，可依元素按下标一一对应参与运算。

2. 关系运算符

MATLAB 关系运算符的说明如表 2-4 所示。

表 2-4　关系运算符

运算符	名　称	示　例	法则或使用说明
<	小于	A<B	1. A、B 都是标量，结果是为 1（真）或为 0（假）的标量 2. A、B 若一个为标量，另一个为数组，标量将与数组各元素逐一比较，结果为与运算数组行列相同的数组，其中各元素取值为 1 或 0 3. A、B 均为数组时，必须行、列数分别相同。A 与 B 各对应元素相比较，结果为与 A 或 B 行列相同的数组，其中各元素取值为 1 或 0 4. “==” 和 “～=” 运算对参与比较的量同时比较实部和虚部，其他运算只比较实部
<=	小于等于	A<=B	
>	大于	A>B	
>=	大于等于	A>=B	
==	恒等于	A==B	
～=	不等于	A～=B	

需要明确指出的是，MATLAB 的关系运算虽可看成矩阵的关系运算，但严格地讲，把关系运算定义在数组基础之上更为合理。因为从表 2-4 所列法则中不难发现，关系运算是元素一对一的运算。数组的关系运算向下可兼容一般高级语言中所定义的标量关系运算。

3. 逻辑运算符

在 MATLAB 中同样也需要逻辑运算，为此 MATLAB 定义了自己的逻辑运算符，并设定了相应的逻辑运算法则，如表 2-5 所示。

表 2-5　逻辑运算符

<table>
<tr><th>运算符</th><th>名　称</th><th>示　例</th><th>法则或使用说明</th></tr>
<tr><td>&</td><td>与</td><td>A&B</td><td rowspan="5">1．A、B 都为标量，结果是为 1（真）或为 0（假）的标量
2．A、B 若一个为标量，另一个为数组，标量将与数组各元素逐一做逻辑运算，结果为与运算数组行列相同的数组，其中各元素取值为 1 或 0
3．A、B 均为数组时，必须行、列数分别相同。A 与 B 各对应元素做逻辑运算，结果为与 A 或 B 行、列数相同的数组，其中各元素取值为 1 或 0
4．先决与、先决或是只针对标量的运算</td></tr>
<tr><td>|</td><td>或</td><td>A|B</td></tr>
<tr><td>～</td><td>非</td><td>～A</td></tr>
<tr><td>&&</td><td>先决与</td><td>A&&B</td></tr>
<tr><td>||</td><td>先决或</td><td>A||B</td></tr>
</table>

同样地，MATLAB 的逻辑运算也是定义在数组的基础之上，向下可兼容一般高级语言中所定义的标量逻辑运算。

为提高运算速度，MATLAB 还定义了针对标量的先决与和先决或运算。先决与运算是当该运算符的左边为 1（真）时，才继续与该符号右边的量做逻辑运算。先决或运算是当运算符的左边为 1（真）时，就不需要继续与该符号右边的量做逻辑运算，立即得出该逻辑运算结果为 1（真）；否则，就要继续与该符号右边的量做逻辑运算。

4. 运算符的优先级

和其他高级语言一样，当用多个运算符和运算量写出一个 MATLAB 表达式时，运算符的优先次序是一个必须明确的问题。表 2-6 列出了 MATLAB 运算符的优先次序。

表 2-6　MATLAB 运算符的优先次序

<table>
<tr><th>优先次序</th><th>运　算　符</th></tr>
<tr><td>最　高</td><td>'（共轭转置）、^（矩阵乘幂）、.'（数组转置）、.^（数组乘幂）</td></tr>
<tr><td rowspan="8">↓</td><td>～（逻辑非）</td></tr>
<tr><td>*（矩阵乘）、/（矩阵右除）、\（矩阵左除）、.*（数组乘）、./（数组右除）、.\（数组左除）</td></tr>
<tr><td>＋、－</td></tr>
<tr><td>:（冒号运算）</td></tr>
<tr><td><、<=、>、>=、==（恒等于）、～=（不等于）</td></tr>
<tr><td>&（逻辑与）</td></tr>
<tr><td>|（逻辑或）</td></tr>
<tr><td>&&（先决与）</td></tr>
<tr><td>最　低</td><td>||（先决或）</td></tr>
</table>

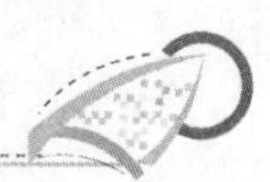

MATLAB 运算符的优先次序是在表 2-6 中按照从上到下的顺序由高到低排列的。而表中同一行的各运算符具有相同的优先级，而在同一级别中又遵循有括号先做括号运算的原则。

2.1.6　命令、函数、表达式和语句

命令、函数、表达式和语句

有了常量、变量、数组和矩阵，再加上各种运算符即可编写出多种 MATLAB 的表达式和语句。但在 MATLAB 的表达式或语句中，还有一类对象会时常出现，那便是命令和函数。

1. 命令

命令通常就是一个动词，在第 1 章中已经有过接触，如 clear 命令用于清除工作空间。还有的可能在动词后带有参数，如“addpath F:\ MATLAB 文件\M 文件-end”命令，用于添加新的搜索路径。在 MATLAB 中，命令与函数都组织在函数库里，有一个专门的函数库 general 就是用来存放通用命令的。一个命令也是一条语句。

2. 函数

函数对 MATLAB 而言，有相当特殊的意义，这不仅因为函数在 MATLAB 中应用面广，更在于其数量多。仅就 MATLAB 的基本部分而言，其所包括的函数类别就达二十多种，而每一类中又有少则几个，多则几十个函数。

基本部分之外，还有各种工具箱，而工具箱实际上也是由一组组用于解决专门问题的函数构成。不包括 MATLAB 网站上外挂的工具箱，就目前 MATLAB 自带的工具箱已多达几十种，可见 MATLAB 的函数之多。从某种意义上说，函数就代表了 MATLAB，MATLAB 全靠函数来解决问题。

函数最一般的引用格式是：

函数名(参数 1,参数 2, ...)

例如，引用正弦函数就书写成 sin(A)，A 就是一个参数，它可以是一个标量，也可以是一个数组，而对数组求其正弦是针对其中各元素求正弦，这是由数组的特征决定的，在 2.4.5 节会有详细的举例。

3. 表达式

用多种运算符将常量、变量（含标量、向量、矩阵和数组等）、函数等多种运算对象连接起来构成的算式就是 MATLAB 的表达式。

例如，A＋B&C－sin(A*pi)就是一个表达式。请分析它与表达式(A＋B)&C－sin(A*pi)有无区别。

4. 语句

在 MATLAB 中，表达式本身即可视为一条语句。而典型的 MATLAB 语句是赋值语句，其一般的结构是：

变量名=表达式

例如，F=(A＋B)&C－sin(A*pi)就是一条赋值语句。

除赋值语句外，MATLAB 还有函数调用语句、循环控制语句、条件分支语句等。这些语句将在后面章节逐步介绍。

2.2 向 量 运 算

向量是高等数学、线性代数中讨论的概念。虽是一个数学的概念，但它同时又在力学、电磁学等许多领域中被广泛应用。电子信息学科的电磁场理论课程就以向量分析和场论作为其数学基础。

向量是一个有方向的量。在平面解析几何中，从原点出发到平面上的一点用坐标表示成(a,b)，数据对(a,b)称为一个二维向量。在立体解析几何中，则用坐标表示成(a,b,c)，数据组(a,b,c)称为三维向量。线性代数推广了这一概念，提出了 n 维向量，用 n 个元素的数据组表示。

MATLAB 讨论的向量以线性代数的向量为起点，多可达 n 维抽象空间，少可应用到解决平面和空间的向量运算问题。下面首先讨论在 MATLAB 中如何生成向量的问题。

2.2.1 向量的生成

在 MATLAB 中，生成向量主要有 3 种方法：直接输入法、冒号表达式法和函数法。现分述如下。

1. 直接输入法

在命令提示符之后直接输入一个向量，其格式是：

向量名=[a1,a2,a3,...]

【例 2.1】用直接输入法生成向量。

```
>> A=[2,3,4,5,6],B=[1;2;3;4;5],C=[4 5 6 7 8 9];%最后一个分号表示执行后不显示 C
```

其运行结果为：

```
A =
    2     3     4     5     6
B =
    1
    2
    3
    4
    5
```

因向量 C 以分号结束，执行后将不显示，但内存中已生成向量 C。

```
>> C
```

```
C =
     4     5     6     7     8     9
```

2. 冒号表达式法

利用冒号表达式 a1:step:an 也能生成向量，式中 a1 为向量的第一个元素，an 为向量最后一个元素的限定值，step 是变化步长，省略步长时系统默认步长为 1。

【例 2.2】用冒号表达式法生成向量。

```
>> A=1:2:10,B=1:10,C=10:-1:1,D=10:2:4,E=2:-1:10
```

其运行结果为：

```
A =
     1     3     5     7     9
B =
     1     2     3     4     5     6     7     8     9    10
C =
    10     9     8     7     6     5     4     3     2     1
D =
   空的 1×0 double 行向量
E =
   空的 1×0 double 行向量
```

【思考题 2-1】试分析 D、E 不能生成的原因。

3. 函数法

有两个函数可用来直接生成向量：一个实现线性等分——linspace()；另一个实现对数等分——logspace()。

线性等分函数的通用格式为 A=linspace(a1,an,n)，其中 a1 是向量的首元素，an 是向量的尾元素，n 把 a1 至 an 之间的区间分成向量的首尾元素之外的其他 n−2 个元素。省略 n 则默认生成 100 个元素的线性等分向量。

【例 2.3】请在 MATLAB“命令行”窗口中输入以下语句，观察用线性等分函数生成向量的结果。

```
>> A=linspace(1,50),B=linspace(1,30,10)
```

对数等分函数的通用格式为 A=logspace(a1,an,n)，其中 a1 是向量首元素的幂，即 $A(1)=10^{a1}$；an 是向量尾元素的幂，即 $A(n)=10^{an}$，n 是向量的维数。省略 n 则默认生成 50 个元素的对数等分向量。

【例 2.4】请在 MATLAB“命令行”窗口中输入以下语句，观察用对数等分函数生成向量的结果。

```
>> A=logspace(0,49),B=logspace(0,4,5)
```

尽管用冒号表达式和线性等分函数都能生成线性等分向量，但在使用时有几点区别值得注意。

（1）an 在冒号表达式中，不一定恰好是向量的最后一个元素，只有当向量的倒数第二个元素加步长等于 an 时，an 才正好构成尾元素。如果一定要构成一个以 an 为尾元素的向量，那么最可靠的生成方法是用线性等分函数。

（2）在使用线性等分函数前，必须先确定生成向量的元素个数，但使用冒号表达式将依照步长和 an 的限制去生成向量，不用考虑元素个数的多少。

（3）实际应用时，同时限定尾元素和步长去生成向量，有时可能会出现矛盾，此时必须做出取舍。要么坚持步长优先，调整尾元素限制；要么坚持尾元素限制，修改等分步长。

2.2.2 向量的加减和数乘运算

在 MATLAB 中，维数相同的行向量间可以相加减，维数相同的列向量也可相加减，标量数值可以与向量直接相乘除。

【例 2.5】向量的加、减和数乘运算。

```
>> A=[1 2 3 4 5];B=3:7;C=linspace(2,4,3); AT=A';BT=B';
>> E1=A+B,E2=A-B,F=AT-BT,G1=3*A,G2=B/3
```

其运行结果为：

```
E1 =
     4     6     8    10    12
E2 =
    -2    -2    -2    -2    -2
F =
    -2
    -2
    -2
    -2
    -2
G1 =
     3     6     9    12    15
G2 =
    1.0000    1.3333    1.6667    2.0000    2.3333
>> H=A+C
对于此运算，数组的大小不兼容。
```

H=A+C 显示了出错信息，表明维数不同的向量之间的加减法运算是非法的。

2.2.3 向量的点积、叉积运算

向量的点积即数量积，叉积又称向量积或矢量积。点积、叉积甚至两者的混合积在场

论中是极其基本的运算。MATLAB 是用函数实现向量点积、叉积运算的。下面举例说明向量的点积、叉积和混合积运算。

1. 点积运算

点积运算的定义是参与运算的两向量各对应位置上元素相乘后，再将各乘积相加。所以向量点积的结果是一个标量而非向量。

点积运算函数是 dot(A,B)，A、B 是维数相同的两个向量。

【例 2.6】向量点积运算。

```
>> A=1:10;B=linspace(1,10,10); AT=A';BT=B';
>> e=dot(A,B),f=dot(AT,BT)
```

其运行结果为：

```
e =
   385
f =
   385
```

2. 叉积运算

在数学描述中，向量 ***A***、***B*** 的叉积是一新向量 ***C***，***C*** 的方向垂直于 ***A*** 与 ***B*** 所决定的平面。用三维坐标表示时：

$$\boldsymbol{A}=A_x\boldsymbol{i}+A_y\boldsymbol{j}+A_z\boldsymbol{k}$$

$$\boldsymbol{B}=B_x\boldsymbol{i}+B_y\boldsymbol{j}+B_z\boldsymbol{k}$$

$$\boldsymbol{C}=\boldsymbol{A}\times\boldsymbol{B}=(A_yB_z-A_zB_y)\boldsymbol{i}+(A_zB_x-A_xB_z)\boldsymbol{j}+(A_xB_y-A_yB_x)\boldsymbol{k}$$

叉积运算的函数是 cross(A,B)，该函数计算的是 A、B 叉积后各分量的元素值，且 A、B 只能是三维向量。

【例 2.7】合法向量叉积运算。

```
>> A=1:3,B=3:5
>> E=cross(A,B)
```

其运行结果为：

```
A =
     1     2     3
B =
     3     4     5
E =
    -2     4    -2
```

【例 2.8】非法向量叉积运算（不等于三维的向量做叉积运算）。

```
>> A=1:4,B=3:6,C=[1 2],D=[3 4]
>> E=cross(A,B),F=cross(C,D)
```

其运行结果为：

```
A =
     1     2     3     4
B =
     3     4     5     6
C =
     1     2
D =
     3     4
错误使用 cross
在获取交叉乘积的维度中，A 和 B 的长度必须为 3。
```

3. 混合积运算

综合运用上述两个函数就可实现点积和叉积的混合运算，该运算也只能发生在三维向量之间，举例如下。

【例 2.9】向量混合积运算示例。

```
>> A=[1 2 3],B=[3 3 4],C=[3 2 1]
>> D=dot(C,cross(A,B))
```

其运行结果为：

```
A =
     1     2     3
B =
     3     3     4
C =
     3     2     1
D =
     4
```

请问：点积与叉积函数的顺序是否可以颠倒？

2.3 矩阵运算

矩阵运算是 MATLAB 特别引入的一种运算。一般高级语言只定义了标量（通常分为常量和变量）的各种运算，MATLAB 将此推广，把标量换成了矩阵，而标量则成了矩阵的元素或视为矩阵的特例。如此一来，MATLAB 既可用简单的方法解决原本复杂的矩阵运算问题，又可向下兼容处理标量运算。

为方便后续的讨论，本节在讨论矩阵运算之前先用两小节对矩阵元素的存储次序和表示方法进行说明。

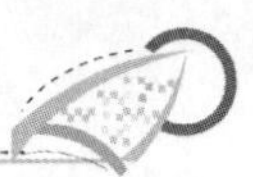

2.3.1 矩阵元素的存储次序

假设有一个 $m×n$ 阶的矩阵 $\boldsymbol{A}$，如果用符号 i 表示它的行下标，用符号 j 表示它的列下标，那么这个矩阵中第 i 行、第 j 列的元素就可表示为 $A(i, j)$。

如果要将一个矩阵存储在计算机中，MATLAB 规定矩阵元素在存储器中按列的先后顺序存储，即存完第 1 列后，再存第 2 列，依此类推。例如，有一个 3×4 阶的矩阵 $\boldsymbol{B}$，要把它存储在计算机中，其存储次序就如表 2-7 所列。

表 2-7 矩阵 $\boldsymbol{B}$ 的各元素存储次序

次序	元素	次序	元素	次序	元素	次序	元素
1	$B(1,1)$	4	$B(1,2)$	7	$B(1,3)$	10	$B(1,4)$
2	$B(2,1)$	5	$B(2,2)$	8	$B(2,3)$	11	$B(2,4)$
3	$B(3,1)$	6	$B(3,2)$	9	$B(3,3)$	12	$B(3,4)$

作为矩阵的特例，一维数组或者说向量元素是依其元素本身的先后次序进行存储的。

必须指出，不是所有高级语言都这样规定矩阵（或数组）元素的存储次序，如 C 语言就是按行的先后顺序来存储数组元素，即存完第 1 行后，再存第 2 行，依此类推。记住这一点对正确使用高级语言的接口是十分有益的。

2.3.2 矩阵元素的表示及相关操作

MATLAB
矩阵元素的
引用

明白了矩阵元素的存储次序，现在来讨论矩阵元素的表示方法和应用。在 MATLAB 中，矩阵除了以矩阵名为单位整体被引用，还可能涉及对矩阵元素的引用操作，所以矩阵元素的表示也是一个必须交代的问题。

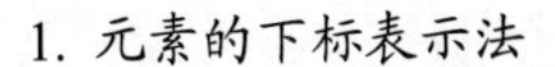

矩阵元素的表示采用下标法。在 MATLAB 中有全下标方式和单下标方式两种方式，现分述如下。

（1）全下标方式：用行下标和列下标来标识矩阵中的一个元素，这是一个被普遍接受和采用的方法。对一个 $m×n$ 阶的矩阵 $\boldsymbol{A}$，其第 i 行、第 j 列的元素用全下标方式就表示成 $A(i,j)$。

（2）单下标方式：将矩阵元素按存储次序的先后用单个数码连续编号。仍以 $m×n$ 阶的矩阵 $\boldsymbol{A}$ 为例，全下标元素 $A(i, j)$对应的单下标表示便是 $A(s)$，其中 $s = (j-1)×m+i$。

必须指出，i、j、s 这些下标符号，不能只将其视为单数值下标，也可理解成用向量表示的一组下标，试分析例 2.10 及其运行后的结果。

【例 2.10】元素的下标表示。

```
>> A=[1 2 3;6 5 4;8 7 9]
A =
     1     2     3
```

```
     6     5     4
     8     7     9
>> A(2,3),A(6)  %显示矩阵中全下标元素A(2,3)和单下标元素A(6)的值
ans =
     4
ans =
     7
>>A(1:2,3)        %显示矩阵A第1、2两行的第3列的元素值
ans =
     3
     4
>>A(6:8)          %显示矩阵A单下标第6～8号元素的值，此处是用一个向量表示一个下标区间
ans =
     7     3     4
```

2. 矩阵元素的赋值

矩阵元素的赋值有 3 种方式：全下标方式、单下标方式和全元素方式。必须声明，用后两种方式赋值的矩阵必须是被引用过的矩阵，否则，系统会提示出错信息。

（1）全下标方式：在给矩阵的单个或多个元素赋值时，采用全下标方式接收。

【例 2.11】全下标接收元素赋值。

```
>> clear                       %不要让工作区中的已有内容干扰了后面的运算
>> A(1:2,1:3)=[1 1 1;1 1 1] %可用一个矩阵给矩阵A的1～2行、1～3列的全部元素赋值为1
A =
     1     1     1
     1     1     1
>> A(3,3)=2      %给原矩阵中并不存在的元素进行下标赋值会扩充矩阵阶数，注意补0的原则
A =
     1     1     1
     1     1     1
     0     0     2
```

（2）单下标方式：在给矩阵的单个或多个元素赋值时，采用单下标方式接收。

【例 2.12】单下标接收元素赋值（续例 2.11）。

```
>> A(3:6)=[-1 5 3 -1]          %可用一个向量给单下标表示的连续多个矩阵元素赋值
A =
     1     5     1
     1     3     1
    -1    -1     2
>> A(3)=0;A(6)=0               %用单下标对单一元素赋值
A =
```

```
    1     5     1
    1     3     1
    0     0     2
```

（3）全元素方式：将矩阵 ***B*** 的所有元素全部赋值给矩阵 ***A***，即 ***A*(:)=*B***，不要求 ***A***、***B*** 同阶，只要求元素个数相等。

【例 2.13】全元素方式赋值。

```
>> A(:)=1:9                    %将一个向量按列之先后赋值给矩阵 A，A 在上例已被引用
A =
     1     4     7
     2     5     8
     3     6     9
>> A(3,4)=16,B=[11 12 13;14 15 16;17 18 19;0 0 0]
                                                  %扩充矩阵 A，生成 4×3 阶矩阵 B
A =
     1     4     7     0
     2     5     8     0
     3     6     9    16
B =
    11    12    13
    14    15    16
    17    18    19
     0     0     0
>> A(:)=B                      %将 4×3 阶矩阵 B 按列全部赋值给 3×4 阶矩阵 A
A =
    11     0    18    16
    14    12     0    19
    17    15    13     0
```

3. 矩阵元素的删除

在 MATLAB 中，可以用空矩阵（用[]表示）将矩阵中的单个元素、某行、某列、某矩阵子块及整个矩阵中的元素删除。

【例 2.14】删除元素操作。

```
>> clear
>> A(2:3,2:3)=[1 1;2 2]          %生成一个新矩阵 A
A =
     0     0     0
     0     1     1
     0     2     2
>> A(2,:)=[]                     %删除矩阵 A 的第 2 行，“:”可表示所有行或列
A =
```

```
     0     0     0
     0     2     2
>> A(1:2)=[]                          %删除矩阵 A 的前两个单下标元素，矩阵变成向量
A =
     0     2     0     2
>> A=[]                               %删除所有元素
A =
     []
```

2.3.3 矩阵的创建

在 MATLAB 中创建矩阵的方法有很多，本节将介绍 7 种，它们分别是：直接输入法、抽取法、拼接法、函数法、拼接函数和变形函数法、加载法和 M 文件法。不同的方法往往适用于不同的场合和需要。

因为矩阵是 MATLAB 特别引入的量，所以在表达时，必须给出一些相关的约定与其他量区别开来，这些约定如下。

（1）矩阵的所有元素必须放在方括号（[]）内。

（2）每行的元素之间需用逗号或空格隔开。

（3）矩阵的行与行之间用分号或回车符分隔。

（4）元素可以是数值或表达式。

这些约定同样适用于 2.4 节将要讨论的数组。

1. 直接输入法

在命令提示符“>>”后，直接输入一个矩阵的方法即是直接输入法。直接输入法对建立规模较小的矩阵是相当方便的，特别适用于在命令窗口讨论问题的场合，也适用于在程序中给矩阵变量赋初值的操作。

【例 2.15】用直接输入法创建矩阵。

```
>> x=27;y=3;
>> A=[1 2 3;4 5 6];B=[2,3,4;7,8,9;12,2*6+1,14];
>> C=[3  4  5
      7  8  x/y
      10 11  12];                %用回车符而非分号分隔矩阵各行
>> A,B,C
```

其运行结果为：

```
A =
     1     2     3
     4     5     6
B =
     2     3     4
```

```
     7     8     9
    12    13    14
C =
     3     4     5
     7     8     9
    10    11    12
```

2. 抽取法

抽取法是从大矩阵中抽取出需要的小矩阵（或子矩阵）。线性代数中分块矩阵就是一个典型的从大矩阵中抽取出子矩阵的实例。

矩阵的抽取实质是元素的抽取，依据 2.3.2 节的介绍，用元素的下标表示法从大矩阵中提取元素就能完成抽取过程。

（1）用全下标方式。

【例 2.16】 用全下标抽取法创建子矩阵。

```
>> clear
>> A=[1 2 3 4;5 6 7 8;9 10 11 12;13 14 15 16]
A =
     1     2     3     4
     5     6     7     8
     9    10    11    12
    13    14    15    16
>> B=A(1:3,2:3)                  %取矩阵 A 行数为 1～3，列数为 2～3 的元素构成子矩阵 B
B =
     2     3
     6     7
    10    11
>> C=A([1 3],[2 4])              %取矩阵 A 行数为 1、3，列数为 2、4 的元素构成子矩阵 C
C =
     2     4
    10    12
>> D=A(4,:)                      %取矩阵 A 的第 4 行，所有列的元素构成子矩阵 D，“:”可表
                                 %示所有行或列
D =
    13    14    15    16
>> E=A([2 4],end)                %取矩阵 A 的第 2、4 行，最后一列的元素构成子矩阵 E，用
                                 %“end”表示某一维数中的最大值
E =
     8
    16
```

（2）用单下标方式。

【例 2.17】用单下标抽取法创建子矩阵。

```
>> clear
>> A=[1 2 3 4;5 6 7 8;9 10 11 12;13 14 15 16]
A =
     1     2     3     4
     5     6     7     8
     9    10    11    12
    13    14    15    16
>> B=A([4:6;3 5 7;12:14])
B =
    13     2     6
     9     2    10
    15     4     8
```

本例是从矩阵 ***A*** 中取出单下标 4～6 的元素作为第 1 行，单下标 3、5、7 这 3 个元素作为第 2 行，单下标 12～14 的元素作为第 3 行，生成一个 3×3 阶新矩阵 ***B***。若用 B=A([4:6;[3 5 7];12:14])的格式去抽取也是正确的，关键在于若要抽取出矩阵，就必须在单下标引用中的最外层加上一对方括号，以满足 MATLAB 对矩阵的约定。另外，其中的分号也不能少。分号若改写成逗号时，矩阵将变成向量。例如，用 C=A([4:5,7,10:13])抽取，则结果为 C=[13 2 10 7 11 15 4]。

3. 拼接法

行数相同的小矩阵可在列方向扩展拼接成更大的矩阵。同理，列数相同的小矩阵可在行方向扩展拼接成更大的矩阵。

【例 2.18】小矩阵拼成大矩阵。

```
>> A=[1 2 3;4 5 6;7 8 9],B=[9 8;7 6;5 4],C=[4 5 6;7 8 9]
A =
     1     2     3
     4     5     6
     7     8     9
B =
     9     8
     7     6
     5     4
C =
     4     5     6
     7     8     9
>> E=[A B;B A]                    %行列两个方向同时拼接，请留意行、列数的匹配问题
E =
     1     2     3     9     8
```

```
     4     5     6     7     6
     7     8     9     5     4
     9     8     1     2     3
     7     6     4     5     6
     5     4     7     8     9
>> F=[A;C]                          %A、C 列数相同，沿行方向扩展拼接
     1     2     3
     4     5     6
     7     8     9
     4     5     6
     7     8     9
```

4. 函数法

MATLAB 有许多函数可以生成矩阵，大致可分为基本函数和特殊函数两类。基本函数主要生成一些常用的工具矩阵，如表 2-8 所示。特殊函数则生成一些特殊矩阵，如希尔伯特矩阵、魔方矩阵、帕斯卡矩阵、范德蒙矩阵等，这些矩阵如表 2-9 所示。

表 2-8　常用工具矩阵生成函数

函　　数	功　　能
zeros(m,n)	生成 $m \times n$ 阶的全 0 矩阵
ones(m,n)	生成 $m \times n$ 阶的全 1 矩阵
rand(m,n)	生成取值在 0～1 且满足均匀分布的随机矩阵
randn(m,n)	生成满足正态分布的随机矩阵
eye(m,n)	生成 $m \times n$ 阶的矩阵，其对角线元素上都是 1，其余位置元素为 0

表 2-9　特殊矩阵生成函数

函数名	功　　能	函数名	功　　能
compan	生成友矩阵	magic	生成魔方矩阵
gallery	生成测试矩阵	pascal	生成帕斯卡矩阵
hadamard	生成哈达玛矩阵	rosser	生成经典对称特征值测试矩阵
hankel	生成汉克尔矩阵	toeplitz	生成常对角矩阵
hilb	生成希尔伯特矩阵	vander	生成范德蒙矩阵
invhilb	生成反希尔伯特矩阵	wilkinson	生成威尔金森的特征值测试矩阵

在表 2-8 的常用工具矩阵生成函数中，除了函数 eye(m,n)外，其他函数都能生成三维以上的多维数组（2.4.2 节将给出介绍）。

【例 2.19】用函数生成矩阵。

```
>> A=ones(3,4),B=eye(3,4),C=magic(3)
A =
     1     1     1     1
     1     1     1     1
     1     1     1     1
B =
     1     0     0     0
     0     1     0     0
     0     0     1     0
C =
     8     1     6
     3     5     7
     4     9     2
>> format rat;D=hilb(3),E=pascal(4)         %rat 的数值显示格式可将小数用分数表示
D =
      1          1/2         1/3
     1/2         1/3         1/4
     1/3         1/4         1/5
E =
      1     1      1      1
      1     2      3      4
      1     3      6     10
      1     4     10     20
```

n 阶魔方矩阵的特点是每行、每列和两对角线上的元素之和等于$(n^3+n)/2$。例如，上例中 3 阶魔方矩阵每行、每列和两对角线上元素之和为 15。希尔伯特矩阵的元素在行、列方向和对角线上的分布规律是显而易见的，而帕斯卡矩阵在其副对角线及其平行线上的变化规律实际上就是中国人称为杨辉三角而西方人称为帕斯卡三角的变化规律。

5. 拼接函数和变形函数法

拼接函数法是指用 cat()和 repmat()函数将多个或单个小矩阵或沿行、或沿列方向拼接成一个大矩阵。

cat()函数的使用格式是 cat(n,A1,A2,A3,…)，n=1 时，表示沿行方向拼接；n=2 时，表示沿列方向拼接。n 可以是大于 2 的数字，此时拼接出的是多维数组，这些在 2.4.2 节将会加以讨论。

repmat()函数的使用格式是 repmat(A,m,n…)，m 和 n 分别是沿行和列方向重复拼接矩阵 A 的次数。

【例 2.20】用 cat()函数实现矩阵分别沿行方向和沿列方向的拼接。

```
>> A1=[1 2 3;9 8 7;4 5 6],A2=A1.'
```

```
A1 =
     1     2     3
     9     8     7
     4     5     6
A2 =
     1     9     4
     2     8     5
     3     7     6
>> cat(1,A1,A2,A1)                    %沿行方向拼接
ans =
     1     2     3
     9     8     7
     4     5     6
     1     9     4
     2     8     5
     3     7     6
     1     2     3
     9     8     7
     4     5     6
>> cat(2,A1,A2)                       %沿列方向拼接
ans =
     1     2     3     1     9     4
     9     8     7     2     8     5
     4     5     6     3     7     6
```

【例 2.21】用 repmat()函数对矩阵实现沿行方向和沿列方向的拼接（续例 2.20）。

```
>> repmat(A1,2,2)
ans =
     1     2     3     1     2     3
     9     8     7     9     8     7
     4     5     6     4     5     6
     1     2     3     1     2     3
     9     8     7     9     8     7
     4     5     6     4     5     6
>> repmat(A1,2,1)
ans =
     1     2     3
     9     8     7
     4     5     6
     1     2     3
     9     8     7
     4     5     6
```

```
>> repmat(A1,1,3)
ans =
     1     2     3     1     2     3     1     2     3
     9     8     7     9     8     7     9     8     7
     4     5     6     4     5     6     4     5     6
```

变形函数法主要是把一个向量通过变形函数 reshape()变换成矩阵，当然也可将一个矩阵变换成一个新的、与之除数不同的矩阵。reshape()函数的使用格式是 reshape(A,m,n…)，m 和 n 分别是变形后新矩阵的行、列数。

【例 2.22】用变形函数生成矩阵。

```
>> A=linspace(2,18,9)
A =
     2     4     6     8    10    12    14    16    18
>> B=reshape(A,3,3)        %注意新矩阵的排列方式，从中体会矩阵元素的存储次序
B =
     2     8    14
     4    10    16
     6    12    18
>> a=20:2:24;b=a.';        %生成 3 个元素的列向量 b，便于将矩阵 B 扩展成 3×4 阶的矩阵 C
>> C=[B b],D=reshape(C,4,3)            %将 3×4 阶的矩阵 C 变形成 4×3 阶的矩阵 D
C =
     2     8    14    20
     4    10    16    22
     6    12    18    24
D =
     2    10    18
     4    12    20
     6    14    22
     8    16    24
```

6. *加载法*

所谓加载法，是指将已经存放在外存中的.mat 文件读入 MATLAB 工作区中。这一方法的前提是：必须在外存中事先保存该.mat 文件且数据文件中的内容是所需的矩阵。

在用 MATLAB 编程解决实际问题时，可能需要将程序运行的中间结果用.mat 保存在外存空间中以备后面的程序调用。这一调用过程实质就是将外存空间中的数据（包括矩阵）加载到 MATLAB 内存空间中以备当前程序使用。

加载的方法具体有菜单法和命令法，在“命令行”窗口中讨论问题时，用菜单和用命令都可加载数据，但在程序设计时就只能用命令去加载数据了。具体来说，加载用的菜单是“命令行”窗口中的 File|Import Data，而命令则是 load。

【例 2.23】利用外存数据文件加载矩阵。例如，事先执行 save('s2_22.mat','A')，将例 2.22 工作区中的矩阵 ***A*** 另存为 s2_22.mat，则可进行以下操作。

```
>> clear
>> load s2_22          %从外存中加载事先保存在可搜索路径中的数据文件 s2_22.mat
>> who                 %询问加载的矩阵名称，参见 1.8 节表 1-6 的命令
您的变量为:
A
>> A                       %显示加载的矩阵内容
A =
    2     4     6     8    10    12    14    16    18
```

7. M 文件法

M 文件法和加载法其实十分相似，都是将事先保存在外存空间中的矩阵读入内存空间中，不同点在于加载法读入的是数据文件(.mat)，而 M 文件法读入的是内容仅为矩阵的.mat 文件。

M 文件一般是程序文件，其内容通常为命令或程序设计语句，但也可存放矩阵，因为给一个矩阵赋值本身就是一条语句。在程序设计中，当矩阵的规模较大且又要经常被引用时，若每次引用都采用直接输入法，这样既容易出错又很笨拙。一个省时、省力而又保险的方法就是：先用直接输入法将某个矩阵准确无误地赋值给一个程序中会被反复引用的矩阵，且用 M 文件将其保存。每当用到该矩阵时，就在程序中引用该 M 文件即可。

2.3.4 矩阵的代数运算

矩阵的代数运算应包括线性代数中讨论的诸多方面，限于篇幅，本节仅就一些常用的矩阵代数运算在 MATLAB 中的实现给予描述。

本节所描述的矩阵代数运算包括求矩阵行列式的值、矩阵的加减乘除、矩阵的求逆、求矩阵的秩、求矩阵的特征值与特征向量、矩阵的乘方与开方等。这些运算在 MATLAB 中有些是由运算符完成的，但更多的运算是由函数实现的。

1. 求矩阵行列式的值

求矩阵行列式的值由函数 det()实现。

【例 2.24】求给定矩阵的行列式值。

```
>> A=[3 2 4;1 -1 5;2 -1 3],D1=det(A)
A =
     3     2     4
     1    -1     5
     2    -1     3
D1 =
    24
>> B=ones(3),D2=det(B),C=pascal(4),D3=det(C)
```

```
B =
     1     1     1
     1     1     1
     1     1     1
D2 =
     0
C =
     1     1     1     1
     1     2     3     4
     1     3     6    10
     1     4    10    20
D3 =
     1
```

2. 矩阵的加减、数乘与乘法

矩阵的加减、数乘和乘法可用表 2-2 介绍的运算符来实现。

【例 2.25】已知矩阵

$$\boldsymbol{A}=\begin{bmatrix}1 & 3\\2 & -1\end{bmatrix},\quad \boldsymbol{B}=\begin{bmatrix}3 & 0\\1 & 2\end{bmatrix}$$

求 $\boldsymbol{A}+\boldsymbol{B}$，$2+\boldsymbol{A}$，$2\boldsymbol{A}$，$2\boldsymbol{A}-3\boldsymbol{B}$，$\boldsymbol{AB}$。

```
>> A=[1 3;2 -1],B=[3 0;1 2]
A =
     1     3
     2    -1
B =
     3     0
     1     2
>> A+B
ans =
     4     3
     3     1
>> 2+A
ans =
     3     5
     4     1
>> 2*A
ans =
     2     6
     4    -2
>> 2*A-3*B
```

```
ans =
   -7    6
    1   -8
>> A*B
ans =
    6    6
    5   -2
```

因为矩阵加减运算的规则是对应元素相加减，所以参与加减运算的矩阵必须是同阶矩阵。而数与矩阵的加减乘除的规则一目了然，但矩阵相乘有定义的前提是两矩阵内阶相等。

3. 求矩阵的逆矩阵

在 MATLAB 中，求一个 n 阶方阵的逆矩阵远比线性代数中介绍的方法来得简单，只需调用函数 inv()即可实现。

【例 2.26】求 $\boldsymbol{A}$ 矩阵的逆矩阵。

```
>> A=[1 0 1;2 1 2;0 4 6]
A =
    1     0     1
    2     1     2
    0     4     6
>> format rat;A1=inv(A)
A1 =
   -1/3      2/3      -1/6
    -2        1         0
    4/3     -2/3       1/6
```

4. 矩阵的除法

有了矩阵求逆运算后，线性代数中不再需要定义矩阵的除法运算。但为与其他高级语言中的标量运算保持一致，MATLAB 保留了除法运算，并规定了矩阵的除法运算法则，又因照顾到解不同线性代数方程组的需要，提出了左除和右除的概念。

左除即 A\B=inv(A)*B，右除即 A/B=A*inv(B)，相关运算符的定义见 2.1.5 节表 2-2 的说明。

【例 2.27】求下列线性方程组的解。

$$\begin{cases} x_1+4x_2-7x_3+6x_4=0 \\ \quad\;\; 2x_2+\;x_3+\;x_4=-8 \\ \qquad\; x_2+\;x_3+3x_4=-2 \\ x_1+\qquad\;\; x_3-\;x_4=1 \end{cases}$$

解：此方程可列成两组不同的矩阵方程形式。

（1）设 $\boldsymbol{X}$=[x_1;x_2;x_3;x_4]为列向量，矩阵 $\boldsymbol{A}$=[1 4 –7 6;0 2 1 1;0 1 1 3;1 0 1 –1]，矩阵

B=[0;-8;-2;1]为列向量，则方程形式为 ***AX*=*B***，其求解过程用左除。

```
>> A=[1 4 -7 6;0 2 1 1;0 1 1 3;1 0 1 -1],B=[0;-8;-2;1],x=A\B
A =
     1     4    -7     6
     0     2     1           1
     0     1     1           3
     1     0     1          -1
B =
     0
    -8
    -2
     1
x =
     3
    -4
    -1
     1
>> inv(A)*B
ans =
     3
    -4
    -1
     1
```

由此可见，A\B 的确与 inv(A)*B 相等。

（2）设 ***X***=[x_1 x_2 x_3 x_4]为行向量，矩阵 ***A***=[1 0 0 1;4 2 1 0;−7 1 1 1;6 1 3 −1]，矩阵 ***B***=[0 −8 −2 1]为行向量，则方程形式为 ***XA*=*B***，其求解过程用右除。

```
>> A=[1 0 0 1;4 2 1 0;-7 1 1 1;6 1 3 -1],B=[0 -8 -2 1],x=A/B
A =
     1     0     0     1
     4     2     1     0
    -7     1     1     1
     6     1     3    -1
B =
     0    -8    -2     1
x =
   3    -4    -1     1
>> B*inv(A)
ans =
   3    -4    -1     1
```

由此可见，A/B 的确与 B*inv(A)相等。

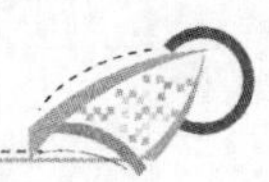

本例用左右除法两种方法求解了同一线性方程组的解，计算结果证明两种除法都是准确可用的，区别只在于方程的书写形式不同而已。

另需说明一点，本例所求的是一个恰定方程组的解，对超定方程组和欠定方程组，MATLAB 矩阵除法同样能给出其解，限于篇幅，在此不做讨论。

5. 求矩阵的秩

矩阵的秩是线性代数中一个重要的概念，它描述了矩阵的一个数值特征。在 MATLAB 中求秩运算是由函数 rank()完成的。

【例 2.28】求矩阵的秩。

```
>> B=[1 3 -9 3;0 1 -3 4;-2 -3 9 6],rb=rank(B)
B =
     1     3    -9     3
     0     1    -3     4
    -2    -3     9     6
rb =
     2
```

6. 求矩阵的特征值与特征向量

矩阵的特征值与特征向量是在最优控制、经济管理等许多领域都会用到的重要数学概念。在 MATLAB 中，求矩阵 $\boldsymbol{A}$ 的特征值和特征向量的数值解，有两个函数可用，它们的调用格式分别为：[X,λ]=eig(A)、[X,λ]=eigs(A)。但后者因采用迭代法求解，在规模上最多只能给出 6 个特征值和特征向量。

【例 2.29】求矩阵 $\boldsymbol{A}$ 的特征值和特征向量。

```
>> A=[1 -3 3;3 -5 3;6 -6 4], [X,Lamda]=eig(A)
A =
     1    -3     3
     3    -5     3
     6    -6     4
X =
    -0.4082   -0.8103    0.1933
    -0.4082   -0.3185   -0.5904
    -0.8165    0.4918   -0.7836
Lamda =
    4.0000         0          0
         0   -2.0000          0
         0         0    -2.0000
```

Lamda 用矩阵对角线方式给出了矩阵 $\boldsymbol{A}$ 的特征值为 $\lambda_1=4$，$\lambda_2=\lambda_3=-2$。而与这些特征值相应的特征向量则由 $\boldsymbol{X}$ 的各列来代表，$\boldsymbol{X}$ 的第 1 列是 λ_1 的特征向量，第 2 列是 λ_2 的特征向量，依此类推。必须说明，矩阵 $\boldsymbol{A}$ 的某个特征值对应的特征向量不是有限的，更不是唯一的，而是无穷的。所以，例中结果只是一个代表向量而已。有关知识请参阅线性代数教材。

7. 矩阵的乘幂与开方

在 MATLAB 中，矩阵的乘幂运算与线性代数的相比已经做了扩充，在线性代数中，一个矩阵 $\boldsymbol{A}$ 自己连乘数遍，就构成了矩阵的乘方，如 $\boldsymbol{A}^3$。但 $3^{\boldsymbol{A}}$ 这种形式在线性代数中就没有明确定义了，而 MATLAB 则承认其合法性并可进行运算。矩阵的乘方有自己的运算符(ˆ)。

同样地，矩阵的开方运算也是 MATLAB 自己定义的，它的依据在于开方所得矩阵相乘正好等于被开方的矩阵。矩阵的开方运算由函数 sqrtm()实现。

【例 2.30】矩阵的乘幂与开方运算。

```
>> A=[1 -3 3;3 -5 3;6 -6 4]
A =
     1    -3     3
     3    -5     3
     6    -6     4
>> A^3
ans =
    28   -36    36
    36   -44    36
    72   -72    64
>> A^1.2
ans =
   1.7097 - 0.6752i  -3.5683 - 0.6752i   3.5683 + 0.6752i
   3.5683 + 0.6752i  -5.4270 - 2.0256i   3.5683 + 0.6752i
   7.1367 + 1.3504i  -7.1367 - 1.3504i   5.2780 + 0.0000i
>> 3^A
ans =
   40.5556  -40.4444   40.4444
   40.4444  -40.3333   40.4444
   80.8889  -80.8889   81.0000
>> A1=sqrtm(A)
A1 =
   1.0000 + 0.7071i  -1.0000 + 0.7071i   1.0000 - 0.7071i
   1.0000 - 0.7071i  -1.0000 + 2.1213i   1.0000 - 0.7071i
   2.0000 - 1.4142i  -2.0000 + 1.4142i   2.0000 - 0.0000i
>> A1^2
ans =
   1.0000 - 0.0000i  -3.0000 + 0.0000i   3.0000 - 0.0000i
   3.0000 - 0.0000i  -5.0000 + 0.0000i   3.0000 - 0.0000i
   6.0000 - 0.0000i  -6.0000 - 0.0000i   4.0000 + 0.0000i
```

本例中，矩阵 ***A*** 的非整数次幂是依据其特征值和特征向量进行运算的，如果用 ***X*** 表示特征向量，Lamda 表示特征值，具体计算式是 A^p=Lamda*X.^p/Lamda。

需要强调的是，矩阵的乘方和开方运算是以矩阵作为一个整体的运算，而不是针对矩阵每个元素施行的。强调的目的在于与 2.4.3 节数组的乘幂和开方运算相区别。

8. 矩阵的指数与对数

矩阵的指数与对数运算也是以矩阵为整体而非针对元素的运算。和标量运算一样，矩阵的指数与对数运算也是一对互逆的运算，也就是说，矩阵 ***A*** 的指数运算可以用对数去验证，反之亦然。

矩阵的指数运算函数有多个，如 expm()、expm1()、expm2()和 expm3()等，其中最常用的是 expm()；矩阵对数运算函数是 logm()。

【例 2.31】矩阵的指数与对数运算。

```
>> A=[1 -1 1;2 -4 1;1 -5 3]
A =
     1    -1     1
     2    -4     1
     1    -5     3
>> Ae=expm(A)
Ae =
    1.3719   -3.7025    4.4810
    0.3987   -2.3495    2.9241
   -2.5254   -7.6138    9.5555
>> Ael=logm(Ae)
Ael =
    1.0000   -1.0000    1.0000
    2.0000   -4.0000    1.0000
    1.0000   -5.0000    3.0000
```

9. 矩阵转置

在 MATLAB 中，矩阵的转置被分成共轭转置和非共轭转置两大类。共轭转置有专门的运算符，如表 2-2 所示。但就一般实矩阵而言，共轭转置与非共轭转置的效果没有区别，复矩阵则在转置的同时实现共轭。

单纯的转置运算可以用函数 transpose()实现，无论实矩阵还是复矩阵都只实现转置而不做共轭变换。具体情况见下例。

【例 2.32】矩阵转置运算。

```
>> a=1:9
a =
     1     2     3     4     5     6     7     8     9
>> A=reshape(a,3,3)
```

```
A =
     1     4     7
     2     5     8
     3     6     9
>> B=A'
B =
     1     2     3
     4     5     6
     7     8     9
>> Z=A+i*B
Z =
   1.0000 + 1.0000i   4.0000 + 2.0000i   7.0000 + 3.0000i
   2.0000 + 4.0000i   5.0000 + 5.0000i   8.0000 + 6.0000i
   3.0000 + 7.0000i   6.0000 + 8.0000i   9.0000 + 9.0000i
>> Z'
ans =
   1.0000 - 1.0000i   2.0000 - 4.0000i   3.0000 - 7.0000i
   4.0000 - 2.0000i   5.0000 - 5.0000i   6.0000 - 8.0000i
   7.0000 - 3.0000i   8.0000 - 6.0000i   9.0000 - 9.0000i
>> transpose(A)
ans =
     1     2     3
     4     5     6
     7     8     9
>> transpose(Z)
ans =
   1.0000 + 1.0000i   2.0000 + 4.0000i   3.0000 + 7.0000i
   4.0000 + 2.0000i   5.0000 + 5.0000i   6.0000 + 8.0000i
   7.0000 + 3.0000i   8.0000 + 6.0000i   9.0000 + 9.0000i
```

10. 矩阵的提取与翻转

矩阵的提取与翻转是针对矩阵的常见操作。在 MATLAB 中，这些操作都由函数实现，这些函数如表 2-10 所示。

表 2-10　矩阵的提取与翻转函数

函　　数	功　　能
triu(A)	提取矩阵 ***A*** 的右上三角元素，其余元素补 0
tril(A)	提取矩阵 ***A*** 的左下三角元素，其余元素补 0
diag(A)	提取矩阵 ***A*** 的对角线元素
flipud(A)	矩阵 ***A*** 沿水平轴上下翻转

续表

函　数	功　能
fliplr(A)	矩阵 ***A*** 沿垂直轴左右翻转
flipdim(A,dim)	矩阵 ***A*** 沿特定轴翻转。dim=1，按行翻转；dim=2，按列翻转
rot90(A)	矩阵 ***A*** 整体逆时针旋转 90°

下面举例说明它们的应用。

【例 2.33】矩阵的提取与翻转。

```
>> a=linspace(1,23,12)
a =
    1     3     5     7     9    11    13    15    17    19    21    23
>> A=reshape(a,4,3)'
A =
     1     3     5     7
     9    11    13    15
    17    19    21    23
>> fliplr(A)
ans =
     7     5     3     1
    15    13    11     9
    23    21    19    17
>> flipdim(A,2)
ans =
     7     5     3     1
    15    13    11     9
    23    21    19    17
>> flipdim(A,1)
ans =
    17    19    21    23
     9    11    13    15
     1     3     5     7
>> triu(A)
ans =
     1     3     5     7
     0    11    13    15
     0     0    21    23
>> tril(A)
ans =
     1     0     0     0
     9    11     0     0
    17    19    21     0
```

```
>> diag(A)
ans =1
     11
     21
```

2.4 数组运算

数组是一般高级语言中都有的概念，但它在 MATLAB 中却有其独特的个性。MATLAB 数组的个性体现在运算法则和运算方法与众不同，且具有明显的优点。它的与众不同在于其运算法则是针对其中每一个元素的，数组之间的运算讲究元素的一一对应，因而数组之间的加减乘除就直接在元素之间对应展开，而无须用到循环语句。它的优点是利用数组结构可以简化同类运算。例如，将同类对象组织在一个数组中，再对它实施某种函数操作，一次批量解决问题。随着学习的进一步深入，对此将有更深刻的体会。

2.4.1 多维数组元素的存储次序

因为二维数组与矩阵结构相同，所以存储方案也相同。而矩阵元素的存储次序已在 2.3.1 节讨论过了，因此，本小节只讨论多维数组元素存储次序问题。

多维数组元素的存储次序实际就是二维数组（或矩阵）元素存储原则的扩展。以一个 $m \times n \times l$ 的三维数组 A 为例，考虑到它是由多个 $m \times n$ 的二维数组（表）叠放而成的，如果用符号 i 表示每个二维数组（表）的行下标，用符号 j 表示每个二维数组（表）的列下标，另外再用符号 k 表示数组 A 的另一维（称为页）的下标，那么数组 A 中第 i 行、第 j 列、第 k 页的元素就可表示为 $A(i, j, k)$。

例如，将一个 3×2×2 的三维数组 B 存储在计算机中，其元素的存储次序如表 2-11 所示。

表 2-11　数组 B 的各元素存储次序

序号	元素	序号	元素	序号	元素	序号	元素
1	B(1,1,1)	4	B(1,2,1)	7	B(1,1,2)	10	B(1,2,2)
2	B(2,1,1)	5	B(2,2,1)	8	B(2,1,2)	11	B(2,2,2)
3	B(3,1,1)	6	B(3,2,1)	9	B(3,1,2)	12	B(3,2,2)

表 2-11 中，排在前 6 的是第 1 页的元素，排在 7～12 的是第 2 页的元素。由此可见，三维数组元素的存放原则是按页优先，即第 1 页存完后再存第 2 页，依此类推。而同一页中则按列优先。

2.4.2 多维数组的创建

抛开运算法则，单从形式上讲，向量是一种一维数组，而矩阵是一种二维数组。从这

一理解出发，创建一维数组和二维数组的方法已经在前面两节讲过了。

因此，本小节只介绍 3 种三维以上数组的创建方法。它们分别是下标赋值法、工具矩阵函数法、拼接和变形函数法。

1. 下标赋值法

下标赋值法采用全下标方式创建多维数组。以三维数组为例，在原有行列下标表示的基础上，再增加页下标，针对每一页下标赋值一个二维数组即可构成一个三维数组。

【例 2.34】 创建一个两页的三维数组。

```
>> A=[1,2,3;4 5 6;7,8,9];B=reshape([10:18],3,3).'; %创建两个二维数组
>> C(:,:,1)=A; C(:,:,2)=B;            %将 A、B 分别赋给三维数组的页下标 1、2
>> C                                   %显示三维数组 C，留意三维数组的表示形式
C(:,:,1) =
     1     2     3
     4     5     6
     7     8     9
C(:,:,2) =
    10    11    12
    13    14    15
    16    17    18
```

2. 工具矩阵函数法

在 2.3.3 节的表 2-8 中，曾经给出了常用工具矩阵的生成函数，并且也曾指出，除 eye()函数，其余函数不但能生成矩阵，还能生成多维数组。现举例如下。

【例 2.35】 用 zeros()、ones()、rand()和 randn()函数生成多维数组。

```
>> zeros(2,3,3)
ans(:,:,1) =
     0     0     0
     0     0     0
ans(:,:,2) =
     0     0     0
     0     0     0
ans(:,:,3) =
     0     0     0
     0     0     0
>> ones(2,3,2,2)                  %生成一个四维数组，留意下面给出的表示形式
ans(:,:,1,1) =
     1     1     1
     1     1     1
ans(:,:,2,1) =
     1     1     1
```

```
     1     1     1
ans(:,:,1,2) =
     1     1     1
     1     1     1
ans(:,:,2,2) =
     1     1     1
     1     1     1
>> rand(2,3,2)
ans(:,:,1) =
    0.8147    0.1270    0.6324
    0.9058    0.9134    0.0975
ans(:,:,2) =
    0.2785    0.9575    0.1576
    0.5469    0.9649    0.9706
>> randn(2,2,2)
ans(:,:,1) =
   -0.4326    0.1253
   -1.6656    0.2877
ans(:,:,2) =
   -1.1465    1.1892
    1.1909   -0.0376
```

3. 拼接和变形函数法

拼接和变形函数及其使用格式在 2.3.3 节已经给出，并且当时已经提到它们具有构成多维数组的能力，现举例如下。

【例 2.36】用 cat()和 repmat()函数创建三维数组。

```
>> A1=[1 2 3;9 8 7;4 5 6],A2=A1.'
A1 =
     1     2     3
     9     8     7
     4     5     6
A2 =
     1     9     4
     2     8     5
     3     7     6
>> cat(3,A1,A2)       %数字 3 表示在页方向上拼接，形成有两页的三维数组，参见 2.3.3 节
ans(:,:,1) =
     1     2     3
     9     8     7
     4     5     6
ans(:,:,2) =
```

```
     1     9     4
     2     8     5
     3     7     6
>> repmat(A1,[1,1,2])   %数字2表示在页方向上放两个A1矩阵，形成共有两页的三维数组
ans(:,:,1) =
     1     2     3
     9     8     7
     4     5     6
ans(:,:,2) =
     1     2     3
     9     8     7
     4     5     6
```

【例 2.37】用 reshape()函数变形生成三维数组。

```
>> A=1:18;
>> reshape(A,3,3,2) %体会三维数组元素的存放次序
ans(:,:,1) =
     1     4     7
     2     5     8
     3     6     9
ans(:,:,2) =
    10    13    16
    11    14    17
    12    15    18
```

上述函数不仅能生成三维数组，还能生成更多维的数组，限于篇幅不再举例。

2.4.3 数组的代数运算

本节主要介绍数组的加减乘除、乘幂与开方、指数与对数等运算，通过实例来体会数组代数运算与矩阵代数运算的区别。

1. 数组的加减与乘法

数组加减运算的运算符与矩阵相同，定义在表 2-2 中，而乘法运算的运算符在表 2-3 中已经定义。现举例说明其应用。

【例 2.38】一维和二维数组的加减乘运算。

```
>> A1=[6 5 4 3 2 1];B1=[1 2 3 4 5 6];
>> C1=A1+B1,C2=C1-B1,C3=A1.*B1
C1 =
     7     7     7     7     7     7
C2 =
     6     5     4     3     2     1
```

```
C3 =
     6    10    12    12    10     6
>> A2=reshape(A1,2,3),B2=reshape(B1,2,3)
A2 =
     6     4     2
     5     3     1
B2 =
     1     3     5
     2     4     6
>> D1=A2+B2,D2=3.*A2,D3=A2.*B2              %体会对应元素相加减和相乘
D1 =
     7     7     7
     7     7     7
D2 =
    18    12     6
    15     9     3
D3 =
     6    12    10
    10    12     6
```

【例 2.39】三维数组的乘法示例（续例 2.38）。

```
>> A3=cat(3,D2,D3),B3=repmat(D1,[1,1,2])
A3(:,:,1) =
    18    12     6
    15     9     3
A3(:,:,2) =
     6    12    10
    10    12     6
B3(:,:,1) =
     7     7     7
     7     7     7
B3(:,:,2) =
     7     7     7
     7     7     7
>> A3.*B3                          %体会三维数组对应元素相乘的含义
ans(:,:,1) =
   126    84    42
   105    63    21
ans(:,:,2) =
    42    84    70
    70    84    42
```

2. 数组的除法

为了与矩阵运算相对应，数组的除法运算也分左除、右除，其运算符及其定义见表 2-3。

【例 2.40】用例 2.38 的数据做数组的左右除运算。

```
>> D1./4
ans =
   1.7500    1.7500    1.7500
   1.7500    1.7500    1.7500
>> 4./D1
ans =
   0.5714    0.5714    0.5714
   0.5714    0.5714    0.5714
>> A3./B3                          %请与下面 B3.\A3 的结果相比较，体会数组左右除的含义
ans(:,:,1) =
   2.5714    1.7143    0.8571
   2.1429    1.2857    0.4286
ans(:,:,2) =
   0.8571    1.7143    1.4286
   1.4286    1.7143    0.8571
>> B3.\A3
ans(:,:,1) =
   2.5714    1.7143    0.8571
   2.1429    1.2857    0.4286
ans(:,:,2) =
   0.8571    1.7143    1.4286
   1.4286    1.7143    0.8571
```

3. 数组的乘幂与开方

在表 2-3 中，数组的幂运算符是“.^”，但数组的开方运算需借助开方函数 sqrt()才能完成，没有开方运算符。

【例 2.41】对 2×3 的二维数组 A 做乘幂与开方运算。

```
>> A=[1 2 3;4 5 6], A2p=A.^2, App=A.^1.5
A =
     1     2     3
     4     5     6
A2p =
     1     4     9
    16    25    36
App =
    1.0000    2.8284    5.1962
    8.0000   11.1803   14.6969
```

```
>> As=sqrt(A)
As =
    1.0000    1.4142    1.7321
    2.0000    2.2361    2.4495
>>  App1=sqrt(A.^3)                        %请与 A.^1.5 的结果相比较
App1 =
    1.0000    2.8284    5.1962
    8.0000   11.1803   14.6969
```

4. 数组的指数与对数

数组的指数与对数运算也没有专门的运算符，但可借助指数函数 exp()和对数函数 log()来实现。

【例 2.42】求数组 A 的指数和对数。

```
>> A=[1 2 3;4 5 6]
A =
     1     2     3
     4     5     6
>> Ae=exp(A),Al=log(A)
Ae =
    2.7183    7.3891   20.0855
   54.5982  148.4132  403.4288
Al =
         0    0.6931    1.0986
    1.3863    1.6094    1.7918
```

5. 数组或矩阵的单纯转置

在表 2-3 中，单纯转置运算有其运算符“.'”。与矩阵的转置运算符“'”相比，它不具备转置的同时完成共轭运算的功能，所以它是单纯转置的，对复矩阵也是如此。下面举例说明这一点。

【例 2.43】对复矩阵 *A* 做单纯转置运算。

```
>> a=[1 2 3;4 5 6];b=[2 3 4;5 6 7];
>> A=a+i*b
A =
   1.0000 + 2.0000i   2.0000 + 3.0000i   3.0000 + 4.0000i
   4.0000 + 5.0000i   5.0000 + 6.0000i   6.0000 + 7.0000i
>> B=A.'
B =
   1.0000 + 2.0000i   4.0000 + 5.0000i
   2.0000 + 3.0000i   5.0000 + 6.0000i
   3.0000 + 4.0000i   6.0000 + 7.0000i
```

与矩阵代数运算相比，数组代数运算不论是加减、还是乘除，讲究的是元素一对一的运算；而数乘、数除和幂运算则是将一个单数（或幂）分配到数组的每个元素上；开方、指数和对数运算是将执行相应运算的函数作用于每个数组元素上。

而矩阵则不然，除了矩阵加减法要求元素的一一对应，矩阵的乘法、除法、乘幂、开方、指数和对数运算都是将矩阵视为一个整体参与运算。导致这种区别的原因在于矩阵运算采用的是线性代数法则，而线性代数中矩阵本身就不是一个单纯数的集合，矩阵已经失去了单纯数的性质而呈现自身的特点。但数组完全是将一些单纯的数汇集起来，让它们批量地参与运算。了解这些有利于准确理解 MATLAB 的矩阵与数组运算各自适用的场合，便于今后在实际应用中做出正确选择。

2.4.4 数组的关系与逻辑运算

在 2.1.5 节中介绍 MATLAB 的运算符时已经指出，关系与逻辑运算尽管可以将其视为矩阵的运算，但认真分析关系与逻辑运算的规则，不难发现，它们更多地体现了数组运算的特征。例如，两个矩阵的关系逻辑运算是元素一对一的关系比较或逻辑运算，这一点与数组的各种代数运算法则是一脉相承的。又如，参与关系与逻辑运算的两个矩阵必须同阶（行、列数分别相同）。所以本书将关系与逻辑运算放到数组运算中，但也不排斥将其视为矩阵的运算；并且不论是数组运算，还是矩阵运算，它们的运算结果都将根据应用场合的不同，既可视为数组，也可视为矩阵。

1. 数组的关系运算

数组的关系运算主要是由表 2-4 所列关系运算符来实现。表中一共列出了 6 种关系运算符并且说明了相关的运算法则。现仅举一例加以说明。

【例 2.44】 找出 6 阶魔方矩阵中所有能被 3 整除的元素，并在其位置上标 1。

```
>> A=magic(6)
A =
    35     1     6    26    19    24
     3    32     7    21    23    25
    31     9     2    22    27    20
     8    28    33    17    10    15
    30     5    34    12    14    16
     4    36    29    13    18    11
>> P=mod(A,3)==0
P =
    6×6 logical 数组
     0     0     1     0     0     1
     1     0     0     1     0     0
     0     1     0     0     1     0
     0     0     1     0     0     1
```

```
     1    0    0    1    0    0
     0    1    0    0    1    0
```

本例中，mod(A,B)是一个求余函数，用于求 A 除以 B 的余数。若整除，其余数为 0，则 mod(A,B)==0 的结果就为 1，否则为 0。

2. 数组的逻辑运算

数组的逻辑运算符一共有 6 个，但表 2-5 中只给出了 5 个运算符，这是因为异或运算没有运算符只有运算函数 xor()。另外，与、或、非 3 种运算符也有各自对应的函数，它们分别是 and()、or()、not()。

【例 2.45】数组的逻辑运算。

```
>> A=pascal(3),B=eye(3)
A =
     1    1    1
     1    2    3
     1    3    6
B =
     1    0    0
     0    1    0
     0    0    1
>> A&B
ans =
   3×3 logical 数组
     1    0    0
     0    1    0
     0    0    1
>> A|B
ans =
   3×3 logical 数组
     1    1    1
     1    1    1
     1    1    1
>> ~B
ans =
   3×3 logical 数组
     0    1    1
     1    0    1
     1    1    0
>> xor(A,B)
ans =
   3×3 logical 数组
     0    1    1
```

```
     1     0     1
     1     1     0
>> a=0;b=1;
>> a&&b
ans =
   logical
    0
>> a=1;b=0;
>> a||b
ans =
   logical
    1
```

尽管通过例题看不到先决与和先决或的执行过程，但从执行结果中至少可以看出这两种运算符在 MATLAB 中是有定义的。

3. 与逻辑运算相关的函数

MATLAB 除定义了自己的关系和逻辑运算，还设计了一组相关的函数。出于判断的目的，这些函数可能经常会被使用，表 2-12 列出了这些函数。

表 2-12　常用的关系和逻辑运算函数

函　数	功 能 说 明
all(A,n)	分行、列判断 A 中每行、列元素是否全非 0，是则该行、列取 1，非则取 0。n=1，表示列向判断；n=2，表示行向判断
any(A,n)	分行、列判断 A 中每行、列元素是否有非 0，是则该行、列取 1，非则取 0。n=1，表示列向判断；n=2，表示行向判断
isnan(A)	判断 A 中各元素是否为非数值，是则该元素取 1，非则取 0
isinf(A)	判断 A 中各元素是否为无穷大，是则该元素取 1，非则取 0
isnumeric(A)	判断 A 的元素是否全为数值，是则返回结果 1，非则返回结果 0
isreal(A)	判断 A 的元素是否全为实数，是则返回结果 1，非则返回结果 0
isempty(A)	判断 A 是否为空阵，是则返回结果 1，非则返回结果 0
find(A)	用单下标表示法返回数组 A 中非 0 元素的下标值

【例 2.46】常用逻辑运算函数举例。

```
>> A=[1 2 3;0 4 5;8 9 0]
A =
     1     2     3
     0     4     5
     8     9     0
>> all(A,1)
```

```
ans =
  1×3 logical 数组
    0    1    0
>> all(A,2)
ans =
  3×1 logical 数组
    1
    0
    0
>> B=1:4
B =
    1    2    3    4
>> any(B)
ans =
  logical
    1
>> any(B,1)
ans =
  1×4 logical 数组
    1    1    1    1
>> any(B,2)
ans =
   logical
    1
>> isnan(A)
ans =
  3×3 logical 数组
    0    0    0
    0    0    0
    0    0    0
>> isnumeric(A)
ans =
   logical
    1
```

2.4.5 数组和矩阵函数的通用形式

在 MATLAB 中，除了少数由运算符定义的矩阵或数组运算，还有大量的运算是通过函数实现的。例如，前面已经提到的矩阵和数组的开方、指数、对数运算等。但是 MATLAB 的函数远不止这些，依靠函数实现的运算几乎涵盖了 MATLAB 所有可能的应用领域或各种可能的工具箱。

据前已知，矩阵的开方、指数、对数运算使用的函数分别是 sqrtm()、expm()、logm()，

而对应上述对数组操作的函数则是 sqrt()、exp()、log()。如果照此下去，那么 MATLAB 必须为矩阵和数组的函数运算提供两套函数，这种开销实属多余。所谓的矩阵函数运算大多数情况下真正的作用对象是数组而非矩阵，因为大多数情况下是针对矩阵中的每一个元素所做的运算，而非矩阵整体。如此一来，只需定义一套针对数组的运算函数就可以了。若真需要针对矩阵的运算时，则在利用数组函数的基础上，采用所谓通用形式即可。

实际上，MATLAB 仅有少数几个针对矩阵的函数，如 sqrtm()、expm()、logm()，而绝大多数函数采用的是通用形式。

矩阵函数运算的通用形式，就是借用数组函数名来实现针对矩阵整体的运算。以矩阵 ***A*** 的开方运算为例，其通用形式是 funm(A,'sqrt')，其中借用了数组函数 sqrt()。它的结果与 sqrtm(A)相互等效。依此类推，矩阵 ***A*** 的对数函数可表达为 funm(A,'log')。

因为上面讨论过数组与矩阵函数的统一性，所以下面只给出一组针对数组的常用数学运算函数，如表 2-13～表 2-15 所示。如果需要，这些函数都可用通用形式完成对矩阵整体的运算。

表 2-13　数组的基本数学函数

函数名	名称或功能	函数名	名称或功能
abs	求绝对值或复数的模	log10	以 10 为底的对数
sqrt	开平方	round	四舍五入并取整
angle	求复数相角	fix	向最接近 0 方向取整
real	求复数实部	floor	向接近－∞方向取整
imag	求复数虚部	ceil	向接近＋∞方向取整
conj	求复数的共轭	rem(a,b)	求 a/b 的有符号余数
exp	自然指数	mod(c,m)	求 c/m 的正余数
log	以 e 为底的对数	sign	符号函数
log2	以 2 为底的对数	—	—

表 2-14　数组的基本三角函数

函数名	名称或功能	函数名	名称或功能
sin	正弦	sinh	双曲正弦
cos	余弦	cosh	双曲余弦
tan	正切	tanh	双曲正切
asin	反正弦	asinh	反双曲正弦
acos	反余弦	acosh	反双曲余弦
atan	反正切	atanh	反双曲正切

表 2-15　数组的特殊函数

函数名	名称或功能	函数名	名称或功能
besselj	第一类贝塞尔函数	gamma	γ 函数
bessely	第二类贝塞尔函数	gammainc	不完全的 γ 函数
besselh	第三类贝塞尔函数	ellipj	雅可比椭圆函数
legendre	联合勒让德函数	ellipke	第一种完全椭圆积分
beta	β 函数	erf	误差函数
betainc	不完全的 β 函数	rat	有理逼近

【例 2.47】 以 2° 为间隔利用 sin()函数结合数组求正弦函数表。

```
>> ang=0:2:90;angle1=ang.*pi/180;
>> sin(angle1)
ans =
  列 1 至 13
         0    0.0349    0.0698    0.1045    0.1392    0.1736    0.2079
    0.2419    0.2756    0.3090    0.3420    0.3746    0.4067
  列 14 至 26
    0.4384    0.4695    0.5000    0.5299    0.5592    0.5878    0.6157
    0.6428    0.6691    0.6947    0.7193    0.7431    0.7660
  列 27 至 39
    0.7880    0.8090    0.8290    0.8480    0.8660    0.8829    0.8988
    0.9135    0.9272    0.9397    0.9511    0.9613    0.9703
  列 40 至 46
    0.9781    0.9848    0.9903    0.9945    0.9976    0.9994    1.0000
```

本例以 2° 为间隔，通过构造一维数组，然后在其上施加正弦函数运算，一次性地批量求得了 0°～90° 的 46 个函数值。通过此例，读者可初次体会到 MATLAB 的数组运算在数值计算领域的强大功能。需要说明的是，以 2° 为间隔是受到本书篇幅的限制，任何细分的间隔都是可以实现的。

【例 2.48】 用矩阵函数的通用形式求矩阵的对数。

```
>> A=[1 2 3;3 1 2;2 3 1]
A =
     1     2     3
     3     1     2
     2     3     1
>> B=funm(A,@log)
B =
    0.9635   -1.0973    1.9257
    1.9257    0.9635   -1.0973
```

```
   -1.0973    1.9257    0.9635
```

当把 A 视为数组时，下面给出了相应的计算结果。请与上面的结果比较，体会数组与矩阵函数的区别。

```
>> Ba=log10(A)
Ba =
         0    0.3010    0.4771
    0.4771         0    0.3010
    0.3010    0.4771         0
```

2.5　字符串运算

MATLAB 虽有字符串概念，但和 C 语言一样，仍是将其视为一个一维字符数组对待。因此本节针对字符串的运算或操作，对字符数组亦有效。

2.5.1　字符串变量与一维字符数组

当把某个字符串赋值给一个变量后，这个变量便因取得这一字符串而被 MATLAB 作为字符串变量来识别。更进一步，当观察 MATLAB 的工作空间窗口时，字符串变量的类型是字符数组类型（char array）。而从工作空间窗口去观察一个一维字符数组时，也发现它具有与字符串变量相同的数据类型。由此推知，字符串与一维字符数组在运算处理和操作过程中是等价的。

1. 给字符串变量赋值

MATLAB 的
字符串操作

用一个赋值语句即可完成字符串变量的赋值操作，现举例如下。

【例 2.49】将 3 个字符串分别赋值给 S1、S2、S3 这 3 个变量。

```
>> S1='go home',S2='朝闻道，夕死可矣',S3='go home. 朝闻道，夕死可矣'
S1 =
      'go home'
S2 =
      '朝闻道，夕死可矣'
S3 =
      'go home. 朝闻道，夕死可矣'
```

2. 一维字符数组的生成

因为向量的生成方法就是一维数组的生成方法，而一维字符数组也是数组，与数值数组的不同是字符数组中的元素是一个个字符而非数值。因此，原则上生成向量的方法就能生成字符数组，当然最常用的还是直接输入法。

【例 2.50】用 3 种方法生成字符数组。

```
>> Sa=['I love my teacher, ' 'I' ' love truths ' 'more profoundly.']
Sa =
      'I love my teacher, I love truths more profoundly.'
>> Sb=char('a':2:'r')                    %冒号法
Sb =
      'acegikmoq'
>> Sc=char(linspace('e','t',10))         %函数法
Sc =
      'efhjkmoprt'
```

本例中，char()是一个将数值转换成字符串的函数，在 2.5.2 节将有讨论。另外，请注意观察 Sa 在“工作区”窗口中的各项数据，尤其是 size 的大小，不要以为它只有 4 个元素，从中体会 Sa 作为一个字符数组的真正含义。

2.5.2 对字符串的多项操作

对字符串的操作主要由一组函数实现，这些函数中有求字符串长度和矩阵阶数的 length()和 size()，有实现字符串和数值相互转换的 double()和 char()等。下面举例说明用法。

1. 求字符串长度

length()和 size()函数虽然都能求字符串、数组或矩阵的大小，但用法上有区别。length()函数只从它们各维中挑出最大维的数值大小，而 size()则以一个向量的形式给出所有各维的数值大小。两者的关系是 length()=max(size())，请仔细体会下面的例子。

【例 2.51】length()和 size()函数的用法。

```
>> Sa=['I love my teacher, ' 'I' ' love truths ' 'more profoundly.'];
>> length(Sa)
ans =
    49
>> size(Sa)
ans =
     1    49
>> A=[1 2 3;4 5 6];
>> length(A)
ans =
     3
>> A=[1 2 ;4 5; 6 7];
>> length(A)
ans =
     3
```

```
>> size(A)
ans =
   3    2
```

2. 字符串与一维数值数组的相互转换

字符串是由若干字符组成的，在 ASCII 码中，每个字符又可对应一个数值编码，如字符 A 对应 65。如此一来，字符串又可在一个一维数值数组之间找到某种对应关系，这就构成了字符串与一维数值数组之间可以相互转换的基础。

【例 2.52】用 abs()函数、double()函数和 char()函数、setstr()函数实现字符串与一维数值数组的相互转换。

```
>> S1='I am nobody';
>> As1=abs(S1)
As1 =
    73    32    97   109    32   110   111    98   111   100   121
>> As2=double(S1)
As2 =
    73    32    97   109    32   110   111    98   111   100   121
>> char(As2)
ans =
    'I am nobody'
>> setstr(As2)
ans =
    'I am nobody'
```

3. 比较字符串

strcmp(S1,S2)是 MATLAB 的字符串比较函数，当 S1 与 S2 完全相同时，返回值为 1，否则返回值为 0。

【例 2.53】函数 strcmp()的用法。

```
>> S1='I am nobody';
>> S2='I am nobody.';
>> strcmp(S1,S2)
ans =
   logical
    0
>> strcmp(S1,S1)
ans =
   logical
    1
```

4. 查找字符串

findstr(S,s)是从某个长字符串 S 中查找子字符串 s 的函数，返回的结果是子串在长串中的起始位置。

【例 2.54】函数 findstr()的用法。

```
>> S='I believe that love is the greatest thing in the world.';
>> findstr(S,'love')
ans =
    16
```

5. 显示字符串

disp()是一个原样输出其中内容的函数，它经常在程序中做提示说明用，其用法见下例。

【例 2.55】函数 disp()的用法。

```
>> disp('两串比较的结果是：'),Result=strcmp(S1,S1),disp('若为 1 则说明两串完全相同，为 0 则不同。')
两串比较的结果是：
Result =
  logical
   1
若为 1 则说明两串完全相同，为 0 则不同。
```

除了上面介绍的这些字符串操作函数，相关的函数还有很多，限于篇幅，不再一一介绍，有需要时可通过 MATLAB 帮助获得相关主题的信息。

2.5.3 二维字符数组

二维字符数组其实就是由字符串纵向排列构成的数组。借用构造数值数组的方法，可以用直接输入法或连接函数法获得二维字符数组。下面用两个实例加以说明。

【例 2.56】将 S1、S2、S3、S4 分别视为数组的 4 行，用直接输入法沿纵向构造二维字符数组。

```
>> S1='路修远以多艰兮，';
>> S2='腾众车使径待。';
>> S3='路不周以左转兮，';
>> S4='指西海以为期！';
>> S=[S1;S2,' ';S3;S4,' ']              %此法要求每行字符数相同，不够时要补齐空格
S =
  4×8 char 数组
    '路修远以多艰兮，'
    '腾众车使径待。 '
    '路不周以左转兮，'
    '指西海以为期！ '
```

```
>> S=[S1;S2,' ';S3;S4]                    %每行字符数不同时，系统提示出错
错误使用 vertcat
要串联的数组的维度不一致。
```

可以将字符串连接生成二维数组的函数有多个，在例 2.57 中将主要介绍 char()、strvcat()和 str2mat()这 3 个函数。

【例 2.57】 用 char()、strvcat()和 str2mat()函数生成二维字符数组的示例。

```
>> S1a='I''m nobody,'; S1b=' who are you?';      %注意串中有单引号时的处理方法
>> S2='Are you nobody too?';
>> S3='Then there''s a pair of us.';              %注意串中有单引号时的处理方法
>> SS1=char([S1a,S1b],S2,S3)
SS1 =
  3×26 char 数组
    'I'm nobody, who are you?  '
    'Are you nobody too?       '
    'Then there's a pair of us.'
>> SS2=strvcat(strcat(S1a,S1b),S2,S3)
SS2 =
  3×26 char 数组
    'I'm nobody, who are you?  '
    'Are you nobody too?       '
    'Then there's a pair of us.'
>> SS3=str2mat(strcat(S1a,S1b),S2,S3)
SS3 =
  3×26 char 数组
    'I'm nobody, who are you?  '
    'Are you nobody too?       '
    'Then there's a pair of us.'
```

例 2.57 中，strcat()和 strvcat()两个函数的区别在于，前者是将字符串沿横向连接成更长的字符串，而后者是将字符串沿纵向连接成二维字符数组。

2.6　本 章 小 结

常量、变量、函数、运算符和表达式是所有程序设计语言中必不可少的要件，MATLAB 也不例外。但是 MATLAB 的特殊性在于它对上述这些要件做了多方面的扩充或拓展。

MATLAB 把向量、矩阵、数组当成了基本的运算量，给它们定义了具有针对性的运算符和运算函数，使其在 MATLAB 中的运算方法与数学上的处理方法更趋一致。

从字符串的许多运算或操作中不难看出，MATLAB 在许多方面与 C 语言非常相近，目的就是与 C 语言和其他高级语言保持良好的接口能力。认清这一点对进行大型程序设计与开发是有重要意义的。

本 章 习 题

1. 单项选择题

（1）矩阵每一行中的元素之间要用某个符号分隔，这个符号可以是（　　）。

A. 分号　　B. 减号　　C. 回车　　D. 空格

（2）ones(n,m)函数是用来产生特殊矩阵的，由它形成的矩阵称为（　　）。

A. 单位矩阵　　B. 行向量　　C. 1 矩阵　　D. 列向量

（3）在 MATLAB 中，函数 log(x)是对 x 求对数，它的底是（　　）。

A. 2　　B 10　　C. x　　D. e

（4）当 a=-3.2，使用取整函数得出-4，则该取整函数是（　　）。

A. fix()　　B. round()　　C. ceil()　　D. floor()

（5）表达式 ax^3+by^2 改写成 MATLAB 的语句形式是（　　）。

A. ax3+by2　　B. a*x3+b*y2　　C. a×x3+b×y2　　D. a*x^3+b*y^2

（6）已知 a=0:1:4，b=5:-1:1，下面的运算表达式出错的是（　　）。

A. a+b　　B. a*b　　C. a'*b　　D. a./b

（7）将 a=[1 2 3;4 5 6;7 8 9]改变成 b=[3 6 9;2 5 8;1 4 7]的命令是（　　）。

A. b=a'　　B. b=flipud(a)　　C. b=mfliplr(a)　　D. b=rot90(a)

2. 判断题

（1）使用函数 zeros(5)生成的是一个具有 5 个元素的向量。　（　　）

（2）在 MATLAB 命令窗口直接输入矩阵时，矩阵数据要用中括号括起来，且元素间必须用逗号分隔。　（　　）

（3）A.*B 时必须要求 A 和 B 结构大小相同，否则不能进行运算。　（　　）

（4）A、B 两个行列分别相同的数组，当执行 A>B 的关系运算后，其结果是一个要么为 0，要么为 1 的数。　（　　）

（5）strcat()和 strvcat()两个函数都能将多个字符串连接起来形成新的字符串。（　　）

（6）abs()是一个针对数值量求绝对值的函数。　（　　）

（7）length()是一个只能求字符串长度或向量维数的函数。　（　　）

（8）funm(A,'log')和 logm(A)是两个效果相同的函数。　（　　）

3. 填空题

（1）有矩阵 $\boldsymbol{A}$=[1 2 3 4; 5 6 7 8; 9 10 11 12; 13 14 15 16]，且有向量 $\boldsymbol{x}$=[2,4]，当对它进行如下运算后的结果是：

C=A(x,:)=________________________________。

（2）$\boldsymbol{x}$ 为从 0 到 4π，步长为 0.1π 的向量，使用命令____可以创建这个向量。

（3）语句 x=logspace(0,2,3)生成的向量 ***x*** 是：____。

（4）有矩阵 ***A***=[4 2 3 4; 16 6 7 8; 9 10 11 12; 1 14 15 5]，当对它进行 B=A(:,[1,3])运算后的结果是____。

（5）下列语句 A=linspace(2,18,9);B=reshape(A,3,3)的执行结果是：

B=____。

第 3 章

MATLAB 数值运算

教学提示

每当难以对一个函数进行积分或者微分以确定一些特殊的值时，可以借助计算机在数值上近似所需的结果，从而生成其他方法无法求解的问题的近似解，这在计算机科学和数学领域，称为数值分析。本章涉及的数值分析的主要内容有插值与多项式拟合、数值微积分、线性方程组的数值求解、微分方程的求解等，掌握这些内容及相应的基本算法有助于理解、分析、改进甚至构造新的数值算法。

教学要求

本章主要是让学生掌握数值分析中多项式的插值和拟合、牛顿-科茨系列数值积分、3 种求解线性方程组的迭代方法、解常微分方程的欧拉法和龙格-库塔法等具体的数值算法，并要求这些数值算法能在 MATLAB 中实现。

3.1 多 项 式

在工程及科学分析上，多项式是常被用来模拟一个物理现象的解析函数。之所以采用多项式，是因为它很容易计算，多项式运算是数学中基本的运算之一。在高等数学中，多项式一般可表示为 $f(x)=a_0x^n+a_1x^{n-1}+a_2x^{n-2}+\cdots+a_{n-1}x+a_n$，当 x 是矩阵形式时，代表矩阵多项式。矩阵多项式是矩阵分析的一个重要组成部分，也是控制论和系统工程的一个重要工具。

3.1.1 多项式的表达和创建

在 MATLAB 中，多项式表示成向量的形式，它的系数是按降序排列的。只需将按降幂次序排列的多项式的每个系数填入向量，就可以在 MATLAB 中建立一个多项式。例如，多项式：

$$s^4+3s^3-15s^2-2s+9$$

在 MATLAB 中，按下面方式组成一个向量：

x = [1 3 -15 -2 9]

MATLAB 会将长度为 n+1 的向量解释成一个 n 阶多项式。因此，若多项式某些项的系数为零，则必须在向量中相应位置补零。例如，多项式：

$$s^4+1$$

在 MATLAB 中表示为：

y = [1 0 0 0 1]

3.1.2　多项式的四则运算

多项式的四则运算包括多项式的加、减、乘、除运算。下面以对两个同阶次多项式 $a(x)=x^3+2x^2+3x+4$，$b(x)=x^3+4x^2+9x+16$ 做加、减、乘、除运算为例，说明多项式的四则运算过程。

（1）多项式相加，即 $c(x)=a(x)+b(x)$，则有：

$$c(x)=2x^3+6x^2+12x+20$$

（2）多项式相减，即 $d(x)=a(x)-b(x)$，则有：

$$d(x)=-2x^2-6x-12$$

（3）多项式相乘，即 $e(x)=a(x)b(x)$，则有：

$$e(x)=x^6+6x^5+20x^4+50x^3+75x^2+84x+64$$

（4）多项式相除，即 $f(x)=\dfrac{e(x)}{b(x)}=a(x)$，则有：

$$f(x)=x^3+2x^2+3x+4$$

多项式的加减在阶次相同的情况下可直接运算，若两个相加减的多项式阶次不同，则低阶多项式必须用零填补高阶项系数，使其与高阶多项式有相同的阶次。而且通常情况下，进行加减的两个多项式的阶次不会相同，这时可以自定义一个函数 polyadd()来完成两个多项式的相加，以下函数是由密歇根大学的 Justin Shriver 编写的（自定义函数详见 6.1 节）。

```
function[poly]=polyadd(poly1,poly2)
%polyadd(poly1,poly2) adds two polynominals possibly of uneven length
if length(poly1)<length(poly2)
       short=poly1;
       long=poly2;
else
       short=poly2;
       long=poly1;
end
mz=length(long)-length(short);
```

```
if mz>0
        poly=[zeros(1,mz),short]+long;
else
        poly=long+short;
end
```

将这个函数生成 polyadd.m 文件，并将该文件保存在 MATLAB 搜索路径中的一个目录下，这样 polyadd()函数就可以和 MATLAB 工具箱中的其他函数一样使用了。

【例 3.1】 调用 polyadd()函数来完成两个同阶次多项式 $a(x)=x^3+2x^2+3x+4$ 和 $b(x)=x^3+4x^2+9x+16$ 的相加运算。

```
>> a=[1 2 3 4];
>> b=[1 4 9 16];
>> c=polyadd(a,b)
c=
2     6    12    20
```

【例 3.2】 调用 polyadd()函数来完成两个不同阶次多项式 $m(x)=x+2$ 和 $n(x)=x^2+4x+7$ 的相加运算。

```
>> m=[1 2];
>> n=[1 4 7];
>> s=polyadd(m,n)
s=
   1  5  9
```

多项式相减，相当于一个多项式加上另一个多项式的负值。

【例 3.3】 完成两个同阶次多项式 $a(x)=x^3+2x^2+3x+4$ 和 $b(x)=x^3+4x^2+9x+16$ 的相减运算。

```
>> a=[1 2 3 4];
>> b=[1 4 9 16];
>> d=polyadd(a,-b)
d =
     0    -2    -6   -12
```

多项式相乘是一个卷积的过程，当两个多项式相乘时，可通过计算两个多项式的系数的卷积来完成。MATLAB 中函数 conv()可完成此功能。函数 conv()的调用格式为 c=conv(a,b)，其中 a、b 代表两个多项式的系数向量。函数 conv()也可以嵌套使用，如 conv(conv(a,b),c)。

【例 3.4】 完成两个同阶次多项式 $a(x)=x^3+2x^2+3x+4$ 和 $b(x)=x^3+4x^2+9x+16$ 的相乘运算。

```
>> a=[1 2 3 4];
>> b=[1 4 9 16];
>> e=conv(a,b)
```

```
e =
     1     6    20    50    75    84    64
```

【例 3.5】完成两个不同阶次多项式 $m(x)=x+2$ 和 $n(x)=x^2+4x+7$ 的相乘运算。

```
>> m=[1 2];
>> n=[1 4 7];
>> p=conv(m,n)
p =
     1     6    15    14
```

多项式的除法是乘法的逆过程，利用函数 deconv()可以返回多项式相除的余数和商多项式。函数 deconv()的调用格式为[q,r]=deconv(a,b)，其中 q、r 分别代表整除多项式及余数多项式。

【例 3.6】利用例 3.4 中的数据，求 $f(x)=\dfrac{e(x)}{b(x)}$，并判断其是否为 $a(x)$。

```
>> [f,r] = deconv(e,b)
f =
     1     2     3     4
r =
     0     0     0     0     0     0     0
```

商多项式 f 即为例 3.4 中的多项式 $a(x)$，因为 e 能被 b 整除，因此余数多项式 r 为零。

【例 3.7】求 $\dfrac{(s^2+1)(s+2)(s+1)}{s^3+s+1}$ 的商多项式及余数多项式。

```
>> p1=conv([1,0,1],conv([1,2],[1,1]));       % 计算分子多项式
>> p2=[1 0 1 1];                              % 注意缺项补零
>> [q,r]=deconv(p1,p2)
q =
     1     3
r =
     0     0     2    -1    -1
```

q 表示商多项式为 $s+3$，r 表示余数多项式为 $2s^2-s-1$。

3.1.3　多项式求值和求根运算

1. 多项式求值

在 MATLAB 中可用函数 polyval()来进行多项式求值运算。函数 polyval()常用的一种调用格式为：

$$y = \text{polyval}(p,x)$$

其中，p 为多项式的各阶系数向量，x 为要求值的点。当 x 表示矩阵时，需用 y=polyvalm(p,x)来计算相应的值。

【例 3.8】利用 polyval()函数找出 $s^4+2s^3-12s^2-s+7$ 在 s=3 处的值。

```
>> p=[1 2 -12 -1 7];
>> z=polyval(p,3)
z =
     31
```

【例 3.9】利用 polyval()函数找出多项式 s^3+4s^2+7s-8 在[-1,4]区间中均匀分布的 5 个离散点的值。

```
>> x=linspace(-1,4,5)        % 在[-1,4]区间产生 5 个离散点
>> p=[1 4 7 -8];
>> v=polyval(p,x)
x =
   -1.0000    0.2500    1.5000    2.7500    4.0000
v =
  -12.0000   -5.9844   14.8750   62.2969  148.0000
```

v 即为多项式在各个离散点上对应的函数值。

【例 3.10】估计矩阵多项式 $\boldsymbol{P}(\boldsymbol{X})=\boldsymbol{X}^3-2\boldsymbol{X}-\boldsymbol{I}$ 在已知矩阵 $\boldsymbol{X}$=[1 2 1; -1 0 2; 4 1 2]时的值。

```
>> X=[1 2 1; -1 0 2; 4 1 2];
>> P=[1 -2 -1];
>> Y=polyvalm(P,X)
Y =
   0    -1     5
   9    -1    -1
   3     8     5
```

2. 多项式求根

找出多项式的根，即多项式为零的 x 的值，是许多学科共同的问题。关于 x 的多项式都可以写成 $f(x)$=0 的形式，对多项式的求根运算即求解一元多次方程的数值解。多项式的阶数不同，对应的根可以有一个到多个，可能为实数也可能为复数。

在 MATLAB 中用内置函数 roots()可找出多项式所有的实根和复根。在 MATLAB 中，无论是多项式还是它的根，都是向量。函数的调用格式为 x=roots(P)，其中 P 为多项式的系数向量，x 也为向量，即 x(1),x(2),⋯,x(n)分别代表多项式的 n 个根。MATLAB 规定，多项式是行向量，根是列向量。

【例 3.11】求解多项式 $s^4+3s^3-12s^2-2s+8$ 的根。

```
>> roots([1 3 -12 -2 8])
ans =
```

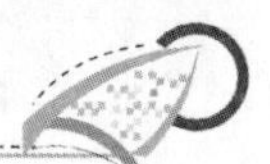

```
  -5.1833
   2.1706
  -0.8369
   0.8496
```

注意：在上面的程序中，数字格式设为短型（short），若改为长型（long），结果会有差别，根据需要可在“命令行”窗口中输入命令 format long 进行修改。

【例 3.12】 求下列 8 次代数方程的根。

$$x^8-36x^7+546x^6-4536x^5+22449x^4-67284x^3+118124x^2-109584x+40320=0$$

```
>> p=[1  -36  546  -4536  22449  -67284  118124  -109584  40320];
>> roots(p)
ans =
   8.000000000003620
   6.999999999991528
   6.000000000006543
   4.999999999999056
   3.999999999998777
   3.000000000000528
   1.999999999999994
   0.999999999999991
```

如果修改 7 次幂的系数-36 为-37，再求上述方程的根，可用下面的命令：

```
>> p(2)=-37;
>> roots(p)
ans =
  16.119155072952807 + 0.000000000000000i
   5.035095810228782 + 5.149749378225431i
   5.035095810228782 - 5.149749378225431i
   2.821038133239228 + 1.728121585006063i
   2.821038133239228 - 1.728121585006063i
   2.084387538107562 + 0.249352404739498i
   2.084387538107562 - 0.249352404739498i
   0.999801963896044 + 0.000000000000000i
```

比较两次求根结果，发现多项式系数的微小变动会引起多项式的根的显著变化。

按照一般的求根步骤，用函数 roots()求出多项式的根后，要把根代入到原多项式进行验证，这可通过本节介绍的函数 polyval()来实现。

【例 3.13】 求多项式 x^2-3x+2 的根并验证。

```
>> p=[1 -3 2];
>> roots(p)
```

```
ans =
     2
     1
>> polyval(p,2), polyval(p,1)
ans =
     0
ans =
     0
```

注意：如果得到的根本身就不是一个精确解，则利用函数 polyval()验证的结果不等于零，而是一个比较小的数。

3.1.4 多项式的构造

在MATLAB中可利用符号工具箱中的函数poly2sym()来构造多项式，也可用函数poly()来求根对应的多项式的各阶系数。

表 3-1 概括了在本节讨论的与多项式操作有关的函数。

表 3-1 本节讨论的与多项式操作有关的函数

函　　数	功　　能
conv(a,b)	乘法
[q,r]=deconv(a,b)	除法
poly(r)	用根构造多项式系数
polyadd(x,y)	加法
polyval(p, x)	计算在 x 点上的多项式的值
poly2sym(p)	将系数多项式变成符号多项式
roots(a)	求多项式的根

【例 3.14】利用函数 poly2sym()构造多项式 $s^4+3s^3-15s^2-2s+9$ 。

```
>> T=[1 3 -15 -2 9];
>> poly2sym(T)
ans =
       x^4+3*x^3-15*x^2-2*x+9
```

【例 3.15】用多项式的根构造多项式 $s^4+3s^3-15s^2-2s+9$ 。

```
>> T=[1 3 -15 -2 9];            %多项式的系数向量
>> r=roots(T);                  %求得多项式的根
>> poly(r)                      %利用根构造出多项式
ans =
     1.0000    3.0000  -15.0000   -2.0000    9.0000
```

3.2　插值和拟合

在大量的应用领域中，很少能直接用分析方法求得系统变量之间的函数关系，一般都是利用测得的一些分散的数据节点和各种拟合方法来生成一条连续的曲线。例如，我们经常会碰到形如 $y = f(x)$ 的函数。从原则上说，该函数在某个 $[a,b]$ 区间上是存在的，但通常只能获取它在 $[a,b]$ 上一系列离散节点上的值，这些值构成了观测数据，如表 3-2 所示。函数在其他 x 点上的取值是未知的，这时只能用一个经验函数 $y = g(x)$ 对真实函数 $y = f(x)$ 作近似。

表 3-2　$y = f(x)$ 的观测数据表

$\boldsymbol{x}$	x_1	x_2	…	x_n
$\boldsymbol{f(x)}$	$f(x_1)$	$f(x_2)$	…	$f(x_n)$

根据实验数据描述对象的不同，常用来确定经验函数 $y = g(x)$ 的方法有两种，插值和拟合。如果测量值是准确的，没有误差，一般用插值；如果测量值与真实值有误差，一般用拟合。在 MATLAB 中，无论是插值还是拟合，都有相应的函数来处理。下面结合一些实验数据在 MATLAB 中讨论这两种方法。

MATLAB
数据拟合

3.2.1　多项式插值和拟合

设 $a = x_0 < x_1 < \ldots < x_n = b$ ，已知有 $n+1$ 对节点 (x_i, y_i) ，$i = 0,1,\ldots,n$ ，其中 x_i 互不相同，这些节点 (x_i, y_i) , $i = 0,1,\ldots,n$ 可以看成是由某个函数 $y = f(x)$ 产生的。f 的解析表达式既可能是复杂的，又可能不存在封闭形式，甚至可能是未知的。那么对于 $x \neq x_i$ ，如何确定对应的 y_i 值呢？

当利用插值方法来解决时，需构造一个相对简单的函数 $y = g(x)$ ，使 $g(x)$ 通过全部的节点，即 $y_i = g(x_i), i = 0,1,\ldots,n$ ，用 $g(x)$ 作为函数 $f(x)$ 的近似。可以看出，在插值方法中，假设已知数据正确，以某种方法描述数据节点之间的关系可以估计别的函数节点的值。即多项式插值是指根据给定的有限个样本点，产生另外的估计点以达到数据更为平滑的效果，该方法在信号处理与图像处理上应用广泛。

拟合方法的求解思路与插值方法不同，在拟合方法中，人们设法找出某条光滑曲线，它能够最佳地拟合已知数据，但对经过的已知数据节点个数不作要求。当最佳拟合被解释为在数据节点上的最小误差平方和，且所用的曲线限定为多项式时，这种拟合方法变得相当简捷，被称为多项式拟合（也称曲线拟合）。这种方法在分析实验数据和将实验数据做解析描述时非常有用。

例如，对于给定的数据对 $(x_1, y_1), (x_2, y_2), \ldots, (x_n, y_n)$ ，可以选取适当阶数的多项式，假设采用三次多项式 $g(x) = a_3x^3 + a_2x^2 + a_1x + a_0$（也可采用其他形式的函数），使 $g(x)$ 尽可能接近这些已知的数据对。可以通过求解下面的最小化问题来实现：

$$\min_{a_0,a_1,a_2,a_3} \sum_{i=1}^{n} (a_3 x_i^3 + a_2 x_i^2 + a_1 x_i + a_0 - y_i)^2$$

假设解为$a_3^*, a_2^*, a_1^*, a_0^*$，则$g(x) = a_3^* x^3 + a_2^* x^2 + a_1^* x + a_0^*$就是所需的近似函数。简言之，多项式拟合方法就是设法找一个多项式，使得它与观测数据最为接近，这时不要求拟合多项式通过全部已知的观测节点。

拟合和插值有许多相似之处，但是这二者最大的区别在于拟合要找出一个曲线方程式，而插值只要求出插值数值即可。

用 MATLAB 可以很容易地实现插值和拟合，与插值有关的常用函数有 interp1()（多项式插值函数）、interp1q()（快速一维线性插值函数）、interpft()（采用快速傅里叶变换法的一维插值函数）、spline()（三次样条插值函数）、interp2()（二维插值函数）、interp3()（三维插值函数）、interpn()（*n* 维插值函数）等。

下面以一维插值为例进行讨论。一维插值在 MATLAB 中可用多项式插值函数 interp1()来实现，多项式拟合用函数 polyfit()来实现。

1. 多项式插值函数（interp1()）

yi = interp1(x,y,xi,method) 对应于插值函数 $y_i = g(x_i)$，其中 x 和 y 是原已知数据的 x、y 值，xi 是要内插的数据点，method 是插值方法，可以设定的内插方法有：nearest（最邻近插值），即寻找最近数据节点，由其得出函数值；linear（线性插值）；spline（三次样条插值），在数据节点处光滑，即左导等于右导；cubic（三次方程式插值）。其中 nearest 执行速度最快，输出结果为直角转折；linear 是默认值，在样本点上斜率变化很大；spline 最花时间，但输出结果也最平滑；cubic 最占内存，输出结果与 spline 相似。如果数据变化较大，则以 spline 方法内插所形成的曲线最平滑，效果最好。

线性插值也称为分段线性插值，是 interp()函数的默认方法，调用线性插值的语句为 y=interp1(x0,y0,x)，其中 x0、y0 为已知的离散数据，求对应 x 的插值 y。

【例 3.16】 取余弦曲线上 11 个点的自变量和函数值点作为已知数据，再选取 41 个自变量点，分别用分段线性插值、三次方程式插值和三次样条插值 3 种方法计算确定插值函数的值。

```
>> x=0:10; y=cos(x);
>> xi=0:.25:10;
>> y0=cos(xi);                          %精确值
>> y1=interp1(x,y,xi);                  %线性插值结果
>> y2=interp1(x,y,xi,'cubic');          %三次方程式插值结果
>> y3=interp1(x,y,xi,'spline');         %三次样条插值结果
>> plot(xi,y0,'o',xi,y1,xi,y2,'-.',xi,y3)
```

3 种插值方法的比较如图 3.1 所示，将 3 种插值结果分别减去直接由函数计算的值，得到其误差如图 3.2 所示。从图 3.2 可以看出，三次样条插值和三次方程式插值效果较好，而分段线性插值效果较差。

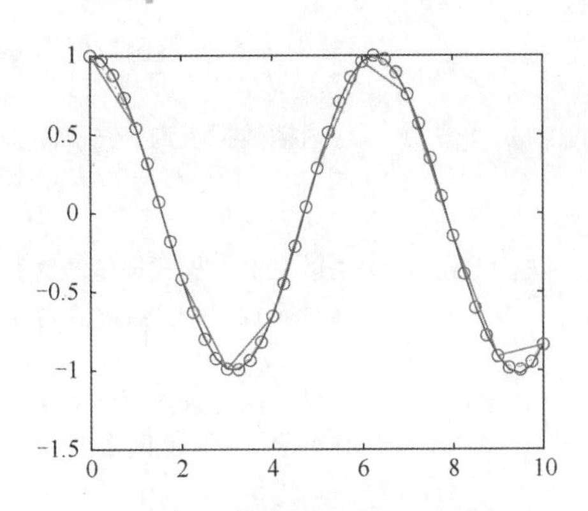

图 3.1　3 种插值方法的比较

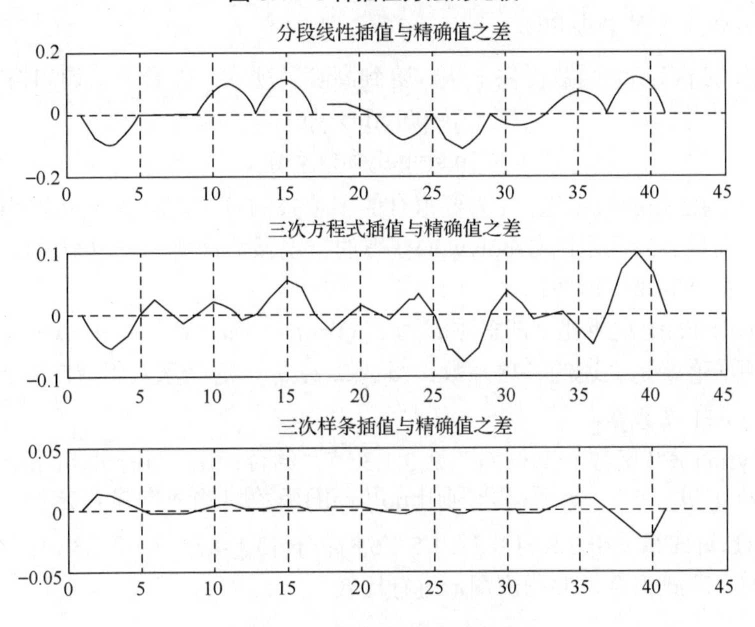

图 3.2　3 种插值方法的误差

【例 3.17】假设有一个汽车引擎在转速为 2000r/min 时，温度（单位为℃）与时间（单位为 s）的 5 个测量值如表 3-3 所示。

表 3-3　转速一定时温度（*y*）和时间（*t*）的测量值

t/s	0	1	2	3	4	5
y/℃	0	20	60	68	77	110

其中温度的数据从 0℃变化到 110℃，如果要估计在 t=2.5, 4.3s 时的温度，可用下列语句计算。

```
>> t=[0 1 2 3 4 5]';            % 输入时间
>> y=[0 20 60 68 77 110]';      % 输入第一组温度
>> y1=interp1(t,y,2.5)          % 要内插的数据点为 2.5
```

```
y1 =                                % 对应 2.5 的函数值为 64
64
>> y1=interp1(t,y,[2.5 4.3])        %内插数据点为 2.5,4.3，注意采用[ ]放入多个内插点
y1 =
64.0000   86.9000
>> y1=interp1(t,y,2.5,'cubic')      %以三次方程式插值法对数据点 2.5 作内插
y1 =                                %对应 2.5 的函数值为 65.9375
65.9375
>> y1=interp1(t,y,2.5,'spline')     %以三次样条插值法对数据点 2.5 作内插
y1 =                                %对应 2.5 的函数值为 66.8750
66.8750
```

2. 多项式拟合函数 polyfit()

MATLAB 的 polyfit()函数提供了从一阶到高阶多项式的拟合，其调用格式有两种：

p=polyfit(x,y,n)

[p,s]=polyfit(x,y,n)

其中 x、y 为已知的数据组，n 为要拟合的多项式的阶次，向量 p 为返回的要拟合的多项式的系数，向量 s 为调用函数 polyval()获得的错误预估计值。一般来说，多项式拟合中阶数 n 越大，拟合的精度就越高。

假设由 polyfit()函数所建立的多项式为 $f(x)=a_n x^n + a_{n-1}x^{n-1} + \ldots + a_1 x + a_0$，从 polyfit()函数得到的输出值就是上述的各项系数 $a_n, a_{n-1}, \ldots, a_1, a_0$，这些系数组成向量 $\boldsymbol{p}$。注意：n 阶的多项式会有 n+1 个系数。

函数 polyfit()常和函数 polyval()（见 3.1.3 节）结合使用，由 polyfit()函数计算出多项式的各个系数 $a_n, a_{n-1}, \ldots, a_1, a_0$ 后，再利用 polyval()函数对输入向量决定的多项式求值。

【例 3.18】对向量 ***x***=[−2.8 −1 0.2 2.1 5.2 6.8]和 ***y***=[3.1 4.6 2.3 1.2 2.3 −1.1]分别进行阶数为 3、4、5 的多项式拟合，并画出图形进行比较。

```
>> x=[-2.8 -1 0.2 2.1 5.2 6.8];
>> y=[3.1 4.6 2.3 1.2 2.3 -1.1];
>> p3=polyfit(x,y,3);                   % 用不同阶数的多项式拟合 x 和 y
>> p4=polyfit(x,y,4);
>> p5=polyfit(x,y,5);
>> xcurve= -3.5:0.1:7.2;                % 生成 x 值
>> p3curve=polyval(p3,xcurve);          % 计算在这些 x 点的多项式值
>> p4curve=polyval(p4,xcurve);
>> p5curve=polyval(p5,xcurve);
>> plot(xcurve,p3curve,'--',xcurve,p4curve,'-.',xcurve,p5curve,'-',x,y,'*');
```

3～5 阶多项式拟合曲线如图 3.3 所示。如果选择阶数从 5～7，则得到如图 3.4 所示的拟合曲线。

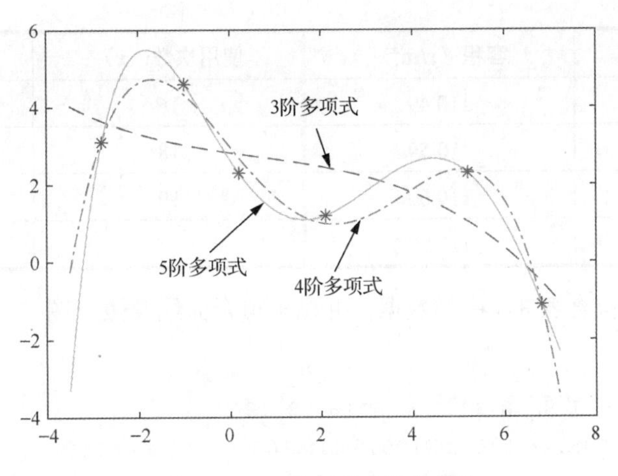

图 3.3　3～5 阶多项式拟合曲线

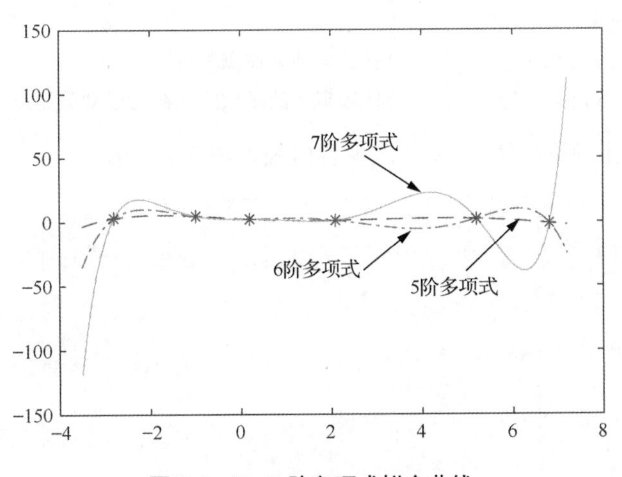

图 3.4　5～7 阶多项式拟合曲线

从图 3.3 和图 3.4 中可以看出，并不是阶数选得越高，就越能代表原数据，越高阶的多项式所形成的方程式的振荡程度越剧烈（7 阶以上的皆有此现象），而 5 阶以上的多项式都会通过所有的原始数据点。

【例 3.19】 炼钢厂出钢时所用的盛钢水的钢包，在使用过程中由于钢液及炉渣对包衬耐火材料的侵蚀，使其容积不断增大，经过试验，钢包的容积与相应的使用次数的数据如表 3-4 所示。

表 3-4　钢包的容积（y）与相应的使用次数（x）

使用次数（x）	容积（y/m^3）	使用次数（x）	容积（y/m^3）
2	106.42	5	109.50
3	108.26	7	110.00
4	109.58	8	109.93

续表

使用次数（x）	容积（y/m^3）	使用次数（x）	容积（y/m^3）
10	110.49	16	110.76
11	110.59	18	111.00
14	110.60	19	111.20
15	110.90	—	—

以 3 阶多项式拟合表 3-4 中的数据，并画出拟合曲线及散点图。

解：

```
>> x=[2 3 4 5 7 8 10 11 14 15 16 18 19];
>> y=[106.42 108.26 109.58 109.5 110 109.93 110.49 110.59 110.6 110.9 110.76
111 111.2];
>> v=polyfit(x,y,3);           %将已知数据拟合成 3 阶多项式
>> t=1:0.5:19;
>> u=polyval(v,t);             %计算多项式在离散点 t 上的值
>> plot(t,u,x,y,'*')           %比较拟合的多项式曲线与已知数据点的差别
```

程序运行结果得到的离散点及 3 次拟合曲线如图 3.5 所示。

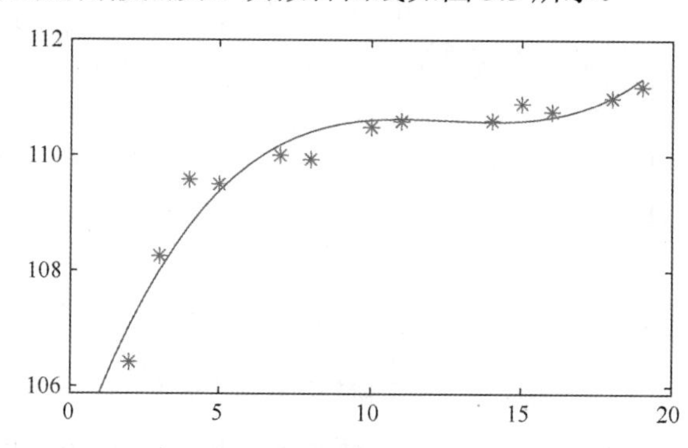

图 3.5　离散点及 3 次拟合曲线

当将拟合的多项式阶数选为 5 时，对应的离散点及 5 次拟合曲线如图 3.6 所示。为了比较拟合的程度，也可通过数字的形式表现出来，将语句修改为：

```
>> x=[2 3 4 5 7 8 10 11 14 15 16 18 19];
>> y=[106.42 108.26 109.58 109.5 110 109.93 110.49 110.59 110.6 110.9 110.76
111 111.2];
>> p1=polyfit(x,y,3);
>> p2=polyfit(x,y,5);
>> y1=polyval(p1,x);
>> y2=polyval(p2,x);
>> table=[x',y',y1',y2',(y-y1)',(y-y2)'];
```

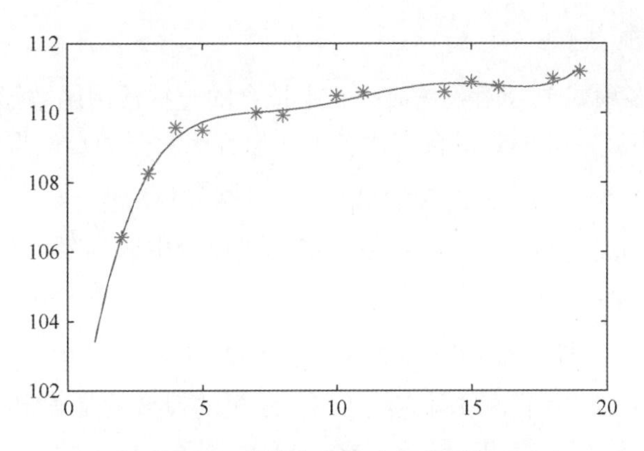

图 3.6　离散点及 5 次拟合曲线

将 table 的值列成表格形式并进行不同次数拟合结果的比较，如表 3-5 所示。

表 3-5　table 值和不同次数拟合结果的比较

x	*y*	*y*1（3 次拟合）	*y*2（5 次拟合）	*y*−*y*1	*y*−*y*2
2.0000	106.4200	107.0413	106.4682	−0.6213	−0.0482
3.0000	108.2600	108.0024	108.2841	0.2576	−0.0241
4.0000	109.5800	108.7772	109.2686	0.8028	0.3114
5.0000	109.5000	109.3854	109.7409	0.1146	−0.2409
7.0000	110.0000	110.1799	110.0137	−0.1799	−0.0137
8.0000	109.9300	110.4053	110.0754	−0.4753	−0.1454
10.0000	110.4900	110.6100	110.3096	−0.1200	0.1804
11.0000	110.5900	110.6285	110.4777	−0.0385	0.1123
14.0000	110.6000	110.5826	110.8392	0.0174	−0.2392
15.0000	110.9000	110.5987	110.8342	0.3013	0.0658
16.0000	110.7600	110.663	110.7818	0.0970	−0.0218
18.0000	111.0000	111.0147	110.8533	−0.0147	0.1467
19.0000	111.2000	111.3411	111.2833	−0.1411	−0.0833
比较	3 次拟合的差值的平方和			1.5047	
	5 次拟合的差值的平方和			0.3149	

可见 5 次多项式拟合精度确实比 3 次多项式拟合精度高。

3.2.2 最小二乘拟合

3.2.1 节讨论的多项式拟合函数是最小二乘拟合的一种常用函数形式，我们常说的最小二乘拟合通常指最小二乘多项式拟合。比多项式拟合函数更简单的拟合函数形式为：

$$y=\alpha_0+\alpha_1 r_1(x)+\ldots+\alpha_m r_m(x)$$

其中，$r_1(x),r_2(x),\ldots,r_m(x)$ 为 m 个函数（多项式拟合中取为幂函数）。假设有 n 组观测数据 $(x_i,y_i),i=1,2,\ldots,n,n>m$，将它们代入上面设定的拟合函数形式中得到：

$$\hat{y}_i\approx\alpha_0+\alpha_1 r_1(x_i)+\ldots+\alpha_m r_m(x_i),i=1,2,\ldots,n$$

上面的方程组不一定有解，故写成约等号。这里的拟合就是确定参数 $\alpha_0,\alpha_1,\ldots,\alpha_m$ 的一组值，记为 $\hat{\alpha}_0,\hat{\alpha}_1,\ldots,\hat{\alpha}_m$，使得由 $\hat{y}_i=\hat{\alpha}_0+\hat{\alpha}_1 r_1(x_i)+\ldots+\hat{\alpha}_m r_m(x_i),i=1,2,\ldots,n$ 计算得到的数值与观测数据 y_i 尽可能接近，这组 $\hat{\alpha}_0,\hat{\alpha}_1,\ldots,\hat{\alpha}_m$ 可通过解最小化问题得到，即求：

$$\min_{\alpha_0,\alpha_1,\ldots,\alpha_m}\sum_{i=1}^{n}(y_i-(\alpha_0+\alpha_1 r_1(x_i)+\ldots+\alpha_m r_m(x_i)))^2$$

这种使 y_i 与 $\alpha_0+\alpha_1 r_1(x_i)+\ldots+\alpha_m r_m(x_i)$ 的误差平方和在最小二乘意义下最小所确定的函数 y 称为最小二乘拟合函数。

如果定义的拟合模型是关于参数 α_k 的线性函数，则称为线性模型；如果拟合模型是关于参数 α_k 的非线性函数，则称为非线性模型。在多数情况下，可以通过函数变换的方式将非线性模型转化为线性模型。例如，假设拟合模型 $y=a\mathrm{e}^{bx}$（其中 a、b 为待定参数）是一个非线性模型。这时可对模型取对数（也可取常用对数），得到 $\ln y=\ln a+bx$，令 $Y=\ln y$，$A=\ln a$，则模型化为 $Y=A+bx$，即变成一个线性模型。这样就可以利用 MATLAB 中的 polyfit()函数进行拟合计算。

【例 3.20】 测得某单分子化学反应速度数据如表 3-6 所示。

表 3-6 某单分子化学反应速度数据

i	1	2	3	4	5	6	7	8
x_i / min	3	6	9	12	15	18	21	24
y_i / mol	57.6	41.9	31.0	22.7	16.6	12.2	8.9	6.5

其中，i 表示第 i 次测量，x_i 表示第 i 次测量所经历的反应时间，y_i 表示第 i 次测量反应物的量。根据化学反应速度的理论知道，选择的拟合模型应是指数函数 $y=a\mathrm{e}^{bx}$，其中 a、b 为待定参数。求拟合参数的最小二乘解。

解： 拟合模型 $y=a\mathrm{e}^{bx}$ 是非线性模型，两边取常用对数得到 $\lg y=(b\lg\mathrm{e})x+\lg a$，令 $Y=\lg y,B=0.4343b,\lg a=m$，则模型化为 $Y=Bx+m$。重新进行计算，得到相应的 (x_i,Y_i)。

首先利用 (x_i,Y_i) 进行一阶多项式拟合，然后根据 $B=0.4343b$，$\lg a=m$ 分别得出模型中的 a,b 值。实现语句如下：

```
>> x=[3 6 9 12 15 18 21 24];
>> y=[1.7604 1.6222 1.4914 1.3560 1.2201 1.0864 0.9494 0.8129];
>> %这里的 y 值是对原始 y 值求对数后得出的 Y 值
>> p1=polyfit(x,y,1)
>> b=p1(1)/0.4343
>> a=10.^p1(2)
>> y1=polyval(p1,x);                          %拟合值
```

运行结果为:

```
p1 =
  -0.0450    1.8952
b =
  -0.1037
a =
  78.5681
```

取 4 位有效数字，得出拟合模型函数为 $y = 78.57e^{-0.1037x}$ ，该函数在 x_i 上对应的拟合值如表 3-7 所示。

表 3-7 某单分子化学反应速度模型化数据与对应拟合值

i	1	2	3	4	5	6	7	8
x_i/min	3	6	9	12	15	18	21	24
y_i/mol	57.6	41.9	31.0	22.7	16.6	12.2	8.9	6.5
Y_i/mol	1.7604	1.6222	1.4914	1.3560	1.2201	1.0864	0.9494	0.8129
拟合值	1.7601	1.6250	1.4900	1.3550	1.2198	1.0847	0.9496	0.8145

3.3 数值微积分

在工程实践与科学应用中，经常要计算函数的积分与微分。当已知函数形式求函数的积分时，理论上可以利用牛顿-莱布尼兹公式来计算。但在实际应用中，经常接触到的许多函数都找不到其积分函数，或者函数难以用公式表示（如只能用图形或表格给出），或者有些函数在用牛顿-莱布尼兹公式求解时非常复杂，有时甚至计算不出来，微分也存在相似的情况。此时，需考虑这些函数的积分和微分的近似计算。

3.3.1 微分和差分

严格地讲，我们在实际中所获取的数据都是离散型的，比如我们从某一天（n）开始统计某商品的产量（y_n）:

$$y_n = f(n) \quad (n = 1, 2, \ldots)$$

这就是一个离散型函数。这里自变量的改变量$\Delta n=1$，变化率近似地用

$$\Delta y_n=\frac{\Delta y_n}{\Delta n}=f(n+1)-f(n)$$

来代替，这就是我们所讲的差分（点 n 处的一阶差分），Δ 称为差分算子。

对连续函数也可作类似考虑，设 $y=f(x)$，考虑点 x_0，先选定步长 h，构造点列

$$x_n=x_0+nh(n=0,1,2,...)$$

可得函数值序列：

$$y_n=f(x_0+nh)=f(n)$$

此时称 $\Delta y=f(1)-f(0)=f(x_0+h)-f(x_0)$ 为函数 $y=f(x)$ 在 x_0（或 n=0）点的一阶差分。

在 MATLAB 中用来计算两个相邻点的差值的函数为 diff()，函数调用格式有以下两种。

（1）diff(x)，返回 x 对预设独立变量的一次微分值。

（2）diff(x,n)，返回 x 对预设独立变量的 n 次微分值。

其中，x 代表一组离散点 $x_k,k=1,...,n$。$\mathrm{d}y(x)/\mathrm{d}x$ 的数值微分为 dy=diff(y)/diff(x)。

若想求得微分的表达式，则需要将变量 x 或表达式中的未知系数设为符号变量，此时函数调用格式有以下两种。

（1）diff(x,t)，返回 x 对独立变量 t 的一次微分值。

（2）diff(x,t,n)，返回 x 对独立变量 t 的 n 次微分值。

【例 3.21】 假设有 x=[1 3 5 7 9]，y=[1 4 9 16 25]，它们对应的 diff()函数值是多少？

```
>> x=[1 3 5 7 9];
>> y=[1 4 9 16 25];
>> diff(x)
ans =
     2     2     2     2
>> diff(y)
ans =
     3     5     7     9
```

【例 3.22】 对 3 个方程式 $S1=6x^3-4x^2+bx-5$，$S2=\sin(x)$，$S3=(1-x^3)/(1+x^4)$ 利用 diff()函数分别计算它们的微分表达式。

```
>> syms x b;
>> S1=6*x^3-4*x^2+b*x-5;            %符号表达式(见第 5 章)
>> S2=sin(x);
>> S3=(1-x^3)/(1+x^4);
>> diff(S1,x)                       %对预设独立变量 x 的一次微分值
ans=
18*x^2-8*x+b
```

```
>> diff(S1,x,2)                     %对预设独立变量 x 的二次微分值
ans=
36*x-8
>> diff(S1,b)                       %对独立变量 b 的一次微分值
ans=
x
>> diff(S2)                         %对预设独立变量 a 的一次微分值
ans=
cos(x)
>> diff(S3)                         %对预设独立变量 t 的一次微分值
ans=
(4*x^3*(x^3 - 1))/(x^4 + 1)^2 - (3*x^2)/(x^4 + 1)
```

【例 3.23】计算多项式 $y = x^5 - 3x^4 - 8x^3 + 7x^2 + 3x - 5$ 在 [−4, 5] 区间的微分值。

```
>> x=linspace(-4,5);                    %产生 100 个 x 的离散点
>> p=[1  -3  -8  7  3  -5];
>> f=polyval(p,x);                      %多项式在 100 个离散点上对应的值
>> subplot(2,1,1);plot(x,f)             %绘制多项式方程函数图
>> title('多项式方程');
>> dfb=diff(f)./diff(x);                %注意要分别计算 diff(f)和 diff(x)
>> xd=x(2:length(x));                   %注意只有 99 个 dfb 值，而且是对应 x2,x3,…
                                        %x100 的点
>> subplot(2,1,2);plot(xd,dfb);         %绘制多项式方程的微分图
>> title('多项式方程的微分图') ;
```

运行结果如图 3.7 所示。

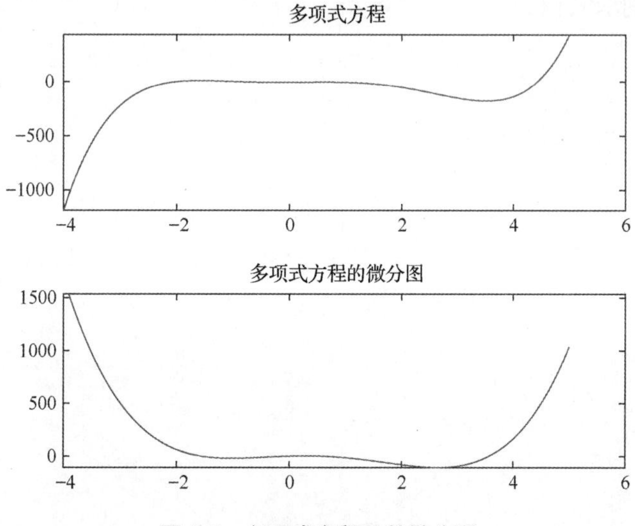

图 3.7　多项式方程及其微分图

3.3.2 牛顿-科茨系列数值积分

考虑一个积分式的数学式$\int_a^b f(x)\mathrm{d}x(f(x)\geqslant 0)$，其中 a、b 分别为这个积分式的下限及上限，$f(x)$为要积分的函数。不论在实际问题中的意义如何，该积分在数值上都等于曲线$y=f(x)$与直线 $x=a$、$x=b$ 和 x 轴所围成的曲边梯形的面积。因此，不管$f(x)$以什么形式给出，只要近似地计算出相应的曲边梯形的面积，就得到了所给定积分的近似值。求解定积分的数值方法的基本思想是：将整个积分区间$[a,b]$分成 n 个子区间$[x_i,x_i+1]$, $i=1,2,\ldots,n$，其中 $x_1=a$，$x_{n+1}=b$，这样求定积分问题就会被分解为求和问题。

利用 MATLAB 的积分函数来求解函数积分的过程与上述类似，也要定义$f(x)$及设定 a、b，还须设定区间$[a,b]$之间离散点的数目，剩下的工作就是选择精度不同的积分法来求解了。

MATLAB 提供了在有限区间内，数值计算某函数积分的函数，它们分别是 cumsum()（矩形数值积分函数）、trapz()（梯形数值积分函数）、quad()（辛普森数值积分函数）和 quadl()（科茨数值积分函数，也称高精度数值积分函数），下面对它们分别进行介绍。

1. 矩形数值积分函数

矩形数值积分用函数 cumsum()来实现。对于向量 $\boldsymbol{x}$，cumsum(x)返回一个向量，其第 i 个元素为向量 $\boldsymbol{x}$ 的前 i 个元素的和。如果 $\boldsymbol{x}$ 是一个矩阵，则返回一个大小相同的矩阵，返回的矩阵中包含有 $\boldsymbol{x}$ 各列的累积和。矩形数值积分公式为$I=h\sum_{i=0}^{n-1}f(x_i)$，对应 MATLAB 的命令为 cumsum(x)*h，其中 h 为子区间步长，cumsum(x)对应的公式为$\sum_{i=0}^{n-1}f(x_i)$。

【例 3.24】设 $\boldsymbol{A}=[1\ 2\ 3]$、$\boldsymbol{B}=[1\ 2\ 3;4\ 5\ 6]$、$\boldsymbol{C}=[1\ 2\ 3;4\ 5\ 6;7\ 8\ 9]$，利用矩形数值积分函数 cumsum()分别求其积分。

```
>> A=[1 2 3];
>> B=[1 2 3;4 5 6];
>> C=[1 2 3;4 5 6;7 8 9];
>> cumsum(A)
ans =
     1     3     6
>> cumsum(B)
ans =
     1     2     3
     5     7     9
>> cumsum(C)
ans =
     1     2     3
     5     7     9
    12    15    18
```

【例 3.25】利用矩形数值积分函数计算积分 $f(x)=\int_0^{\pi}\sin x\mathrm{d}x$（该积分的精确值为 2）。

```
>> x=linspace(0,pi,100);                %在[0,π]之间取 100 个离散点
>> y=sin(x);
>> T=cumsum(y)*pi/(100-1);              % pi/(100-1)表示两个离散点之间的距离
>> I=T(100)                             %函数在[0,π]之间的矩形积分
I=
    1.9998
```

2. 梯形数值积分函数

梯形数值积分用函数 trapz()来实现。trapz()函数的调用格式如下。

（1）z=trapz(y)表示通过梯形数值积分法计算 y 的数值积分。对于向量，trapz(y)返回 y 的积分；对于矩阵，trapz(y)返回一个行向量，向量中的元素分别对应矩阵中每列对 y 进行积分后的结果；对于 n 维数组，trapz(y)从第一个非独立维开始进行计算。

（2）z=trapz(x,y)表示通过梯形数值积分法计算 y 对 x 的数值积分。x 和 y 必须是长度相等的向量，或者 x 必须是一个列向量，而 y 是一个非独立维长度与 x 等长的数组。

（3）z=trapz(x,y,dim)或 trapz(y,dim)表示从 y 的第 dim 维开始运用梯形数值积分法进行积分计算。x 向量的长度必须与 size(y,dim)的长度相等。

【例 3.26】利用梯形数值积分函数求 $f(x)=\int_0^{\pi}\sin x\mathrm{d}x$ 的积分。

```
>> x=linspace(0,pi,100);
>> y=sin(x);
>> t=trapz(x,y)
t =
   1.9998
```

如果想得到更精确的结果，可以将步长取小一点。若上例中 x=linspace(0,pi,150)，其他语句不变，则 t= 1.9999。

3. 辛普森数值积分函数

辛普森数值积分用函数 quad()来实现，quad()函数的调用格式如下。

（1）q=quad('f',a,b)表示使用自适应递归的辛普森方法从积分区间 a 到 b 对函数 $f(x)$进行积分，积分的相对误差在 1e-3 范围内。输入参数中的'f'是一个字符串，表示积分函数的名字。当输入的是向量时，返回值也必须是向量形式。

（2）q=quad('f',a,b,tol)表示使用自适应递归的辛普森方法从积分区间 a 到 b 对函数 $f(x)$进行积分，积分的误差在 tol 范围内。当 tol 的形式是[rel_tol, abs_tol]时，rel_tol 和 abs_tol 分别表示相对误差与绝对误差。

（3）q=quad('f',a,b,tol,trace)表示当输入参数 trace 不为零时，以动态点图的形式实现积分的整个过程，其他同上。

（4）q=quad('f',a,b,tol,trace,p1,p2,…)表示允许参数 p1,p2,⋯ 直接输给函数 $f(x)$，即 $g=F(x,p1,p2,\cdots)$。在这种情况下，使用默认的 tol 与 trace 时，需输入空矩阵。

【例 3.27】 用辛普森数值积分函数求 $f(x)=\int_0^{\pi}\sin x\mathrm{d}x$ 的积分。

```
>> q=quad('sin',0,pi)
q=
    2.0000
```

【例 3.28】 用辛普森数值积分函数求 $f(x)=\int_0^2\frac{1}{x^3-2x-5}\mathrm{d}x$ 的积分。

方法 1：

```
>> quad('1./(x.^3-2*x-5)',0,2)
ans =
    -0.4605
```

方法 2：

```
>> F='1./(x.^3-2*x-5)';
>> quad(F,0,2)
ans=
     -0.4605
```

4. 科茨数值积分函数

科茨数值积分用函数 quadl()（这里 l 是 L 的小写）来实现。quadl()函数的调用格式如下。

（1）q = quadl(fun,a,b)。

（2）q = quadl(fun,a,b,tol)。

（3）q = quadl(fun,a,b,tol,trace)。

（4）[q,fcnt] = quadl(fun,a,b,...)。

【例 3.29】 用科茨数值积分函数求 $\int_{-1}^{1}\mathrm{e}^{-x^2}\mathrm{d}x$ 的积分。

```
>> z=quadl('exp(-x.^2)',-1,1)
z =
    1.4936
```

【例 3.30】 用科茨数值积分函数求 $f(x)=\int_0^2\frac{1}{x^3-2x-5}\mathrm{d}x$ 的积分。

```
>> quadl('1./(x.^3-2*x-5)',0,2)
ans =
    -0.4605
```

一般来说，4 种函数的精度由低到高为 cumsum()、trapz()、quad()、quadl()。与 trapz()函数相比，quad()函数和 quadl()函数类似于解析式的积分式，只需设定上下限及定义要积分的函数即可；而 trapz()函数则是针对离散点数据做积分。

3.4 线性方程组的数值解

线性方程组的求解不仅应用于工程技术领域，而且在其他的许多领域也有应用。关于线性方程组的数值解法一般分为两类。一类是直接法，就是在没有舍入误差的情况下，通过有限步四则运算求得方程组准确解的方法，直接法主要包括矩阵相除法和消去法。另一类是迭代法，就是先给定一个解的初始值，然后按一定的法则逐步求出解的近似值的方法。

3.4.1 直接法

1. 矩阵相除法

在 MATLAB 中，线性方程组 ***AX*=*B*** 的直接解法是用矩阵除来完成的，即 ***X*=*A**B***。若 ***A*** 为 $m\times n$ 的矩阵，当 $m=n$ 且 ***A*** 可逆时，给出唯一解；当 $m>n$ 时，矩阵除给出方程的最小二乘解；当 $m<n$ 时，矩阵除给出方程的最小范数解。

MATLAB 方程（组）的数值解

【例 3.31】求解下列线性方程组：

$$\begin{cases}\dfrac{1}{2}x_1+\dfrac{1}{3}x_2+x_3=1\\ x_1+\dfrac{5}{3}x_2+3x_3=3\\ 2x_1+\dfrac{4}{3}x_2+5x_3=2\end{cases}$$

```
>> a=[1/2 1/3 1;1 5/3 3;2 4/3 5];            %a 为 3×3 矩阵，n=m
>> b=[1;3;2];
>> c=a\b                                      %因为 n=m，且 a 可逆，给出唯一解
c =
     4
     3
    -2
```

由此得知方程组的解为 $x_1=4, x_2=3, x_3=-2$。注意：矩阵 b 为列向量。

【例 3.32】解方程组：

$$\begin{cases}x_1-x_2+x_3-x_4=1\\ x_1-x_2-x_3+x_4=0\\ x_1-x_2-2x_3+2x_4=-0.5\end{cases}$$

```
>> a=[1 -1 1 -1;1 -1 -1 1;1 -1 -2 2 ];       %a 为 3×4 矩阵，n>m
>> b=[1;0;-0.5];
>> c=a\b                                 %因为 n>m，矩阵除给出方程的最小二乘解
c =
            0
   -0.5000
```

```
    0.5000
         0
```

【例 3.33】求解下列线性方程组：

$$\begin{cases} \frac{1}{2}x_1 + \frac{1}{3}x_2 + x_3 = 1 \\ x_1 + \frac{5}{3}x_2 + 3x_3 = 3 \\ 2x_1 + \frac{4}{3}x_2 + 5x_3 = 2 \\ x_1 + \frac{2}{3}x_2 + x_3 = 2 \end{cases}$$

```
>> a=[1/2 1/3 1;1 5/3 3;2 4/3 5;1 2/3 1];  %a 为 4×3 矩阵，n<m
>> b=[1;3;2;2];
>> c=a\b                              %因为 n<m，矩阵除给出方程的最小范数解
c =
    1.1930
    2.3158
   -0.6842
```

2. 消去法

方程的个数和未知数个数不相等，用消去法。将增广矩阵（由[***A B***]构成）化为简化阶梯形矩阵，若系数矩阵的秩不等于增广矩阵的秩，则方程组无解；若两者的秩相等，则方程组有解，方程组的解就是简化阶梯形矩阵所对应的方程组的解。

【例 3.34】解方程组：

$$\begin{cases} x_1 - x_2 + x_3 - x_4 = 1 \\ x_1 - x_2 - x_3 + x_4 = 0 \\ x_1 - x_2 - 2x_3 + 2x_4 = -0.5 \end{cases}$$

```
>> a=[1 -1 1 -1 1;1 -1 -1 1 0;1 -1 -2 2 -0.5]; %a 为增广矩阵，由[A B]构成
>> rref(a)
ans =
      1.0000     -1.0000          0          0     0.5000
           0           0     1.0000    -1.0000     0.5000
           0           0          0          0          0
```

由结果看出，x_2、x_4 为自由未知量，方程组的通解为 $x_1= x_2+0.5$，$x_3= x_4+0.5$。

3.4.2 迭代法

迭代法是指用某种极限过程去逐步逼近线性方程组的精确解的过程，迭代法是解大型稀疏矩阵方程组的重要方法。相比于 Gauss 消去法、列主元消去法、平方根法这些直接法，迭代法具有求解速度快的特点，在计算机上计算尤为方便。

迭代法解线性方程组的基本思想是：先任取一组近似解初值 $\boldsymbol{X}^{(0)}=(x_1^0,x_2^0,\ldots,x_n^0)^{\mathrm{T}}$，然后按照某种迭代规则（或称迭代函数），由 $\boldsymbol{X}^{(0)}$ 计算新的近似解 $\boldsymbol{X}^{(1)}=(x_1^1,x_2^1,\ldots,x_n^1)^{\mathrm{T}}$，类似地由 $\boldsymbol{X}^{(1)}$ 依次得到 $\boldsymbol{X}^{(2)},\boldsymbol{X}^{(3)},\ldots,\boldsymbol{X}^{(k)},\ldots$，当 $\{\boldsymbol{X}^{(k)}\}$ 收敛时，有 $\lim\limits_{k\to\infty}\boldsymbol{X}^{(k)}=\boldsymbol{X}^*$，其中 $\boldsymbol{X}^*$ 为原方程组的解向量。

在线性方程组中常用的迭代法主要有 Jacobi（雅可比）迭代法、Gauss-Seidel（高斯-赛德尔）迭代法、逐次超松弛迭代法等。下面分别进行介绍。

1. Jacobi（雅可比）迭代法

设线性方程组为 $\boldsymbol{AX}=\boldsymbol{B}$，则 Jacobi 迭代法的迭代公式如下：

$$\begin{cases} x^{(0)}=(x_1^{(0)},x_2^{(0)},\cdots,x_n^{(0)})' & \text{(初始向量)} \\ x_i^{(k+1)}=(b_i-\sum\limits_{\substack{j=1\\j\neq i}}^{n}a_{ij}x_j^{(k)})/a_{ii} & (i,j=1,2,\ldots,n;k=0,1,2,\ldots) \end{cases}$$

据此，自定义一个函数 jacobi()实现 Jacobi 迭代法（自定义函数详见 6.1 节）：

```
function tx=jacobi(A,b,imax,x0,tol)%利用 jacobi 迭代法解线性方程组 AX=b，迭
                                   %代初值为 x0，迭代次数由 imax 提供，精确
                                   %度由 tol 提供
del=10^-10;                        %主对角线的元素不能太小，必须大于 del
tx=[x0];n=length(x0);
for i=1:n
   dg=A(i,i);
   if abs(dg)< del
      disp('diagonal element is too small');
      return
   end
   end
for k=1:imax                       %Jacobi 迭代法的运算循环体开始
   for i=1:n
      sm=b(i);
      for j=1:n
         if j~=i
            sm=sm-A(i,j)*x0(j) ;
         end
      end %for j
      x(i)=sm/A(i,i) ;             %本次迭代得到的近似解
   end
   tx=[tx;x];                      %将本次迭代得到的近似解存入变量 tx 中
   if norm(x-x0)<tol
      return
   else
```

```
    x0=x;
  end
end                                       %Jacobi 迭代法的运算循环体结束
```

【例 3.35】利用 Jacobi 迭代法解下面的线性方程组。

$$\begin{cases}10x_1 - x_2 + 2x_3 \ = 6 \\ -x_1 + 11x_2 - x_3 + 3x_4 = 25 \\ 2x_1 - x_2 + 10x_3 - x_4 = -11 \\ 3x_2 - x_3 + 8x_4 = 15\end{cases}$$

选取 $x^{(0)} = (0,0,0,0)'$，迭代 10 次，精度选10^{-6}。

```
>> A=[10 -1 2 0;-1 11 -1 3;2 -1 10 -1;0 3 -1 8];
>> b=[6 25 -11 15]';
>> tol=1.0*10^-6;
>> imax=10;
>> x0=zeros(1,4);
>> tx=jacobi(A,b,imax,x0,tol);
>> for j=1:size(tx,1)
    fprintf('%4d  %f   %f   %f  %f\n',j,tx(j,1),tx(j,2),tx(j,3),tx(j,4))
   end
   1    0.000000   0.000000    0.000000  0.000000
   2    0.600000   2.272727   -1.100000  1.875000
   3    1.047273   1.715909   -0.805227  0.885227
   4    0.932636   2.053306   -1.049341  1.130881
   5    1.015199   1.953696   -0.968109  0.973843
   6    0.988991   2.011415   -1.010286  1.021351
   7    1.003199   1.992241   -0.994522  0.994434
   8    0.998128   2.002307   -1.001972  1.003594
   9    1.000625   1.998670   -0.999036  0.998888
  10    0.999674   2.000448   -1.000369  1.000619
  11    1.000119   1.999768   -0.999828  0.999786
```

精确解为[1 2 −1 1]。可见，迭代次数越大，结果就越接近精确值。

2. Gauss-Seidel（高斯-赛德尔）迭代法

将线性方程组 ***AX=B*** 写成如下格式：

$$\sum_{j=1}^{n} a_{ij}x_j = b_i \quad (i,j=1,2,\ldots,n)$$

Gauss-Seidel 迭代法公式为：

$$x_i^{(k+1)} = \frac{1}{a_{ii}}[b_i - \sum_{j=1}^{i-1} a_{ij}x_j^{(k+1)} - \sum_{j=i+1}^{n} a_{ij}x_j^{(k)}] \quad (i,j=1,2,\ldots,n)$$

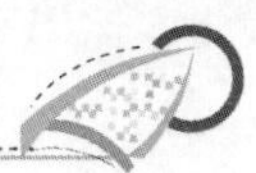

其中，k 是迭代次数。据此，同样可以自定义一个函数 gseidel()实现 Gauss-Seidel 迭代法：

```
function tx= gseidel( A,b,imax,x0,tol)%利用 Gauss-Seidel 迭代法解线性方程组
                                      %AX=b，迭代初值为 x0，迭代次数由 imax 提供，
                                      %精确度由 tol 提供
del=10^-10;                           %主对角线的元素不能太小，必须大于 del
tx=[x0]; n=length(x0);
for i=1:n
  dg=A(i,i);
  if abs(dg)<del
    disp('diagonal element is too small');
    return
  end
end
for k=1:imax                          %Gauss-Seidel 迭代法的运算循环体开始
  x=x0;
  for i=1:n
    sm=b(i);
    for j=1:n
      if j~=i
        sm=sm-A(i,j)*x(j);
      end
    end
    x(i)=sm/A(i,i);
  end
  tx=[tx;x];                          %将本次迭代得到的近似解存入变量 tx 中
  if norm(x-x0)<tol
    return
  else
    x0=x;
  end
end                                   % Gauss-Seidel 迭代法的运算循环体结束
```

【例 3.36】利用 Gauss-Seidel 迭代法解例 3.35 中的线性方程组。

```
>> A=[10 -1 2 0;-1 11 -1 3;2 -1 10 -1;0 3 -1 8];
>> b=[6 25 -11 15]';
>> tol=1.0*10^-6;
>> imax=10;
>> x0=zeros(1,4);
>> tx=gseidel(A,b,imax,x0,tol);
>> for j=1:size(tx,1)
    fprintf('%4d  %f   %f   %f  %f\n', j, tx(j,1),tx(j,2),tx(j,3),tx(j,4))
   end
   1  0.000000   0.000000   0.000000  0.000000
```

```
2  0.600000   2.327273   -0.987273  0.878864
3  1.030182   2.036938   -1.014456  0.984341
4  1.006585   2.003555   -1.002527  0.998351
5  1.000861   2.000298   -1.000307  0.999850
6  1.000091   2.000021   -1.000031  0.999988
7  1.000008   2.000001   -1.000003  0.999999
8  1.000001   2.000000   -1.000000  1.000000
9  1.000000   2.000000   -1.000000  1.000000
```

可见，还没有到达设定的最大迭代次数（10 次），就达到了预设的精度。在同样精度要求下，Gauss-Seidel 迭代法要比 Jacobi 迭代法收敛速度快，从结果中可以看出，Gauss-Seidel 迭代 5 次的结果比 Jacobi 迭代 10 次的结果还要好。

3. 逐次超松弛迭代法

逐次超松弛（Successive Over-Relaxation，SOR）迭代法是目前解大型线性方程组的一种最常用的方法，是 Gauss-Seidel 迭代法的一种加速方法。迭代公式为：

$$\begin{cases} x_i^{(k+1)} = (1-\omega)x_i^{(k)} + \dfrac{\omega}{a_{ii}}[b_i - \sum\limits_{j=1}^{i-1} a_{ij}x_j^{(k+1)} - \sum\limits_{j=i+1}^{n} a_{ij}x_j^{(k)}] \qquad (i,j=1,2,\ldots,n;\ k=1,2,\ldots) \\ X^{(0)} = (x_1^{(0)}, x_2^{(0)}, \ldots, x_n^{(0)})^{\mathrm{T}} \end{cases}$$

其中，参数 ω 为松弛因子，若 $\omega=1$，它就是 Gauss-Seidel 迭代法。实现 SOR 迭代法的自定义函数 sor()的代码为：

```
function tx=sor(A,b,imax,x0,tol,w) %利用 Gauss-Seidel 迭代法解线性方程组
                                   %AX=b，迭代初值为 x0，迭代次数由 imax
                                   %提供，精确度由 tol 提供，w 为松弛因子
del=10^-10;                        %主对角线的元素不能太小，必须大于 del
tx=[x0]; n=length(x0);
for i=1:n
   dg=A(i,i);
   if abs(dg)<del
      disp('diagonal element is too small');
      return
   end
end
for k=1:imax                       %SOR 迭代法的运算循环体开始
   x=x0;
   for i=1:n
      sm=b(i);
      for j=1:n
         if j~=i
            sm=sm-A(i,j)*x(j);
         end
      end
```

```
    x(i)=sm/A(i,i);                     %本次迭代得到的近似解
    x(i)=w*x(i)+(1-w)*x0(i);
  end
  tx=[tx;x];                            %将本次迭代得到的近似解存入变量 tx 中
  if norm(x-x0)<tol
    return
  else
    x0=x;
  end
end                                     %SOR 迭代法的运算循环体结束
```

【例 3.37】利用 SOR 迭代法解例 3.35 中的线性方程组。

```
>> A=[10 -1 2 0;-1 11 -1 3;2 -1 10 -1;0 3 -1 8];
>> b=[6 25 -11 15]';
>> tol=1.0*10^-6;
>> imax=10;
>> x0=zeros(1,4);
>> w=1.02;                              %松弛因子
>> tx=sor(A,b,imax,x0,tol,w);
>> for j=1:size(tx,1)
   fprintf('%4d  %f   %f   %f  %f\n', j, tx(j,1),tx(j,2),tx(j,3),tx(j,4))
  end
   1  0.000000   0.000000   0.000000  0.000000
   2  0.612000   2.374931   -1.004605  0.876002
   3  1.046942   2.030921   -1.018978  0.988233
   4  1.006087   2.001460   -1.001913  0.999433
   5  1.000417   1.999990   -1.000106  1.000002
   6  1.000012   1.999991   -1.000001  1.000003
   7  0.999999   1.999999   -1.000000  1.000000
   8  1.000000   2.000000   -1.000000  1.000000
   9  1.000000   2.000000   -1.000000  1.000000
```

若参数 ω 选择得当，SOR 迭代法收敛速度比 Gauss-Seidel 迭代法更快。

在 MATLAB 中，利用函数 solve()也可解决线性方程（组）和非线性方程（组）的求解问题，详见 5.6 节。

3.5 稀 疏 矩 阵

当一个矩阵中只含一部分非零元素，而其余均为零元素时，我们称这一类矩阵为稀疏矩阵（Sparse Matrix）。在实际问题中，相当一部分的线性方程组的系数矩阵是大型稀疏矩阵，而且非零元素在矩阵中的位置表现得很有规律。若像满矩阵（Full Matrix）那样存储所有的元素，对计算机资源是一种

很大的浪费。为了节省存储空间和计算时间，提高工作效率，MATLAB 提供了稀疏矩阵的创建命令和存储方式。

3.5.1 稀疏矩阵的建立

1. 以 sparse()函数创建稀疏矩阵

在 MATLAB 中可以由 sparse 创建一个稀疏矩阵，其语法为：

S = sparse(i,j,s,m,n,nzmax)

其中，i、j 为下标对组，可以是标量、向量或矩阵，但必须具有相同的数据类型和大小；s 为输入值，可以是标量、向量或矩阵，其元素数量与 i、j 相同；m、n 指定生成稀疏矩阵的大小为 m×n，要求 m≥max(i)，n≥max(j)，如果不指定 m 和 n，则将使用默认值 m=max(i) 和 n=max(j)；nzmax 指定 s 中非零元素的存储空间，nzmax≥max([numel(i), numel(j), numel(s), 1])，省略时采用默认值 max([numel(i), numel(j), numel(s), 1])。

说明：

（1）S=sparse(s)：此时，s 为满矩阵或稀疏矩阵。若 s 为满矩阵，则将其转化为一个稀疏矩阵 S；若 s 本身就是一个稀疏矩阵，则 sparse(s)返回 s。

（2）S=sparse(m,n)：是 sparse([],[],[],m,n,0)的省略形式，用来产生一个 m×n 的全零稀疏矩阵。

（3）S=sparse(i,j,s)：根据下标对组 i、j 和输入值 s 生成稀疏矩阵 S。对于每个索引对(i(k), j(k))，S(i(k),j(k)) =s(k)，但 s(k)中的任何零元素将被忽略（删除）。如果存在重复的(i(k), j(k))，即(i(k),j(k))=(i(p),j(p))，则它们对应的值将被累加到单一稀疏矩阵中，即 S(i(k),j(k)) =s(k)+s(p)。

（4）S=sparse(i,j,s,m,n)：在（3）的基础上，指定了输出稀疏矩阵的大小为 m×n。

（5）S=sparse(i,j,s,m,n,nzmax)：在（4）的基础上，进一步指定了 s 中非零元素的存储空间为 nzmax。

【例 3.38】 将满矩阵 ***A*** 转化为一个稀疏矩阵。

```
>> A=[1 2 0;0 2 3;1 0 2];
>> S=sparse(A)
S =
   (1,1)        1
   (3,1)        1
   (1,2)        2
   (2,2)        2
   (2,3)        3
   (3,3)        2
```

这是特殊的稀疏矩阵存储方式，它的特点是所占内存少且运算速度快。如果想得到矩阵的全元素存储方式，可用下面的语句来实现：

```
>> B=full(A)
```

```
B =
     1     2     0
     0     2     3
     1     0     2
```

【例 3.39】创建下列 4×5 阶矩阵的稀疏矩阵。

$$A=\begin{bmatrix}6&0&0&0&0\\0&0&7&0&0\\0&0&0&0&0\\0&0&0&0&8\end{bmatrix}$$

```
>> i=[1 2 4];
>> j=[1 3 5];
>> s=[6 7 8];
>> A=sparse(i,j,s)
A =
   (1,1)        6
   (2,3)        7
   (4,5)        8
```

2. 用 spdiags()函数创建对角稀疏矩阵

我们经常会遇到这样一种问题，即创建非零元素位于矩阵的对角线上的稀疏矩阵，这可通过函数 spdiags()来完成。函数 spdiags()的调用格式如下。

（1）[B,d]=spdiags(A)：从 $m\times n$ 阶矩阵 A 中抽取所有非零对角线元素，B 是 min(m,n) ×p 阶矩阵，矩阵的列向量为矩阵 A 中 p 个非零对角线元素，d 为 $p\times1$ 阶矩阵，存储着矩阵 A 中所有非零对角线的编号。

（2）B= spdiags(A,d)：从矩阵 A 中抽取指定编号 d 的对角线元素。

（3）A= spdiags(B,d,A)：用矩阵 B 的列向量代替矩阵 A 中被编号 d 指定的对角线元素，输出仍然是稀疏矩阵。

（4）A= spdiags(B,d,m,n)：利用矩阵 B 的列向量生成一个 m 行 n 列的稀疏矩阵 A，并将它放置在编号 d 所指定的对角线上。

【例 3.40】创建下列矩阵 $\boldsymbol{A}$ 的对角稀疏矩阵。

$$\boldsymbol{A}=\begin{bmatrix}0&5&0&10&0&0\\0&0&6&0&11&0\\3&0&0&7&0&12\\1&4&0&0&8&0\\0&2&5&0&0&9\end{bmatrix}$$

```
>> A=[0     5     0    10     0     0
      0     0     6     0    11     0
      3     0     0     7     0    12
      1     4     0     0     8     0
      0     2     5     0     0     9];
```

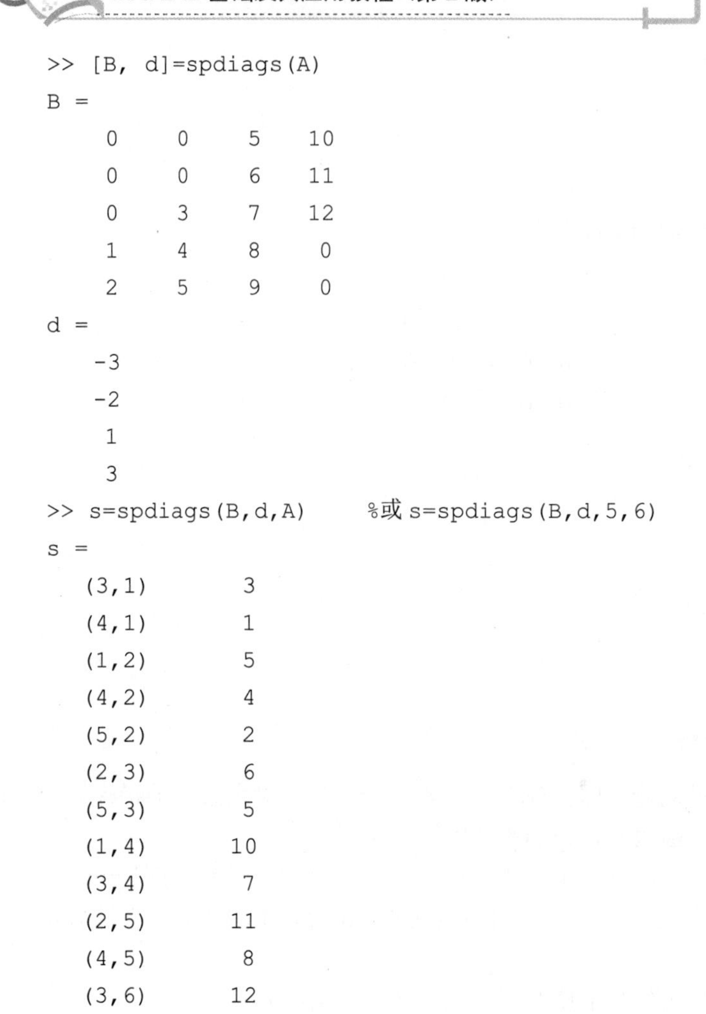

```
>> [B, d]=spdiags(A)
B =
     0     0     5    10
     0     0     6    11
     0     3     7    12
     1     4     8     0
     2     5     9     0
d =
    -3
    -2
     1
     3
>> s=spdiags(B,d,A)     %或 s=spdiags(B,d,5,6)
s =
   (3,1)        3
   (4,1)        1
   (1,2)        5
   (4,2)        4
   (5,2)        2
   (2,3)        6
   (5,3)        5
   (1,4)       10
   (3,4)        7
   (2,5)       11
   (4,5)        8
   (3,6)       12
   (5,6)        9
```

结果表明矩阵 ***A*** 的非零对角线编号为-3、-2、1、3，各编号的对角线元素依次存储在矩阵 ***B*** 的列中，通过非零对角线编号和矩阵 ***B*** 可以得到矩阵 ***A*** 的对角稀疏矩阵 ***s***。关于矩阵 ***A*** 的对角线分布如图 3.8 所示。

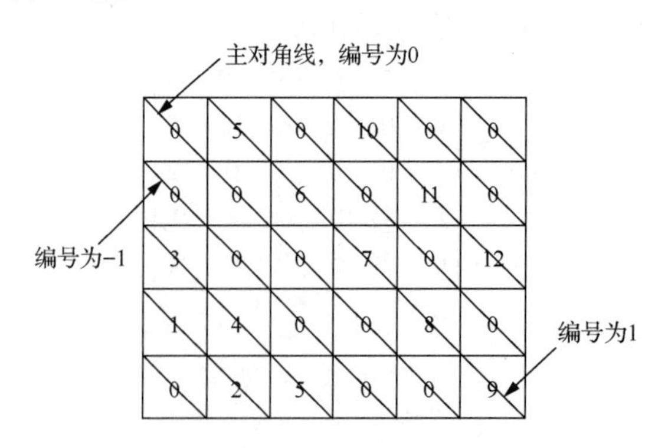

图 3.8　矩阵 ***A*** 的对角线分布

3.5.2　稀疏矩阵的存储

对于满矩阵，MATLAB 在内部存储矩阵中的每个元素，零元素占用的存储空间同其他任何非零元素相同。但是对于稀疏矩阵，MATLAB 只存储非零元素的值及其对应的标号（由其行号、列号组成）。对一个大部分元素都是零的大型矩阵来说，这种存储机制能大大降低对存储空间的要求。

MATLAB 采用压缩列格式来存储稀疏矩阵，这种方法采用 3 个内部实数组来存储稀疏矩阵。考虑一个 $m\times n$ 的稀疏矩阵，该矩阵的 nnz 个非零元素存储在长度为 nzmax 的数组中，一般情况下 nzmax 等于 nnz。在 MATLAB 中存储该稀疏矩阵时对应的 3 个数组分别如下。

（1）第一个数组以浮点格式存放数组中所有的非零元素，该数组的长度为 nzmax。

（2）第二个数组存放非零元素对应的行号，行号为整数，数组长度也为 nzmax。

（3）第三个数组存放 n+1 个整型指针，其中 n 个整型指针分别指向另两个数组中每个列的起始处，另一个指针用来标记其他两个数组的结尾，该数组的长度为 n+1。

根据上面的讨论可知，一个稀疏矩阵需要存储 nzmax 个浮点数和 nzmax+n+1 个整型数。假设每个浮点数需 8B，每个整型数需 4B，存储一个稀疏矩阵所需的总的字节数为：

$$8\times \mathrm{nzmax}+4\times(\mathrm{nzmax}+n+1)$$

注意：需要的存储空间仅取决于 nzmax 和稀疏矩阵列数 n，而与矩阵的行数无关。因此存储一个行数 m 很大而列数 n 很小的稀疏矩阵所需的存储空间远远小于以 n 为行数、m 为列数的稀疏矩阵所需的存储空间。

MATLAB 中用 spalloc()函数分配稀疏矩阵所需的存储空间，调用格式为：

S = spalloc(m,n,nzmax)

【例 3.41】计算阶数 $m\times n$ 为$(2^{20},2)$的稀疏矩阵和 $m\times n$ 为$(2,2^{20})$的稀疏矩阵所占的存储空间。

```
>> S1=spalloc(2^20,2,1);
>> S2=spalloc(2,2^20,1);
>> whos S1 S2
  Name          Size                    Bytes  Class    Attributes
  S1       1048576x2                       40  double   sparse
  S2             2x1048576            8388632  double   sparse
```

存储变量 S1 和 S2 共需 4194344B，其中 S1 只占 24B。

【例 3.42】比较一个 10×10 单位矩阵 ***A*** 及对应的稀疏矩阵 ***B*** 所需的存储量。

```
>> A=eye(10);
>> B=sparse(A);
>> whos A B
  Name       Size            Bytes  Class    Attributes
  A         10x10              800  double
  B         10x10              248  double   sparse
```

可见存储稀疏矩阵所用的字节数与普通矩阵相比要少得多，这是因为存储稀疏矩阵时没有存储零元素。

3.5.3 用稀疏矩阵求解线性方程组

求解线性方程组常用的方法有两类，直接法和迭代法。3.4 节对这两种方法都有介绍，其中迭代法特别适合用于求解大型稀疏线性方程组。在 MATLAB 中，与求解稀疏线性方程组有关的迭代法对应的函数有 9 个，如表 3-8 所示。

表 3-8 与求解稀疏线性方程组有关的迭代法函数

函数名	说 明	函数名	说 明
bicg	双共轭梯度法函数	minres	极小残余法函数
bicgstab	稳定双共轭梯度法函数	pcg	预处理共轭梯度法函数
cgs	二次共轭梯度法函数	qmr	准极小残余法函数
gmres	广义极小残余法函数	symmlq	对称 LQ 法函数
lsqr	最小平方法函数	—	—

表中的方法都可用来求解 $\boldsymbol{AX}=\boldsymbol{B}$。当采用预处理共轭梯度法（pcg）函数处理时，$\boldsymbol{A}$ 必须是一个正定阵，极小残余法（minres）和对称 LQ 法（symmlq）函数中 $\boldsymbol{A}$ 可以为对称非正定阵，对于最小平方法（lsqr）函数，矩阵 $\boldsymbol{A}$ 可以不是方阵，在广义极小残余法（gmres）函数中，$\boldsymbol{A}$ 为非奇异阵且不必对称，其他 4 种函数可处理非对称的方阵。

表 3-8 中的各种迭代函数的调用格式都差不多，下面以预处理共轭梯度法函数和广义极小残余法函数为例进行说明。

1. 预处理共轭梯度法函数

预处理共轭梯度法以 pcg()函数实现，其调用格式为：

[x,flag,relres,iter,resvec]=pcg(A,b,tol,Maxit)

其中，输入参数 tol 表示迭代求解的精度；Maxit 表示最大迭代次数。输出参数 x 为方程组的数值近似解；flag 为计算停止标志，当 flag=0 时，表示在不超过最大迭代次数的迭代过程中，计算精度已经达到指定要求，数值求解成功，否则 flag 返回一个非零的数；relres 表示近似解的残差向量范数与方程组右端向量范数的比值，当求解成功时，该值小于求解精度；iter 表示所用的迭代次数；resvec 表示残差向量的范数值。

【例 3.43】利用稀疏矩阵和满矩阵分别求解 $\boldsymbol{AX}=\boldsymbol{b}$，并对计算时间进行比较。

$$\boldsymbol{A}=\begin{bmatrix} 2 & 1 & & & \\ 1 & 2 & 1 & & \\ & 1 & 2 & \ddots & \\ & & \ddots & \ddots & 1 \\ & & & 1 & 2 \end{bmatrix}_{500\times 500},\qquad \boldsymbol{b}=\begin{bmatrix} 1 \\ 2 \\ \vdots \\ 500 \end{bmatrix}$$

解：在 MATLAB 中进行编程计算，语句如下。

```
>> n=500;
>> A1=sparse(1:n,1:n,2,n,n);           %产生主对角线稀疏矩阵
>> A2=sparse(1:n-1,2:n,1,n,n);         %产生对角线编号为-1 的稀疏矩阵
>> A=A1+A2+A2';                        %产生矩阵 A 的稀疏矩阵(其中对角线编号为 1 的
                                       %稀疏矩阵为对角线编号为-1 的稀疏矩阵的转置)
>> b=[1:n]';
>> tic;x1=A\b;t1=toc                   %计算由稀疏矩阵求解方程所用的时间
t1 =
   0.0012
>> A3=full(A);
>> tic;x2=A3\b;t2=toc                  %计算由满矩阵求解方程所用的时间
t2 =
   0.0204
>> max(abs(x1-x2))                     %两种方法求解结果的最大绝对值之差
ans =
  5.8634e-11
>> min(abs(x1-x2))                     %两种方法求解结果的最小绝对值之差
ans =
  2.8610e-13
```

可见，两种计算结果相差无几，而 t2 约为 t1 的 16 倍，随着 n 的增加，差距更大。

注意：运行时间跟计算机配置有关。

【例 3.44】调用预处理共轭梯度法函数 pcg()求解例 3.35 中的线性方程组。设置最大迭代次数为 10，精度选10^{-6}。

```
>> A=[10 -1 2 0;-1 11 -1 3;2 -1 10 -1;0 3 -1 8];
>> b=[6 25 -11 15]';          %为列向量
>> [x,flag,relres,iter,resvec]=pcg(A,b,10.^( -6),10)
x =
    1.0000
    2.0000
   -1.0000
    1.0000
flag =
     0
relres =
  7.9165e-17
iter =
     4
```

```
resvec =
   31.7333
    5.1503
    1.0433
    0.1929
    0.0000
```

结果表明，与前面的各种迭代法相比，预处理共轭梯度法所用的迭代次数仅为 4 次，求解线性方程组的效率非常高。实际上，预处理共轭梯度法是目前求解大型正定稀疏线性方程组的最有效的方法之一，也是使用最广泛的方法之一。

2. 广义极小残余法函数

广义极小残余法（Generalized Minimum Residual Method，GMRES）也是一种求解大型稀疏线性方程组的常用方法，以 gmres()函数实现，其调用格式如下。

（1）x=gmres(A,B)：用来解线性方程组 $\boldsymbol{AX}=\boldsymbol{B}$，其中 $n\times n$ 系数矩阵 $\boldsymbol{A}$ 必须是大型稀疏方阵，列向量 $\boldsymbol{B}$ 的长度必须为 n，总的迭代次数为 min(n,10)，采用非周期性重新开始方式。

（2）x=gmres(A,B,restart,tol,maxit)：指每经过 restart 次迭代后就周期性的重新开始，如果 restart 等于 N 或[]，则 gmres 采用非周期性重新开始方式；参数 tol 表示迭代求解的精度；maxit 表示外部最大迭代次数。注意：迭代的总次数等于 restart×maxit，若 maxit 等于[]，则采用默认值 min(n/restart,10)，若 restart 等于 N 或[]，则总迭代次数为 maxit。

【例 3.45】 利用广义极小残余法函数求解例 3.35 中的线性方程组。

```
>> A=[10 -1 2 0;-1 11 -1 3;2 -1 10 -1;0 3 -1 8];
>> B=[6 25 -11 15]';
>> x=gmres(A,B)
x =
    1.0000
    2.0000
   -1.0000
    1.0000
```

gmres()函数在解的迭代次数为 4 时收敛，并且相对残差为 0。

3.6 常微分方程的数值解

微分方程是描述一个变量关于另一个变量的变化率的数学模型。很多基本的物理定律，包括质量、动量和能量的守恒定律，都自然地表示为微分方程的形式。在 MATLAB 中利用函数 dsolve()可求解微分方程（组）的解析解（详见 5.6 节）。由于在科学研究与工程实际中遇到的微分方程往往比较复杂，在很多情况下，都不能给出解析表达式，这些情况下不适宜采用高等数学课程中讨论的解析法来求解，而需采用数值法来求近似解。

未知函数是一元函数的微分方程为常微分方程。常微分方程数值法求解的思路是：对

求解区间进行剖分，然后把常微分方程离散成在节点上的近似公式或近似方程，最后结合定解条件求出近似解。下面讨论常微分方程初值问题在 MATLAB 中的解法。

常微分方程：

$$\frac{\mathrm{d}y}{\mathrm{d}x}=f(x,y)$$

其中，$f(x,y)$ 是自变量 x 和因变量 y 的函数。求微分方程 $y'=f(x,y)$ 满足初始条件 $y\big|_{x=x_0}=y_0$ 的特解这样一个问题，称为一阶常微分方程的初值问题，记作：

$$\begin{cases} y'=f(x,y) \\ y\big|_{x=x_0}=y_0 \end{cases}$$

常微分方程的解的图形是一条曲线，称为常微分方程的积分曲线。初值问题的几何意义就是求常微分方程的通过点 (x_0,y_0) 的那条积分曲线。

3.6.1　欧拉法

欧拉法是数值求解一阶常微分方程初值问题的常用方法之一，其按照计算精度的不同，可以分为欧拉折线法、前向后向欧拉法、改进的欧拉法等。

欧拉法的基本思想是：在小区间 $[x_n,x_{n+1}]$ 上用差商 $\dfrac{y(x_{n+1})-y(x_n)}{h}$ 代替 $y'(x)$，即在节点处用差商近似代替导数。当 $f(x,y(x))$ 中的 x 取 $[x_n,x_{n+1}]$ 的左端点 x_n 时，即 $f(x_n,y(x_n))$，将 $y(x_n)$ 的近似值记为 y_n，即 $y_n\approx y(x_n)$，$y_{n+1}\approx y(x_{n+1})$，则得到前向欧拉公式 $y_{n+1}=y_n+hf(x_n,y_n)$。前向欧拉公式为显式公式，具有一阶精度。当 $f(x,y(x))$ 中的 x 取 $[x_n,x_{n+1}]$ 的右端点 x_{n+1}，类似可得到后向欧拉公式 $y_{n+1}=y_n+hf(x_{n+1},y_{n+1})$。后向欧拉公式实际上是从 x_{n+1},y_{n+1} 向后推算出 y_n，当函数 $f(x,y)$ 对 y 非线性时，通常只能用迭代法求解方程，故后向欧拉公式为隐式公式，计算量比前向欧拉公式大很多，它的精度也为一阶。

改进的欧拉公式：将前向后向两个公式平衡一下，就可得到梯形公式 $y_{n+1}=y_n+\dfrac{h}{2}[f(x_n,y_n)+f(x_{n+1},y_{n+1})]$，该公式也称为隐式公式，计算量较大。如果利用 $\overline{y}_{n+1}=y_n+hf(x_n,y_n)$ 来预测梯形公式右边的 y_{n+1}，即可得改进的欧拉公式：

$$y_{n+1}=y_n+\frac{h}{2}[f(x_n,y_n)+f(x_{n+1},\overline{y}_{n+1})]$$

它的精度为二阶。

（1）实现前向欧拉公式的自定义函数为 Euler1()，其代码如下。

```
function[xout,yout]=euler1(ypfun,xspan,y0,h)    % 前向欧拉公式
x=xspan(1):h:xspan(2);y(:,1)=y0(:);
for i=1:length(x)-1,
    y(:,i+1)=y(:,i)+h*feval(ypfun,x(i),y(:,i));
end
xout=x';yout=y';
```

该函数调用格式为：

[xout,yout]=euler1('ypfun',xspan,y0,h)

其中，xout、yout 为对应的常微分方程的解；'ypfun'是一个字符串，表示微分方程的形式，也可以是$f(x,y)$的 M 文件；xspan 表示 x 的取值区间；y0 表示初始条件；h 为步长。

（2）实现改进的欧拉公式的自定义函数为 Euler2()，其代码如下。

```
function[xout,yout]=euler2(ypfun,xspan,y0,h)   % 改进的欧拉公式
x=xspan(1):h:xspan(2);y(:,1)=y0(:);
for i=1:length(x)-1,
    y1(:,i+1)=y(:,i)+h*feval(ypfun,x(i),y(:,i));
    f=feval(ypfun,x(i),y(:,i))+feval(ypfun,x(i+1),y1(:,i+1));
    y(:,i+1)=y(:,i)+0.5*h*f;
end
xout=x';yout=y';
```

该函数调用格式为：

[xout,yout]=euler2('ypfun',xspan,y0,h)

其中的参数含义同（1）。

【例 3.46】用前向欧拉法和改进的欧拉法解初值问题$\begin{cases} y'=y-2x/y(0\leqslant x\leqslant 1) \\ y(0)=1 \end{cases}$，取步长$h=0.1$，并与精确值作比较。方程的解析解为$y=\sqrt{1+2x}$。

解：先将微分方程写成自定义函数 exam1fun()，并将其存到 exam1fun.m 文件中。

```
function f=exam1fun(x,y)          %微分方程的自定义函数 exam1fun.m
f=y-2*x./y;
f=f(:);                           %保证 f 为一个列向量
```

然后在“命令行”窗口输入以下语句：

```
>> xspan=[0 1];
>> y0=1;
>> h=0.1;
>> [x1,y1]=euler1('exam1fun',xspan,y0,h)
x1 =
         0
    0.1000
    0.2000
    0.3000
    0.4000
    0.5000
    0.6000
    0.7000
    0.8000
```

```
    0.9000
    1.0000
y1 =
    1.0000
    1.1000
    1.1918
    1.2774
    1.3582
    1.4351
    1.5090
    1.5803
    1.6498
    1.7178
    1.7848
>> [x2,y2]=euler2('exam1fun',xspan,y0,h)
x2 =
         0
    0.1000
    0.2000
    0.3000
    0.4000
    0.5000
    0.6000
    0.7000
    0.8000
    0.9000
    1.0000
y2 =
    1.0000
    1.0959
    1.1841
    1.2662
    1.3434
    1.4164
    1.4860
    1.5525
    1.6165
    1.6782
    1.7379
```

绘出以上计算结果曲线图如图 3.9 所示，将两种方法的计算结果及精确值列于表 3-9 中，可见改进欧拉法比前向欧拉法的精确度要高一些。

表 3-9　前向欧拉法与改进欧拉法的计算结果和精确值

$x_n(n=1,2)$	前向欧拉法	改进欧拉法	精确值
0	1.0000	1.0000	1.0000
0.1000	1.1000	1.0959	1.0954
0.2000	1.1918	1.1841	1.1832
0.3000	1.2774	1.2662	1.2649
0.4000	1.3582	1.3434	1.3416
0.5000	1.4351	1.4164	1.4142
0.6000	1.5090	1.4860	1.4832
0.7000	1.5803	1.5525	1.5492
0.8000	1.6498	1.6165	1.6125
0.9000	1.7178	1.6782	1.6733
1.0000	1.7848	1.7379	1.7321

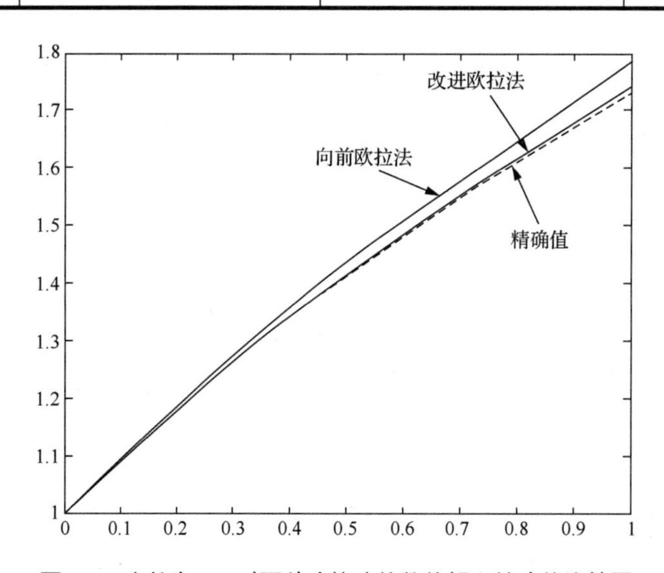

图 3.9　步长为 0.1 时两种欧拉法的数值解和精确值比较图

3.6.2　龙格-库塔法

改进的欧拉法比欧拉法精度高的原因在于，它在确定平均斜率时，多取了一个点的斜率值。这样，如果在$[x_i, x_{i+1}]$上多取几个点的斜率值，然后对它们作线性组合得到平均斜率，则有可能构造出精度更高的计算方法，这就是龙格-库塔法的基本思想。龙格-库塔法可看作是欧拉法思想的提高，属于精度较高的单步法。

龙格-库塔法是求解常微分方程初值问题的重要的方法之一。MATLAB 中提供了几个采用龙格-库塔法来求解常微分方程的函数，即 ode23()、ode45()、ode113()、ode23s()、

ode15s()等，其中最常用的函数是 ode23()（二三阶龙格-库塔函数）和 ode45()（四五阶龙格-库塔函数），下面分别对它们进行介绍。

1. 二三阶龙格-库塔函数（ode23()）

函数 ode23()的调用格式如下。

（1）[T,Y]=ODE23('F',TSPAN,Y0)

输入参数中的'F'是一个字符串，表示微分方程的形式，也可以是 $f(x,y)$的 M 文件。TSPAN=[T0 TFINAL]表示积分区间，Y0 表示初始条件，即在初始条件 Y0 下从 T0 到 TFINAL 对微分方程 $y'=F(t,y)$ 进行积分。两个输出参数是列向量 T 与矩阵 Y，其中向量 T 包含估计响应的积分点，而矩阵 Y 的行数与向量 T 的长度相等。向量 T 中的积分点不是等间距的，这是为了保持所需的相对精度，而改变了积分算法的步长。为了获得在确定点 T0,T1,... 的解，TSPAN=[T0 T1 TFINAL]。需要注意的是，TSPAN 中的点必须是单调递增或单调递减的。

（2）[T,Y]=ODE23('F',TSPAN,Y0,OPTIONS)

其中，参数 OPTIONS 为积分参数，它可由函数 ODESET()来设置。OPTIONS 参数最常用的是相对误差'RelTol'（默认值是 1e-3）和绝对误差'AbsTol'（默认值是 1e-6），其他参数同上。

（3）[T,Y]=ODE23('F',TSPAN,Y0,OPTIONS,P1,P2,...)

参数 P1,P2,...可直接输入到函数 F 中去，如 F(T,Y,FLAG,P1,P2,...)。如果参数 OPTIONS 为空，则输入 OPTIONS=[ ]。也可以在 ODE 文件中（可参阅 ODEFILE()函数说明文档）指明参数 TSPAN、Y0 和 OPTIONS 的值。如果参数 TSPAN 或 Y0 是空，则 ODE23()函数通过调用 ODE 文件[TSPAN,Y0,OPTIONS]= F([],[],'init')来获得 ODE23()函数没有被提供的自变量值。如果获得的自变量为空，则函数 ODE23 会忽略这些自变量，此时的调用格式为 ODE23('F')。

（4）[T,Y,TE,YE,IE]=ODE23('F',TSPAN,Y0,OPTIONS)

此时要求将参数 OPTIONS 中的事件属性设为'on'，ODE 文件必须被标记，以便 P(T,Y,'events')能返回合适的信息，详细可参阅函数 ODEFILE()说明文档。输出参数中的 TE 是一个列向量，矩阵 YE 的行与列向量 TE 中的元素相对应，向量 IE 表示解的索引。

2. 四五阶龙格-库塔函数（ode45()）

函数 ode45()的调用格式与 ode23()相同，其差别在于内部算法不同。如果'F'为向量函数，则 ode23()和 ode45()函数也可用来解微分方程组。

【例 3.47】分别用二三阶龙格-库塔法和四五阶龙格-库塔法解常微分方程的初值问题。

$$\begin{cases} y'=-y-xy^2 (0\leqslant x\leqslant 1) \\ y(0)=1 \end{cases}$$

取步长 $h=0.1$。方程的解析解可用 dsolve()函数求得为 $y=-1/(x+1-2\mathrm{e}^x)$，将改进欧拉法、龙格-库塔法的数值解与精确值进行比较。

解：先将微分方程写成自定义函数 exam2fun()并存入 exam2fun.m 文件中。

```
function f=exam2fun(x,y)
f=-y-x*y.^2;
f=f(:);
```

然后，在“命令行”窗口输入以下语句：

```
>> [x1,y1]=ode23('exam2fun',[0:0.1:1],1)
x1 =
         0
    0.1000
    0.2000
    0.3000
    0.4000
    0.5000
    0.6000
    0.7000
    0.8000
    0.9000
    1.0000
y1 =
    1.0000
    0.9006
    0.8046
    0.7144
    0.6314
    0.5563
    0.4892
    0.4296
    0.3772
    0.3312
    0.2910
>> [x2,y2]=ode45('exam2fun',[0:0.1:1],1)
x2 =
         0
    0.1000
    0.2000
    0.3000
    0.4000
    0.5000
    0.6000
    0.7000
    0.8000
    0.9000
    1.0000
```

```
y2 =
    1.0000
    0.9006
    0.8046
    0.7144
    0.6315
    0.5563
    0.4892
    0.4296
    0.3772
    0.3312
    0.2910
```

将改进欧拉法、二三阶龙格-库塔法、四五阶龙格-库塔法的数值解和精确值列在表 3-10 中。

表 3-10　改进欧拉法、龙格-库塔法的数值解与精确值

$x_n(n=1,2)$	改进欧拉法	ode23	ode45	精确值
0	1.0000	1.0000	1.0000	1.0000
0.1000	0.9010	0.9006	0.9006	0.9006
0.2000	0.8053	0.8046	0.8046	0.8046
0.3000	0.7153	0.7144	0.7144	0.7144
0.4000	0.6326	0.6314	0.6315	0.6315
0.5000	0.5576	0.5563	0.5563	0.5563
0.6000	0.4906	0.4892	0.4892	0.4892
0.7000	0.4311	0.4296	0.4296	0.4296
0.8000	0.3786	0.3772	0.3772	0.3772
0.9000	0.3326	0.3312	0.3312	0.3312
1.0000	0.2924	0.2910	0.2910	0.2910

可见二三阶龙格-库塔法、四五阶龙格-库塔法的数值解与精确值非常接近，改进欧拉法的精度远低于龙格-库塔法。

3.7　本 章 小 结

数值方法可以用来计算用其他方法无法求解的问题的近似解，本章针对数值分析中不同内容讨论了如何在 MATLAB 环境下实现各种数值算法，这些算法是学习数值分析理论和进行科学计算的基础。

多项式运算是数学中基本的运算之一，本章从多项式的表达、创建入手，讨论了多项

式求值、求根运算。插值和拟合是常用的数值逼近方法，本章介绍了多项式插值、拟合以及最小二乘拟合。在数值微积分中讨论并比较了没有初等函数解析式情况下的用于定积分数值逼近的矩形数值积分、梯形数值积分、辛普森数值积分及科茨数值积分函数。线性方程组的求解是许多数值方法的核心部分，本章讨论了矩阵相除法及 Jacobi 迭代法、Gauss-Seidel 迭代法、SOR 迭代法，并对这 3 种常用的迭代法进行了比较。稀疏矩阵是一种占用存储空间少、计算速度快、工作效率高的矩阵，本章对稀疏矩阵的创建及利用稀疏矩阵求解线性方程组进行了介绍。在常微分方程的数值解中描述了初值问题求解的不同方法，欧拉法是数值求解一阶常微分方程初值问题的常用方法之一，借鉴改进欧拉法的思想提出的龙格-库塔法求解常微分方程可得到更高的精确度。

本 章 习 题

1. 用函数 roots()求方程 $x^2-x-1=0$ 的根。

2. $y=\sin x, 0\leqslant x\leqslant 2\pi$，在 n 个节点（n 不要太大，如取 5～11）上用分段线性和三次样条插值方法，计算 m 个插值点（m 可取 50～100）的函数值。通过数值和图形输出，将两种插值结果与精确值进行比较。适当增加 n，再作比较。

3. 大气压强 p 随高度 x 变化的理论公式为 $p=1.0332\mathrm{e}^{-(x+500)/7756}$，为验证这一公式，测得某地大气压强随高度变化的一组数据如表 3-11 所示，试用插值法和拟合法进行计算并绘图，看哪种方法较为合理，且总误差最小。

表 3-11　某地大气压强随高度变化的一组数据

高度/m	0	300	600	1000	1500	2000
压强/Pa	0.9689	0.9322	0.8969	0.8519	0.7989	0.7491

4. 利用梯形法和辛普森法求定积分 $\dfrac{1}{2\pi}\int_{-3}^{3}\mathrm{e}^{-\frac{x^2}{2}}\mathrm{d}x$ 的值，并对结果进行比较。如果积分区间改为[−5,5]结果有何不同？梯形积分中改变自变量 x 的维数，结果有何不同？

5. 分别用矩形数值积分、梯形数值积分、辛普森数值积分和科茨数值积分 4 种方法来近似计算定积分 $\int_0^1\dfrac{x\mathrm{d}x}{x^2+4}$，取 n=4，保留 4 位有效数字。

6. 试分别用 Jacobi 迭代法和 Gauss-Seidel 迭代法求解下面方程组，结果保留两位有效数字。

$$\begin{bmatrix}5&1&2&1\\2&5&1&1\\1&2&10&2\\1&2&2&10\end{bmatrix}\begin{bmatrix}x_1\\x_2\\x_3\\x_4\end{bmatrix}=\begin{bmatrix}9\\9\\15\\15\end{bmatrix}$$

其中，$x(0)=(0,0,0,0)^{\mathrm{T}}$，迭代 5 次。

7. 用 SOR 迭代法解题 6，取 ω=1.2，并考查其收敛性。

8. 利用稀疏矩阵中的共轭梯度法来求解题 6 中的线性方程组，并比较不同方法所用的时间。

9. 分别利用欧拉法和二三阶龙格-库塔法来求解下列初值问题：

$$\begin{cases} y' = -2xy \quad (0 \leqslant x \leqslant 1.2) \\ y(0) = 1 \end{cases}$$

第 4 章

结构数组与元胞数组

教学提示

结构数组和元胞数组是 MATLAB 中的两种数据类型，用户可以将数据类型不同但彼此相关的数据集成在一起，从而使相关的数据可以通过同一结构数组或元胞数组进行组织和访问，使数据的管理更简便。

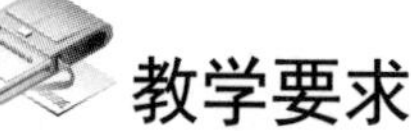

教学要求

掌握结构数组和元胞数组的创建与操作方法。

4.1 结构数组

结构数组（Structure Array）把一组彼此相关、数据结构相同但类型不同的数据组织在一起，便于管理和引用，类似于数据库，但其数据组织形式更灵活。例如，学生成绩档案可用结构数组表示，如图 4.1 所示。

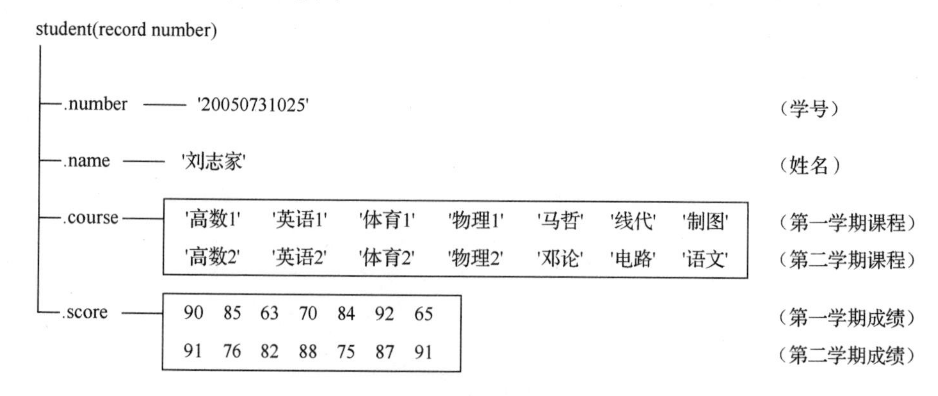

图 4.1 学生成绩档案结构数组

其中，student 为结构数组名（Structure），结构数组元素是结构类型数据，包含结构类

型的所有域，类似于数据库中的记录；number、name、course、score 等为域名（Filed），类似于数据库中的字段名。结构数组名与域名之间以圆点“.”间隔，不同域的维数、类型可以不同，用以存储不同类型的数据。

4.1.1　结构数组的创建

创建结构数组的方法有以下两种。

（1）通过对域赋值创建结构数组。

（2）利用函数 struct()创建结构数组。

1. 通过对域赋值创建结构数组

通过对结构数组的各个域进行赋值，即可创建结构数组。对域进行赋值的格式为：

struct_name(record#).field_name=data

创建 1×1 的结构数组时可省略记录号(#)。

【例 4.1】 通过对域赋值创建图 4.1 所示的 student 结构数组。

```
>> student.number='20050731025';
>> student.name='刘志家';
>> student.course={'高数 1' '英语 1' '体育 1' '物理 1' '马哲' '线代' '制图'; ...
'高数 2' '英语 2' '体育 2' '物理 2' '邓论' '电路' '语文'};
>> student.score=[90 85 63 70 84 92 65;91 76 82 88 75 87 91];
```

其中，student.course={…}为元胞数组，将在 4.2 节讨论。直接在“命令行”窗口输入结构名，查看结构数组。

```
>> student
student =
  包含以下字段的 struct:
    number: '20050731025'
      name: '刘志家'
    course: {2x7 cell}
score: [2x7 double]
>> size(student)
ans =
     1     1
```

可以看出，student 为 1×1 的结构数组。

【例 4.2】 向例 4.1 所创建的 student 结构数组中增加一个元素。

```
>> student(2).number='20050731026';
>> student(2).name='王玲';
>> student(2).course=['高数 1' '英语 1' '体育 1' '物理 1' '马哲' '线代' '制图'; ...
'高数 2' '英语 2' '体育 2' '物理 2' '邓论' '电路' '语文'];
>> student(2).score=[80 95 70 90 64 82 75;81 66 92 78 85 67 81];
```

再查看结构数组：

```
>> student
student =
  包含以下字段的 1×2 struct 数组:
    number
    name
    course
    score
```

可以看出，student 变成 1×2 的结构数组，并且当结构数组包含两个或两个以上的元素时，查看结构数组时不显示各个元素的值，而是显示数组的结构信息。

2. 利用函数 struct()创建结构数组

利用 struct()函数创建结构数组的格式如下。

（1）struct_name = struct('field1',{},'field2',{},...)。

（2）struct_name = struct('field1',values1,'field2',values2,...)。

利用格式（1）的命令创建结构数组时，只创建含指定域名的空结构数组；利用格式（2）的命令创建结构数组时，values*n* 以元胞数组的形式指定各域的值。

【例 4.3】 利用 struct()函数创建图 4.1 所示的 student 结构数组。

```
>> student=struct('number',{},'name',{},'course',{},'score',{})
student =
  包含以下字段的空的 0×0 struct 数组:
    number
    name
    course
    score
```

【例 4.4】 利用 struct()函数创建例 4.2 的 student 结构数组。

```
>> student=struct('number',{'20050731025','20050731026'},'name',{'刘志家
','王玲'},...
'course',{{'高数 1' '英语 1' '体育 1' '物理 1' '马哲' '线代' '制图'; '高数 2' '
英语 2' '体育 2'...
'物理 2' '邓论' '电路' '语文'}},'score',{[90 85 63 70 84 92 65;91 76 82 88 75
87 91],...
[80 95 70 90 64 82 75;81 66 92 78 85 67 81]})
student =
  包含以下字段的 1×2 struct 数组:
    number
    name
    course
    score
```

注意：

（1）如果域没有值，则一定要赋空值，不能空着。

（2）多个元素域值相同时，可以只赋一次值。如例 4.4 中，在刘志家、王玲的成绩相同时，创建 student 结构数组：

```
>> student=struct('number',{'20050731025','20050731026'},'name',{'刘志家','王玲'},...
'course',{{'高数 1' '英语 1' '体育 1' '物理 1' '马哲' '线代' '制图'; '高数 2' '英语 2' '体育 2'...
'物理 2' '邓论' '电路' '语文'}},'score',{[90 85 63 70 84 92 65;91 76 82 88 75 87 91]});
>> student(1,1).score          %刘志家的成绩
ans =
    90    85    63    70    84    92    65
    91    76    82    88    75    87    91
>> student(1,2).score          %王玲的成绩
ans =
    90    85    63    70    84    92    65
    91    76    82    88    75    87    91
```

4.1.2　结构数组的操作

有关结构数组的相关函数如表 4-1 所示。

表 4-1　结构数组的相关函数

函数名	说　明	函数名	说　明
struct	创建结构数组	getfield	获取域值
isstruct	判定是否为结构数组。是结构数组时，其值为真	isfield	判定域是否在结构数组中。在结构数组中时，其值为真
fieldnames	获取结构数组域名	rmfield	删除结构数组中的域
setfield	设定域值	orderfields	域排序

1. 向结构数组中增加新的域

通过对结构数组中任一元素所需增加的域进行赋值即可（空值亦可），增加域将会影响整个结构数组的结构。

【例 4.5】 向例 4.4 所创建的 student 结构数组中增加 total 域。

```
>> student(1).total=[]
student =
```

```
  包含以下字段的 1×2 struct 数组:
    number
    name
    course
    score
    total
```

虽未输入 total 域值，但域名已添加于结构数组中。为了使所有结构数组元素具有相同的域名，未赋值的域将自动填入空值。例如：

```
>> student(2).total
ans =
     []
```

2. 获取结构数组中的域名

获取结构数组中的域名的函数为 fieldnames()，其调用格式为：

fieldnames(struct_name)

【例 4.6】获取例 4.4 所创建的 student 结构数组的域名。

```
>> fieldnames(student)
ans =
  4×1 cell 数组
    {'number'}
    {'name'  }
    {'course'}
    {'score' }
```

3. 删除结构数组中的域

删除结构数组中的域的函数为 rmfield()，其调用格式如下。

（1）rmfield (struct_name, field_name)。

（2）rmfield (struct_name, {fields})。

删除域将会影响整个结构数组的结构。

【例 4.7】对例 4.5 所创建的 student 结构数组，先删除数组中的 total 域，再删除 number 和 course 域。

```
>> student= rmfield (student,'total')
ans =
  包含以下字段的 1×2 struct 数组:
    number
    name
    course
    score
>> student= rmfield (student,{'number','course'})
```

```
ans =
  包含以下字段的 1×2 struct 数组:
    name
    score
```

4. 删除结构数组中的元素

对欲删除的元素赋空值即可，删除元素不会影响结构数组的结构。

【例 4.8】删除例 4.4 所创建的 student 结构数组中的第 1 个元素。

```
>> student(1)=[]
student =
  包含以下字段的 struct:
    number: '20050731026'
      name: '王玲'
    course: {2x7 cell}
     score: [2x7 double]
```

5. 获取结构数组中的域值

（1）通过直接引用获取域值，其格式如下。

① struct_name.field_name(m,n)。

② struct_name(i,j).field_name(m,n)。

格式①只适用于 1×1 的结构数组，返回指定的域值。当域为数组时，须指定其行号和列号 m、n，若不指定，则获得该域所有的值。格式②适用于维数高于 1×1 的结构数组，但不能同时获取多个域值或多个元素同一域的值。如果需要获取所有元素同一域的值，可以采用循环语句。

【例 4.9】获取例 4.1 所创建的 student 结构数组中的学号、姓名、高数 1 和高数 2 的值。

```
>> xuehao=student.number;
>> xingming=student.name;
>> gaoshu1=student.score(1,1);
>> gaoshu2=student.score(2,1);
>> xuehao,xingming,gaoshu1,gaoshu2
xuehao =
    '20050731025'
xingming =
    '刘志家'
gaoshu1 =
    90
gaoshu2 =
    91
```

【例 4.10】获取例 4.4 所创建的 student 结构数组中所有学生的学号、姓名，刘志家的高数 2 的成绩，王玲第二学期所有课程的成绩。

```
>> for k=1:2
      number{k}=student(k).number;
      name{k}=student(k).name;
   end
>> gaoshu21=student(1).score(2,1);
>> chengji22=student(2).score(2,:);
>> number,name,gaoshu21,chengji22
number =
  1×2 cell 数组
    {'20050731025'}    {'20050731026'}
name =
  1×2 cell 数组
    {'刘志家'}    {'王玲'}
gaoshu21 =
    91
chengji22 =
    81    66    92    78    85    67    81
```

（2）利用函数 getfield()获取域值，其调用格式如下。

① getfield (struct_name, field_name)。

② getfield (struct_name, {i,j}, field_name,{m,n})。

格式①等价于 struct_name.field_name，格式②等价于 struct_name(i,j).field_name (m,n)。

【例 4.11】以 getfield()函数的格式①的形式重做例 4.9。

```
>> xuehao=getfield(student,'number');
>> xingming=getfield(student,'name');
>> gaoshu1=getfield(student,'score',{1,1});
>> gaoshu2=getfield(student,'score',{2,1});
>> xuehao,xingming,gaoshu1,gaoshu2
xuehao =
    '20050731025'
xingming =
    '刘志家'
gaoshu1 =
    90
gaoshu2 =
    91
```

【例 4.12】以 getfield()函数的调用格式②的形式重做例 4.10。

```
>> for k=1:2
```

```
        number{k}=getfield(student,{1,k},'number');
        name{k}=getfield(student,{1,k},'name');
    end
>> gaoshu21=getfield(student,{1,1},'score',{2,1}); %获取刘志家第二学期的
                                                   %高数成绩
>> chengji2=getfield(student,{1,2},'score');       %获取王玲的所有成绩
>> chengji22=chengji2(2,:);                        %获取王玲第二学期的成绩
>> number, name, gaoshu21, chengji22
number =
  1×2 cell 数组
    {'20050731025'}    {'20050731026'}
name =
  1×2 cell 数组
    {'刘志家'}    {'王玲'}
gaoshu21 =
    91
chengji22 =
    81    66    92    78    85    67    81
```

（3）利用函数 deal()获取域值，其调用格式如下。

[Y1,Y2,Y3,...]=deal(struct_name(i,j).field_name1,struct_name(i,j).
field_name2,struct_ name(i,j).field_name3,...)

等价于：

Y1=struct_name(i,j).field_name1;Y2=struct_name(i,j).field_name2;
Y3=struct_name(i,j).field_name3;…

【例 4.13】 用函数 deal()重做例 4.10。

```
>> [number1,number2,name1,name2,gaoshu21,chengji22]= ...
deal(student(:). number, student(:).name, ...
student(1).score(2,1),student(2).score(2,:))
number1 =
    '20050731025'
number2 =
    '20050731026'
name1 =
    '刘志家'
name2 =
    '王玲'
gaoshu21 =
    91
chengji22 =
    81    66    92    78    85    67    81
```

6. 设置结构数组中的域值

（1）直接赋值，其格式如下。

① struct_name.field_name(m,n)= field_value。

② struct_name{i,j}.field_name(m,n) = field_value。

格式①只适用于 1×1 的结构数组，给指定的域赋值。当域为数组时，须指定其行号和列号 m、n，若不指定，须以数组形式赋值。格式②适用于维数高于 1×1 的结构数组，但不能同时给多个域或多个元素赋值。

【例 4.14】 将例 4.4 所创建的结构数组 student 中的'刘志家'修改为'刘志佳'，王玲的学号修改为'20050731028'，王玲第二学期的语文成绩修改为 66。

```
>> student(1).name='刘志佳';
>> student(2).number='20050731028';
>> student(2).score(2,7)=66;
>> student(1).name,student(2).number,student(2).score(2,7)
ans =
    '刘志佳'
ans =
    '20050731028'
ans =
    66
```

（2）利用函数 setfield()赋值，其调用格式如下。

① struct_name =setfield(struct_name,'field', field_value)。

② struct_name =setfield(struct_name,{i,j},'field',{m,n}, field_value)。

格式①等价于 struct_name.field_name(m,n)=field_value，格式②等价于 struct_name{i,j}.field_name(m,n) = field_value。

【例 4.15】 用函数 setfield()重做例 4.14。

```
>> student=setfield(student,{1,1},'name','刘志佳');
>> student=setfield(student,{1,2},'number','20050731028');
>> student=setfield(student,{1,2},'score',{2,7},66);
>> student(1).name,student(2).number,student(2).score(2,7)
ans =
    '刘志佳'
ans =
    '20050731028'
ans =
    66
```

7. 结构数组的域排序

利用 orderfields()函数为结构数组的域排序，其调用格式如下。

（1）struct_name = orderfields(struct_name1)。

（2）struct_name = orderfields(struct_name1, struct_name2)。

（3）struct_name = orderfields(struct_name1,c)。

（4）struct_name = orderfields(struct_name1, perm)。

（5）[struct_name, perm] = orderfields(...)。

格式（1）使结构数组按照 struct_name1 中域名的 ASCII 码顺序排序；格式（2）使结构数组 struct_name1 中的域名按照结构数组 struct_name2 中域名的顺序排序，struct_name2 的域名必须和 struct_name1 的域名相同；格式（3）使结构数组 struct_name1 中的域名按照 c 指定的顺序排序，c 指定的域名必须和 struct_name1 的域名相同；格式（4）使结构数组 struct_name1 中的域名按照 perm 指定的顺序排序，perm 的元素个数必须与结构数组 struct_name1 中的域名个数一致；格式（5）返回按照格式（1）～（4）排序后新的结构数组 struct_name 及排序顺序号 perm。

【例 4.16】 对例 4.4 所创建的 student 结构数组进行如下排序操作，观察其输出结果。

```
>> [snew1, perm1]=orderfields(student)
snew1 =
  包含以下字段的 1×2 struct 数组:
    course
    name
    number
    score
perm1 =
     3
     2
     1
     4
>> [snew2, perm2]=orderfields(student,{'name','number','course',...
'score'})
snew2 =
  包含以下字段的 1×2 struct 数组:
    name
    number
    course
    score
perm2 =
     2
     1
     3
     4
>> [snew3, perm3]=orderfields(student,[2 4 1 3])
```

```
snew3 =
  包含以下字段的 1×2 struct 数组:
    name
    score
    number
    course
perm3 =
     2
     4
     1
     3
     3
>> snew4=orderfields(student,[4 3 1 2])
snew4 =
  包含以下字段的 1×2 struct 数组:
    score
    course
    number
    name
```

8. 结构数组及其域的判定

对结构数组及其域进行判定的格式如下。

（1）tf = isstruct(A)。

（2）tf = isfield(struct_name,field_name)。

格式（1）判断 A 是否为结构数组，是则 tf =1，否则 tf =0；格式（2）判断指定的域名 field _name 是否为结构数组 struct_name 的域，是则 tf =1，否则 tf =0。

【例 4.17】对例 4.4 所创建的 student 结构数组及其域进行如下判定操作，观察其输出结果。

```
>> tf=isstruct(student)
tf =
  logical
     1
>> teacher=['王华' '李永波'];
>> tf=isstruct(teacher)
tf =
  logical
     0
>> tf=isfield(student,'name')
tf =
  logical
     1
```

```
>> tf=isfield(student,'age')
tf =
  logical
    0
```

4.2 元 胞 数 组

元胞数组（Cell Array）与结构数组类似，也是把一组类型、维数不同的数据组织在一起，存储在数组中。与结构数组不同的是，元胞数组中的元素有域及域名，对数组元素数据的访问是通过域名实现的；而元胞数组则是通过圆括号、花括号结合下标区分不同的元胞和元胞元素的。

元胞数组的基本元素是元胞（Cell），每个元胞可以存储不同类型、不同维数的数据，通过下标区分不同的细胞。图4.2所示为2×2元胞数组，其中cell(1,1)是字符数组，cell(1,2)、cell(2,1)、cell(2,2)本身也是元胞数组。

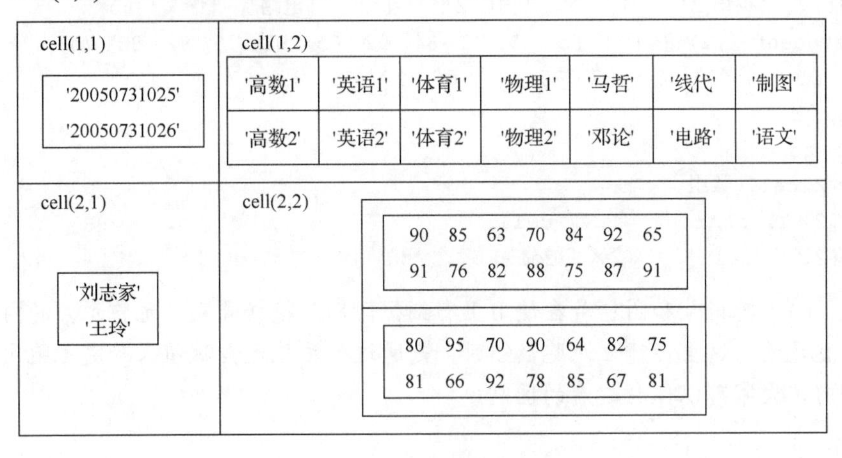

图4.2 2×2元胞数组

4.2.1 元胞数组的创建

创建元胞数组的方法有以下两种。

（1）通过对元胞元素直接赋值创建元胞数组。

（2）利用函数cell()创建元胞数组。

1. 通过对元胞元素直接赋值创建元胞数组

通过对元胞元素直接赋值创建元胞数组的格式为：

cell_name{i,j} = {value}

【例4.18】通过对元胞元素直接赋值创建如图4.2所示的元胞数组。

```
>> student{1,1}=['20050731025';'20050731026'];
```

```
>> student{2,1}={'刘志家';'王玲'};
>> student{1,2}={'高数1' '英语1' '体育1' '物理1' '马哲' '线代' '制图'; ...
'高数2' '英语2' '体育2' '物理2' '邓论' '电路' '语文'};
>> student{2,2}={[90 85 63 70 84 92 65; 91 76 82 88 75 87
91]; ...
[80 95 70 90 64 82 75; 81 66 92 78 85 67 81]};
>> student
student =
  2×2 cell 数组
    [2×11 char]    {2×7 cell}
    {2×1  cell}    {2×1 cell}
```

或者

```
>> student(1,1)={['20050731025';'20050731026']};
>> student(2,1)={{'刘志家';'王玲'}};
>> student(1,2)={{'高数1' '英语1' '体育1' '物理1' '马哲' '线代' '制图'; ...
'高数2' '英语2' '体育2' '物理2' '邓论' '电路' '语文'}};
>> student(2,2)={{[90 85 63 70 84 92 65; 91 76 82 88 75 87 91]; ...
[80 95 70 90 64 82 75; 81 66 92 78 85 67 81]}};
>> student
student =
  2×2 cell 数组
    [2×11 char]    {2×7 cell}
    {2×1  cell}    {2×1 cell}
```

注意：（1）花括号和圆括号在使用上有细微区别：花括号表示元胞元素的内容；圆括号表示元胞元素。这里在建立元胞数组时，是通过给元胞元素赋值来确定元胞元素的。通过以下语句，大家可以体会二者的区别。

```
>> student{1,2}
ans =
  2×7 cell 数组
    {'高数1'}  {'英语1'}  {'体育1'}  {'物理1'}  {'马哲'}  {'线代'}  {'制图'}
    {'高数2'}  {'英语2'}  {'体育2'}  {'物理2'}  {'邓论'}  {'电路'}  {'语文'}
>> student(1,2)
ans =
  1×1 cell 数组
    {2×7 cell}
```

（2）给 student{1,2}、student{2,1}、student{2,2}赋值时使用了元胞数组的嵌套，即这些元胞元素本身就是元胞数组。

（3）student{1,1}与 student{2,1}的元胞元素值同样为字符串，但 student{1,1}中每个字符串的长度相同，所以可以以字符型数组来存储；而 student{2,1}中各字符串的长度不同，所以改为以字符型元胞数组来存储。同理，student{1,2}也以字符型元胞数组来存储。

（4）元胞数组 student 的结构图可以通过函数 cellplot()绘出，如图 4.3 所示。

```
>> cellplot(student)
```

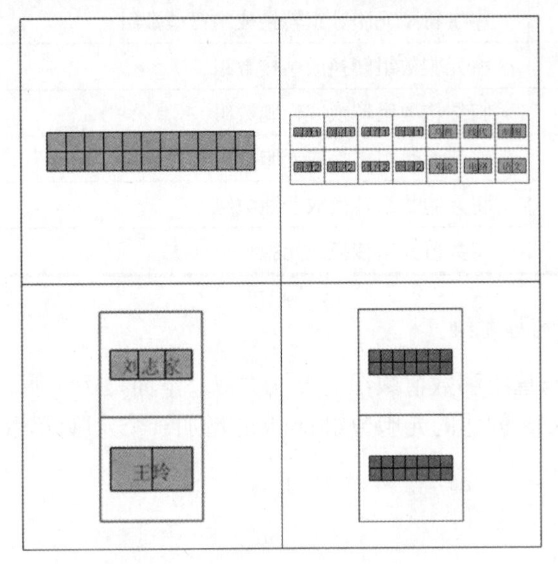

图 4.3　元胞数组 student 的结构图

2. 利用函数 cell()创建元胞数组

通过 cell()函数创建元胞数组的调用格式如下。

（1）cell_name = cell(n)。

（2）cell_name = cell(m,n) 或 cell_name = cell([m n])。

（3）cell_name = cell(m,n,p,...) 或 cell_name = cell([m n p ...])。

（4）cell_name = cell(size(A))。

格式（1）创建一个 $n \times n$ 的空元胞数组；格式（2）创建一个 $m \times n$ 的空元胞数组；格式（3）创建一个 $m \times n \times p \times \cdots$ 的空元胞数组；格式（4）创建一个与 A 维数相同的空元胞数组。可以看出，采用函数 cell()只是创建一个指定大小的元胞数组，仍然需要对元胞数组的元胞元素赋值，方法见前文，在此不再赘述。

4.2.2　元胞数组的操作

元胞数组的相关函数见表 4-2。

表 4-2　元胞数组的相关函数

函数名	说　明
celldisp	显示元胞数组所有元素的内容
iscell	判定是否为元胞数组，是为真，否为假
iscellstr	判定是否为字符型元胞数组，是为真，否为假
cellstr	将字符型数组转换成字符型元胞数组

续表

函数名	说　明
char	将字符型元胞数组转换成字符型数组
cell2struct	将元胞数组转换成结构数组
struct2cell	将结构数组转换成元胞数组
mat2cell	将普通数组转换成元胞数组
cell2mat	将元胞数组转换成普通数组
num2cell	将数值数组转换成元胞数组

1. 元胞数组的扩充与重组

元胞数组的扩充与重组和数值数组的方法类似，下面举例说明。

【例 4.19】对例 4.18 创建的元胞数组 student 增加一个元胞元素(3,1)，其值为'total'。

```
>> student{3,1}='total'
student =
  3×2 cell 数组
    {2×11 char}    {2×7 cell  }
    {2×1  cell}    {2×1 cell  }
    {'total'  }    {0×0 double}
```

【例 4.20】将例 4.19 创建的元胞数组 student 变成 2×3 的元胞数组。

```
>> student=reshape(student,2,3)
student =
  2×3 cell 数组
    {2×11 char}    {'total' }    {2×1 cell  }
    {2×1  cell}    {2×7 cell}    {0×0 double}
```

【例 4.21】对例 4.18 创建的元胞数组 student 进行下列操作，观察其结果。

```
>> student1={['age';'sex'];[]}
student1 =
  2×1 cell 数组
    {2×3 char  }
    {0×0 double}
>> student=[student student1]
student =
  2×3 cell 数组
    {2×11 char}    {2×7 cell}    {2×3 char  }
    {2×1  cell}    {2×1 cell}    {0×0 double}
```

2. *元胞元素的改写与删除*

元胞元素内容的改写只需重新赋值，删除则只需赋以空值即可（用花括号），但不会改变元胞元素的个数。若要删除元胞元素，则需整行或整列删除（用圆括号）。

【例 4.22】 对例 4.21 得到的元胞数组 student，先删除元胞元素(1,3)的内容，然后删除第 3 列的元胞元素。

```
>> student{1,3}=[]
student =
  2×3 cell 数组
    {2×11 char}    {2×7 cell}    {0×0 double}
    {2×1  cell}    {2×1 cell}    {0×0 double}
>> student(:,3)=[]
student =
  2×2 cell 数组
    [2×11 char]    {2×7 cell}
    {2×1  cell}    {2×1 cell}
```

【例 4.23】 对例 4.18 创建的元胞数组 student，将元胞元素(2,1)的值改写为{'刘志佳';'王燕玲'}。

```
>> student{2,1}={'刘志家';'王燕玲'}
student =
  2×2 cell 数组
    [2×11 char]    {2×7 cell}
    {2×1  cell}    {2×1 cell}
>> student{2,1}{1}
ans =
    '刘志佳'
```

3. *元胞数组的数据显示*

可利用函数 celldisp()进行元胞数组的数据显示，调用格式为：

celldisp(cell_name)

【例 4.24】 显示例 4.18 创建的元胞数组 student 的元胞元素数据。

```
>> celldisp(student)
student{1,1}{1} =
20050731025
20050731026
student{2,1}{1} =
刘志家
王玲
student{1,2}{1}{1,1} =
```

```
高数 1
student{1,2}{1}{2,1} =
高数 2
student{1,2}{1}{1,2} =
英语 1
student{1,2}{1}{2,2} =
英语 2
student{1,2}{1}{1,3} =
体育 1
student{1,2}{1}{2,3} =
体育 2
student{1,2}{1}{1,4} =
物理 1
student{1,2}{1}{2,4} =
物理 2
student{1,2}{1}{1,5} =
马哲
student{1,2}{1}{2,5} =
邓论
student{1,2}{1}{1,6} =
线代
student{1,2}{1}{2,6} =
电路
student{1,2}{1}{1,7} =
制图
student{1,2}{1}{2,7} =
语文
student{2,2}{1} =
    90    85    63    70    84    92    65
    91    76    82    88    75    87    91
student{2,2}{2} =
    80    95    70    90    64    82    75
    81    66    92    78    85    67    81
```

4. *元胞数组的访问*

（1）元胞元素的访问，格式为：

$$cell\_name\{i,j\}$$

（2）元胞元素内容的访问，格式为：

$$cell\_name\{i,j\}(m,n)$$

注意花括号和圆括号的使用。

【例 4.25】观察以下对例 4.18 所建元胞数组 student 的操作结果，体会对元胞数组进行访问的方法。

```
>> cell_11=student(1,1)              %获取元胞元素 student(1,1)
cell_11 =
  1×1 cell 数组
    {2×11 char}
>> cell_11a=student{1,1}             %获取元胞元素 student(1,1)存储的字符型数组值
cell_11a =
  2×11 char 数组
    '20050731025'
    '20050731026'
>> cell_111=student{1,1}(1,:)        %获取元胞元素 student(1,1)存储的字符型数组中
                                     %的第 1 行字符串
cell_111 =
    '20050731025'
>> cell_1114=student{1,1}(1,4)       %获取元胞元素 student(1,1)存储的字符型数组中
                                     %的第 1 行字符串的第 4 个字符
cell_1114 =
    '5'
>> cell_12=student(1,2)              %获取元胞元素 student(1,2)
cell_12 =
  1×1 cell 数组
    {2×7 cell}
>> cell_12a=student{1,2}             %获取元胞元素 student(1,2)的所有子元胞元素
cell_12a =
  2×7 cell 数组
    {'高数 1'}  {'英语 1'}  {'体育 1'}  {'物理 1'}  {'马哲'}  {'线代'}  {'制图'}
    {'高数 2'}  {'英语 2'}  {'体育 2'}  {'物理 2'}  {'邓论'}  {'电路'}  {'语文'}
>> cell_1222=student{1,2}(2,2)       %获取元胞元素 student(1,2)的子元胞元素
                                     %(2,2)存储的字符型元胞数组值
cell_1222 =
  1×1 cell 数组
    {'英语 2'}
>> cell_1222c=student{1,2}{2,2}          %获取元胞元素 student(1,2)的子元胞元素
                                         %{2,2}存储的字符型元胞数组中的字符串
cell_1222c =
    '英语 2'
>> cell_1222c1=student{1,2}{2,2}(1)      %获取元胞元素 student(1,2)的子元胞元素
                                         %(2,2)存储的字符型元胞数组中的字符串的第 1 个字符
```

```
cell_1222c1 =
    '英'
>> cell_22=student(2,2)          %获取元胞元素 student(2,2)
cell_22 =
  1×1 cell 数组
    {2×1 cell}
>> cell_22=student{2,2}          %获取元胞元素 student(2,2)的子元胞元素
cell_22 =
  2×1 cell 数组
    {2×7 double}
    {2×7 double}
>> cell_221=student{2,2}(1)      %获取元胞元素 student(2,2)的子元胞元素(1)
cell_221 =
  1×1 cell 数组
    {2×7 double}
>> cell_221a=student{2,2}{1}     %获取元胞元素 student(2,2)的子元胞元素(1)
                                 %存储的数值数组值
cell_221a =
    90    85    63    70    84    92    65
    91    76    82    88    75    87    91
>> cell_2211=student{2,2}{1}(1,:)  %获取元胞元素 student(2,2) 的子元胞元素(1)
                                   %存储的数值数组中的第 1 行元素值
cell_2211 =
    90    85    63    70    84    92    65
>> cell_22112=student{2,2}{1}(1,2) %获取元胞元素 student(2,2)的子元胞元素(1)
                                   %存储的数值数组中的第 1 行第 2 列元素值
cell_22112 =
    85
```

5. 元胞数组和字符型元胞数组的判定

（1）元胞数组的判定，格式为：

tf = iscell(A)

（2）字符型元胞数组的判定，格式为：

tf = iscellstr(A)

【例 4.26】 观察元胞数组和字符型元胞数组判定的操作结果。

```
>> data1=[1 2 3;4 5 6];
>> data2={'123';'456'};
>> data={data1 data2};
>> tf1=iscell(data1)
```

```
tf1 =
  logical
     0
>> tfs1=iscellstr(data1)
tfs1 =
  logical
     0
>> tf2=iscell(data2)
tf2 =
  logical
     1
>> tfs2=iscellstr(data2)
tfs2 =
  logical
     1
>> tf=iscell(data)
tf =
  logical
     1
>> tfs=iscellstr(data)
tfs=
  logical
     0
```

6. 元胞数组与其他数组之间的转换

（1）字符型元胞数组与字符型数组之间的转换。

① 将字符型数组转换成字符型元胞数组，格式为：

cell_name = cellstr(char_name)

② 将字符型元胞数组转换成字符型数组，格式为：

char_name = char(cell_name)

由于字符型数组要求所有字符串长度相同，因此，当字符型元胞数组转换成字符型数组时，将按照字符型元胞元素的最大长度自动以空格补齐不足的字符长度。

【例 4.27】 观察字符型元胞数组与字符型数组之间的转换。

```
>> char_1=['姓名';'编号';'性别';'年龄']
char_1 =
  4×2 char 数组
    '姓名'
    '编号'
    '性别'
    '年龄'
```

```
>> cell_1=cellstr(char_1)
cell_1 =
  4×1 cell 数组
    {'姓名'}
    {'编号'}
    {'性别'}
    {'年龄'}
>> cell_2={'姓名' '借书日期' '借书数'}
cell_2 =
  1×3 cell 数组
    {'姓名'}    {'借书日期'}    {'借书数'}
>> char_2=char(cell_2)
char_2 =
  3×4 char 数组
    '姓名  '
    '借书日期'
    '借书数 '
>> len_21=length(char_2(1,:))
len_21 =
     4
>> len_22=length(char_2(2,:))
len_22 =
     4
>> len_23=length(char_2(3,:))
len_33 =
     4
```

（2）元胞数组与结构数组之间的转换。

① 将元胞数组转换成结构数组，格式为：

struct_name = cell2struct (cell_name, fields,dim)

② 将结构数组转换成元胞数组，格式为：

cell_name = struct2cell (struct _name)

由于结构数组有域及记录数，因此，当元胞数组转换成结构数组时，需指定所转换结构数组的域名（fields）及记录数（dim）。

【例 4.28】观察元胞数组与结构数组之间的转换。

```
>> cell_1 = {'刘志家','男',20;  '王玲','女',19}
cell_1 =
  2×3 cell 数组
    {'刘志家'}    {'男'}    {[20]}
    {'王玲' }    {'女'}    {[19]}
>> struct_1=cell2struct(cell_1,{'name','sex','age'},2)
```

```
struct_1 =
  包含以下字段的 2×1 struct 数组:
    name
    sex
    age
>> struct_1(1)
ans =
  包含以下字段的 struct:
    name: '刘志家'
     sex: '男'
     age: 20
>> struct_1(2)
ans =
  包含以下字段的 struct:
    name: '王玲'
     sex: '女'
     age: 19
>> cell_2=struct2cell(struct_1)
cell_2 =
  3×2 cell 数组
    {'刘志家'}    {'王玲'}
    {'男'   }    {'女'  }
    {[   20]}    {[  19]}
```

（3）元胞数组与普通数组之间的转换。

① 将普通数组转换成元胞数组，格式为：

cell_name = mat2cell(x,m,n)

② 将元胞数组转换成普通数组，格式为：

x = cell2mat(cell_name)

格式①是将普通数组 x 转换成元胞数组 cell_name，由于每个元胞元素可以存储普通数组的多个元素，因此普通数组转换成元胞数组时，需指定所转换元胞数组的各元胞元素的维数 m、n，并且各元胞元素存储的普通元素个数之和，应与普通数组元素个数之和相等，即 m、n 的元素个数分别为转换成的元胞数组的行数和列数；m 的元素值之和为普通数组的行数，n 的元素值之和为普通数组的列数，省略 n 表示将普通数组转换成单列元胞数组。

【例 4.29】 观察元胞数组与普通数组之间的转换。

```
>> a=[1 2 3 4; 5 6 7 8; 9 10 11 12]
a =
     1     2     3     4
     5     6     7     8
     9    10    11    12
>> c=mat2cell(a,[1,2],[3,1])
```

```
c =
  2×2 cell 数组
    {[  1 2 3]}    {[      4]}
    {2×3 double}    {2×1 double}
>> celldisp(c)
c{1,1} =
     1     2     3
c{2,1} =
     5     6     7
     9    10    11
c{1,2} =
     4
c{2,2} =
     8
    12
>> c=mat2cell(a,[1,2],[4])
c =
  2×1 cell 数组
    {[ 1 2 3 4]}
    {2×4 double}
>> c=mat2cell(a,[1,1,1])
c =
  3×1 cell 数组
    {[   1 2 3 4]}
    {[   5 6 7 8]}
    {[9 10 11 12]}
>> a1=cell2mat(c)
a1 =
     1     2     3     4
     5     6     7     8
     9    10    11    12
```

（4）数值型数组转换为元胞数组，其格式为：

cell_name = num2cell(x,dims)

对于 $m \times n$ 的数值型数组 x，省略 dims，表示将数值型数组的每个元素转换成一个独立的元胞元素；若 dims=1，则表示将数值型数组的每一列转换成一个元胞元素，转换成的元胞数组为 1 行；若 dims=2，则表示将数值型数组的每一行转换成一个元胞元素，转换成的元胞数组为 1 列；若 dims=[1,2]，则表示将整个数值型数组转换成一个元胞元素。

【例 4.30】观察数值型数组转换成元胞数组的方法。

```
>> a=[1 2 3 4; 5 6 7 8; 9 10 11 12]
a =
     1     2     3     4
```

```
     5     6     7     8
     9    10    11    12
>> c1=num2cell(a)
c1 =
  3×4 cell 数组
    {[1]}    {[ 2]}    {[ 3]}    {[ 4]}
    {[5]}    {[ 6]}    {[ 7]}    {[ 8]}
    {[9]}    {[10]}    {[11]}    {[12]}
>> c2=num2cell(a,1)
c2 =
  1×4 cell 数组
    {3×1 double}    {3×1 double}    {3×1 double}    {3×1 double}
>> celldisp(c2)
c2{1} =
     1
     5
     9
c2{2} =
     2
     6
    10
c2{3} =
     3
     7
    11
c2{4} =
     4
     8
    12
>> c3=num2cell(a,2)
c3 =
  3×1 cell 数组
    {[   1 2 3 4]}
    {[   5 6 7 8]}
    {[9 10 11 12]}
>> celldisp(c3)
c3{1} =
     1     2     3     4
c3{2} =
     5     6     7     8
c3{3} =
     9    10    11    12
```

```
>> c4=num2cell(a,[1,2])
c4 =
  1×1 cell 数组
    {3×4 double}
>> celldisp(c4)
c4{1} =
     1     2     3     4
     5     6     7     8
     9    10    11    12
```

4.2.3 结构元胞数组

如果将元胞数组的元胞元素作为结构数组名，则该元胞数组就变成了结构元胞数组，可以将具有不同域结构的结构数组存储在一起，以便用户进行复杂设计。

【例 4.31】结构元胞数组举例。

```
>> clear all
>> c_strct{1}.number='20050731025';
>> c_strct{1}.student={'刘志家'};
>> c_strct{1}.course={'英语' '高数'};
>> c_strct{1}.score=[86 90];
>> c_strct{2}.ID=[1 2];
>> c_strct{2}.teacher={'王芳' '李小明'};
>> c_strct{2}.course={'英语' '高数'};
>> c_strct
c_strct =
  1×2 cell 数组
    {1×1 struct}    {1×1 struct}
>> c_strct{1}
ans =
  包含以下字段的 struct:
     number: '20050731025'
    student: {'刘志家'}
     course: {'英语'  '高数'}
      score: [86 90]
>> c_strct{2}
ans =
  包含以下字段的 struct:
         ID: [1 2]
    teacher: {'王芳'  '李小明'}
     course: {'英语'  '高数'}
```

可以看出，得到的结构元胞数组 c_strct 是包含了两个结构数组的元胞数组，每个结构数组具有不同的域。

4.3 本 章 小 结

结构数组和元胞数组是 MATLAB 的两种重要的数据类型。结构数组常用于各种不一致的数据且以不同的域进行区分使用的情况；元胞数组则可用于任意数据混合使用的情况，包括结构数组也可纳入其中。结构数组和元胞数组本身还可嵌套使用，从而构成复杂的数据结构，以便用户进行复杂设计。

使用结构数组和元胞数组，应掌握其创建方法和基本操作方法，特别是对其存储数据的访问方法，对于元胞数组尤其要注意花括号和圆括号的差别。结构数组和元胞数组在一定情况下可以直接进行运算或处理，有关内容可查阅其他参考书。

本 章 习 题

1. 填空题

（1）结构数组元素是__________类型数据，元胞数组元素是__________类型数据。

（2）结构数组名与域名之间以__________间隔，同一域的数据类型__________。

（3）创建结构数组可以对__________直接赋值和采用函数__________，当采用函数创建时，可以一次给多个元素赋值，此时，各元素值应以__________括号括起来，如果某个__________的值都相同，则可以只输入一次。

（4）创建元胞数组可以对__________直接赋值或采用函数__________，采用函数创建的元胞数组所有元素的值为__________。

（5）删除域名的函数是__________，删除结构数组元素的方法是__________。

（6）利用函数__________可以得到结构数组的域名，利用函数__________可以得到结构数组的域值，利用__________可以访问结构数组的元素。

（7）将元胞元素赋以空值可以__________，如果要从元胞数组中删除某个元胞元素，则需要__________赋以空值。

（8）利用花括号和下标可以得到元胞数组的__________，利用圆括号和下标可以得到元胞数组的__________。

（9）结构元胞数组的元素是__________类型数据，元素值是__________。

2. 选择题

（1）在 MATLAB“命令行”窗口中输入语句：

```
>> teacher=struct('name',{'John','Smith'},'age',{25,30});
```

现需将结构数组 teacher 的第一个 age 域值修改为 35，则应使用（　　）。

A．setfield(teacher,'age(1)',35)　　　B．teacher(1) = setfield(teacher(1),'age',35)

C．teacher(1).age = 35　　　D．teacher = (teacher. age(1) = 35)

（2）对于选择题（1）创建的结构数组 teacher，若进行下列操作，其结果为（　　）。

```
>> fieldnames(teacher)
```

A. ans =
'name'
'age'

B. ans =
name
age

C. ans =
name: 'John'
age: 25

D. ans =
name: 'Smith'
age: 30

（3）对于选择题（1）创建的结构数组 teacher，若需要引用 Smith 的年龄，可以使用（　　）。

A. getfield(teacher,'age(2)')　　B. getfield(teacher(2),'age')
C. teacher.age(2)　　D. teacher(2).age

（4）在 MATLAB“命令行”窗口中输入语句：

```
>> teacher =struct('name',{'John','Smith'},'age',{25,30});
```

再输入 a1=teacher(1)的结果为（　　），输入 a2=teacher(1).name 的结果为（　　）。

A. a1 =
name: 'John'
age: 25

B. a1 =
name: John
age: 25

C. a2 =
John

D. a2 =
'John'

（5）在 MATLAB“命令行”窗口中输入语句：

```
>> teacher1=struct('name',{'John','Smith'},'age',{25,30});
>> teacher2=struct('name',{'John','Smith'},'age',{'25','30'});
```

再输入 a1=teacher1(1).age(2)的结果为（　　），输入 a1=teacher2(1).age(2)的结果为（　　），输入 a1= teacher1(1).age 的结果为（　　），输入 a1= teacher2(1).age 的结果为（　　）。

A. a1 =
25

B. a1 =
30

C. 出错信息

D. a1 =
5

3. 综合题

（1）以表 4-3、表 4-4 中 2023 电子班的学生和任课教师信息，建立如图 4.4 所示的结构数组 teacher23 和 student23，并显示各结构数组的所有域值。

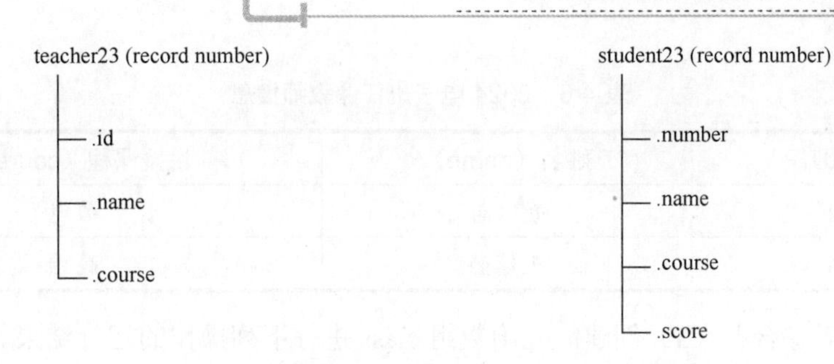

图 4.4　结构数组 teacher23 和 student23 的结构

表 4-3　2023 电子班学生信息

学号（number）	姓名（name）	学习课程（course）	成绩（score）
20230731021	张小霞	高数、电路、模电	70、87、78
20230731031	郭凯	高数、电路、模电	82、90、88
20230731036	周明辉	高数、电路、模电	88、92、91

表 4-4　2023 电子班任课教师信息

编号（id）	姓名（name）	讲授课程（course）
xx010	黎明	高数
xx016	王佳薇	电路、模电

（2）以综合题（1）建立的结构数组 teacher23 和 student23 创建如图 4.5 所示的结构元胞数组 class23_strct，并显示所有教师和学生的信息。

cell(1,1) teacher23 (struct)	**cell(1,2)** student23 (struct)

图 4.5　1×2 结构元胞数组 class23_strct

（3）以表 4-5、表 4-6 中 2024 电子班的学生信息和任课教师，按照综合题（1）的方法建立结构数组 teacher24 和 student24，按照综合题（2）的方法建立结构元胞数组 class24_strct，然后创建元胞数组 class，其元素为 class23_strct 和 class24_strct。

表 4-5　2024 电子班学生信息

学号（number）	姓名（name）	学习课程（course）	成绩（score）
20240734005	王雪梅	数电、高频	75、80
20240734036	高志刚	数电、高频	56、65

表 4-6　2024 电子班任课教师信息

编号（id）	姓名（name）	讲授课程（course）
xx012	姚大志	数电
xx016	王佳薇	高频

（4）写出对综合题（3）创建的元胞数组 class 进行下列操作的运行结果。

```
>> celldisp(class)
>> class{2}
>> class(2)
>> class{2}(2)
>> class{2}{2}
>> class{2}{2}
>> class{2}{2}(2)
>> class{2}{2}(2).name,class{2}{2}(2).course,class{2}{2}(2).score
>> class{2}{2}(2).score(1)=85;class{2}{2}(2).course(1),...
   class{2}{2}(2).score(1)
```

第5章

MATLAB 符号运算

教学提示

MATLAB 的符号数学工具箱与一般专业工具箱不同，本质上讲，它仍是一个负责一般数学运算的工具箱，但它又与一般高级语言旨在求得数学运算的数值解的方法和思想不同。因为它引入了符号对象，并使用符号对象或字符串来进行符号分析和运算。符号数学工具箱的分析对象是符号，它的结果形式也是符号或者解析形式。它能以解析形式求得函数的极限、微分、积分以及方程的解，这恰恰与我们在学习数学课程时的演算结果从形式上达成一致。这种符号运算能力是 MATLAB 特有而一般高级语言未涉及的。

教学要求

了解 MATLAB 符号对象及其各种形式，掌握符号表达式的化简运算，掌握用 MATLAB 实现符号微积分运算和解方程。

5.1 符号对象及其表达方式

本章之前的 3 章，主要以数值为运算对象讨论了 MATLAB 的数值计算，数值运算在运算前必须先对变量赋值，再进行运算。本章准备在引入符号对象的概念之后，以符号对象为运算对象来介绍 MATLAB 的符号运算，符号运算不需要对变量赋值就可以运算，运算结果以标准的符号形式表达。对 MATLAB 符号运算的介绍将以符号数学工具箱提供的一系列符号运算函数为依据展开。

命令 sym 可以创建符号数字、变量、表达式、函数和矩阵，命令 syms 可以创建符号变量、函数、矩阵变量和矩阵函数。相关用法在以下相关小节里以实例说明。

5.1.1 创建符号数字

可以利用命令 sym 定义符号数字，符号数字用精确的有理形式而不是浮点数字表示。

【例 5.1】比较符号数字和相应的浮点数字。

```
>> sym(1/3)                              %数值常量
ans =
1/3                                      %符号结果显示不会缩进
>> 1/3
ans =
    0.3333                               %标准的数值结果显示有缩进
>> sin(sym(pi))
ans =
0                                        %对符号数字的计算是准确值
>> sin(pi)
ans =
      1.2246e-16                         %数值计算结果是近似值
```

利用命令 sym 将数字转为符号数字时，命令 sym 的位置不同，会导致的结果精确度不同。

【例 5.2】利用命令 sym 将数字转为符号数字。

```
>> sym(1/123456)
ans =
1195356666259043/147573952589676412928          %结果不精确
>> 1/sym(123456)
ans =
1/123456                                        %结果精确
>> sym(exp(pi))
ans =
6513525919879993/281474976710656                %结果不精确
>> exp(sym(pi))
ans =
exp(pi)                                         %结果精确
```

5.1.2 创建符号变量

符号变量可以用命令 sym 或 syms 创建，如果定义多个符号变量，用命令 syms 可以一条语句完成，但用命令 sym 需要一个一个来定义。如果要定义一个符号变量，它的值是数字，则只能用命令 sym 来定义。

【例 5.3】分别用命令 sym 和命令 syms 定义两个变量 x 和 y。

```
>> sym('x')
ans =
x
>> sym('y')
ans =
```

```
y
>> syms x y           %不会有显示，但此后用到的 x 和 y 都为符号变量
```

【例 5.4】定义一个符号变量，它的值是数字 5。

```
>> x=sym(5)
x=
5                     %显示没有缩进，说明 5 用符号变量 x 表示，x 也是符号常量
```

5.1.3　创建符号向量

在 MATLAB 中，可以用命令 sym 或 syms 定义一个符号数组或向量，两者有区别。

【例 5.5】利用命令 sym 定义一个符号向量 ***A***，***A***=[*a*1,*a*2,*a*3,*a*4]。

```
>> clear all
>> A=sym('a',[1 4])
A =
[a1,a2,a3,a4]
>> whos
Name      Size          Bytes    Class     Attributes
 A        1x4            8        sym
```

【例 5.6】利用命令 syms 定义一个 1×4 的符号向量。

```
>> clear all
>> syms a [1 4]
>> a
a=
[a1, a2, a3, a4]
>> whos
Name      Size          Bytes    Class    Attributes
  a        1x4            8       sym
  a1       1x1            8       sym
  a2       1x1            8       sym
  a3       1x1            8       sym
  a4       1x1            8       sym
```

例 5.4 和例 5.5 的一个明显的区别是占用的工作区空间的不同，命令 syms 建立的向量每个元素及整体都是符号变量，而命令 sym 建立的向量整体是一个符号变量。

5.1.4　创建符号矩阵

【例 5.7】用命令 sym 构造符号矩阵。

```
>> A=sym('A',[2 3])
A =
[A1_1, A1_2, A1_3]
```

```
[A2_1, A2_2, A2_3]
```

【例 5.8】用命令 syms 构造符号矩阵。

```
>> syms A [2 3]
>> A
A=
[A1_1, A1_2, A1_3]
[A2_1, A2_2, A2_3]
```

在工作区中可看到以上两例的区别。

【例 5.9】用命令 sym 将数值矩阵转换成符号矩阵。

```
>> M=[1.1, 1.2, 1.3; 2.1, 2.2, 2.3; 3.1, 3.2, 3.3]
M =
    1.1000    1.2000    1.3000
    2.1000    2.2000    2.3000
    3.1000    3.2000    3.3000
>> S=sym(M)
S=
[11/10,     6/5,    13/10]
[21/10,    11/5,    23/10]
[31/10,    16/5,    33/10]
```

如果数值矩阵的元素可以指定为小的整数之比，则命令 sym 将采用有理分式表示元素。如果元素是无理数，则命令 sym 将用符号浮点数表示元素。

```
>> A=[sin(1)  cos(2)]
A=
    0.8415  -0.4161
>> sym(A)
ans=
[3789648413623927/4503599627370496,-7496634952020485/18014398509481984]
```

用函数 size()可以得到符号矩阵的大小（即行、列数）。函数返回数值或向量，而不是符号表达式。

【例 5.10】用函数 size()求符号矩阵的大小。

```
>> s=size(A)
s=
    1         2
>> [s_r,s_c]=size(A)
s_r=
    1
s_c=
    2
```

```
>> s_r=size(A,1)
s_r=
   1
>> s_c=size(A,2)
s_c=
   2
```

5.1.5　创建符号表达式

由符号对象参与运算的表达式即是符号表达式。例如，一个函数 x^2，或者 $x+y$ 等。创建符号表达式时要么先用命令 syms 定义符号变量，然后直接赋值；要么直接用 str2sym() 函数。

【例 5.11】创建符号表达式。

```
>> syms x y z r s t;
>> x^2+2*x+1
ans =
x^2 + 2*x + 1
>> exp(y)+exp(z)^2
ans =
exp(2*z) + exp(y)
>> f1= r^2+sin(x)+cos(y)+log(s)+exp(t)
f1 =
r^2 + exp(t) + cos(y) + log(s) + sin(x)
>> f2=sym(r^2+sin(x)+cos(y)+log(s)+exp(t))
f2 =
r^2 + exp(t) + cos(y) + log(s) + sin(x)
```

【例 5.12】创建符号表达式 $z=x+y$。

```
>> syms x y
>> z=x+y
z=
x + y
>> z2=str2sym('x+y')
z2 =
x + y
```

注意：不能用 z3=sym('x+y')，命令 sym 对第一次出现的向量或表达式只能定义为符号变量或数字，其中不能带有运算符。

5.1.6　创建符号函数

可以利用 symfun()函数创建符号函数，其调用格式有两种，分别为：

（1）f(inputs)=formula。

（2）f=symfun(formula,inputs)。

其中，（2）是定义一个符号函数的正式方法。

【例 5.13】定义一个符号函数 $f=x^2+y$。

```
>> syms f(x,y)                          %改为 syms  x,y 也可以
>> f(x,y)=x^2+y
f(x, y) =
x^2 + y
>> syms x y
>> f=symfun(x^2+y,[x y])                %注意区别两种语法
f(x, y) =
x^2 + y
```

5.2 符号算术运算

MATLAB 的符号算术运算主要是针对符号对象的加、减、乘、除运算，其运算法则和运算符号与第 3 章介绍的数值运算相同，其不同点在于参与运算的对象和运算所得结果是符号的而非数值的。

5.2.1 符号对象的加减

A+B、A−B 可分别用来求 A 和 B 两个符号数组的加法与减法。当 A 与 B 为同型数组时，A+B、A−B 分别按对应元素进行加减；若 A 与 B 中至少有一个为标量，则把标量扩大为数组，其大小与相加的另一数组同型，再按对应的元素进行加减。

【例 5.14】求两个符号表达式的和与差。

$$f=2x^2+3x-5 \qquad g=x^2-x+7$$

```
>> syms x fx gx            % 定义符号变量和符号表达式
>> fx=2*x^2+3*x-5
fx =
2*x^2 + 3*x - 5
>> gx=x^2-x+7
gx =
x^2 - x + 7
>> fx+gx
ans =
3*x^2 + 2*x + 2
>> fx-gx
ans =
x^2 + 4*x - 12
```

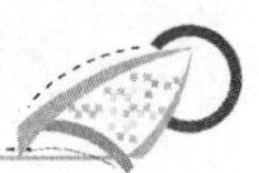

【例 5.15】两个符号矩阵的加减运算。

```
>> syms a b c d e f g h;
>> A=[a b;c d];B=[e f;g h];
>> A+B
ans =
[a+e, b+f]
[c+g, d+h]
>> A-B
ans =
[a - e, b - f]
[c - g, d - h]
```

【例 5.16】两个符号函数的组合运算。

```
>> syms f(x) g(x)
>> f(x)=2*x^2-x;
>> g(x)=3*x^2+2*x;
>> h(x)=[f(x);g(x)]
h(x) =
  2*x^2 - x
3*x^2 + 2*x
>> h(1)
ans=
1
5
```

5.2.2 符号对象的乘除

A*B、A/B 可分别用来求 A 和 B 两个符号矩阵的乘法与除法。A.*B 则用来实现两个符号数组的乘法。其中矩阵除法也可用来求符号线性方程组的解。

【例 5.17】符号矩阵与数组的乘除运算。

```
>> syms a b c d e f g h;
>> A=[a b; c d];
>> B=[e f; g h];
>> C1=A.*B
C1 =
[a*e,  b*f]
[c*g,  d*h]
>> C2=A*B/A
C2 =
[-(a*c*f - a*d*e + b*c*h - b*d*g)/(a*d - b*c), (a^2*f - b^2*g - a*b*e + a*b*h)/(a*d - b*c)]
```

```
[-(c^2*f - d^2*g - c*d*e + c*d*h)/(a*d - b*c), (a*c*f - b*c*e + a*d*h - b*d*g)/(a*d - b*c)]
>> C3=A.*A-A^2
[            -b*c, b^2-b*d - a*b]
[c^2 - c*d - a*c,            -b*c]
>> syms a11  a12  a21  a22  b1  b2;
>> A=[a11 a12; a21 a22];
>> B=[b1 b2];
>> X=B/A;                          %求符号线性方程组 X*A=B 的解
>> x1=X(1)
x1=
-(a21*b2 - a22*b1)/(a11*a22 - a12*a21)
>> x2=X(2)
x2 =
(a11*b2 - a12*b1)/(a11*a22 - a12*a21)
```

【例 5.18】已知多项式 $f(x)=3x^5-x^4+2x^3+x^2+3$ 和 $g(x)=\frac{1}{3}x^3+x^2-3x-1$，求两个多项式的积和商。

```
>> syms x fx gx
>> fx=3*x^5-x^4+2*x^3+x^2+3
fx =
3*x^5 - x^4 + 2*x^3 + x^2 + 3
>> gx=1/3*x^3+x^2-3*x-1
gx =
x^3/3 + x^2 - 3*x - 1
>> fx*gx
ans =
-(- x^3/3 - x^2 + 3*x + 1)*(3*x^5 - x^4 + 2*x^3 + x^2 + 3)
>> expand(fx*gx)                    %展开积的符号表达式
ans =
x^8 + (8*x^7)/3 - (28*x^6)/3 + (7*x^5)/3 - 4*x^4 - 4*x^3 + 2*x^2 - 9*x - 3
>> fx/gx
ans =
-(3*x^5 - x^4 + 2*x^3 + x^2 + 3)/(- x^3/3 - x^2 + 3*x + 1)
>> expand(fx/gx)                    %展开商的符号表达式
ans =
x^4/(- x^3/3 - x^2 + 3*x + 1) - x^2/(- x^3/3 - x^2 + 3*x + 1) - (2*x^3)/(- x^3/3 - x^2 + 3*x + 1) - 3/(- x^3/3 - x^2 + 3*x + 1) - (3*x^5)/(- x^3/3 - x^2 + 3*x + 1)
```

5.3 默认符号变量与表达式化简

5.3.1 表达式、函数或矩阵中的符号变量查找

利用 symvar()函数可以找出表达式、函数或矩阵中的符号变量。

【例 5.19】 找出符号表达式 f 和 g 中所有的符号变量。

```
>> syms a b x n t
>> f=x^n;
>> g=sin(a*x+t+b);
>> symvar(f)
ans=
[n,x]                    %symvar 将返回的符号变量按字母表顺序列出来
>> symvar(g)
ans=
[a,b,t,x]
```

利用函数 symvar(f,n)也可以指定返回的符号变量个数。

【例 5.20】 找出例 5.19 中符号表达式 g 中前两个符号变量。

```
>> symvar(g,2)
ans=
[t,x]
```

注意，此处返回的不是 a 和 b，而是从表达式中挑选开头字母最靠近 x 的两个符号变量。若表达式中有 x，返回的变量一定包含 x。如果用语句 symvar(g,1)，则表示寻找表达式中的默认符号变量，返回结果根据情况确定。如果表达式中含有 x，则默认符号变量就是 x；如果表达式中没有符号变量 x，就从表达式中挑选开头字母最靠近 x 的符号变量作为默认符号变量；如果表达式中有与 x 前后等距的两个字母符号变量时，选择排序在 x 后面的那一个。例如，表达式中没有 x，但同时有 w 和 y 两个符号变量，则首选 y。

【例 5.21】 找出以下符号表达式中的默认符号变量。

```
>> syms x s w y sx tx
>> f1=s+w;
>> symvar(f1,1)
ans=
w
>> f2=s+2*x+3*w;
>> symvar(f2,1)
ans=
x
```

```
>> g1=w+2*y;
>> symvar(g1,1)
ans=
y
>> g2=sx+tx;
>> symvar(g2,1)
ans=
tx
```

利用 symvar()函数查找符号函数中的符号变量，返回的结果跟符号表达式中的不同。

【例 5.22】查找符号函数中的符号变量。

```
>> syms x y w z
>> f(w,z)=x*w+y*z;
>> S1=symvar(f)                %返回函数 f 中所有的符号变量
S1 =
[w z x y]                      %函数的输入变量排在其他符号变量前面
>> S2=symvar(f,2)
S2 =
[w,z]
>> S3=symvar(f,3)
S3=[w,z,x]                     %首选的依然是函数的输入变量，其余的遵照表达式的规则
```

5.3.2 表达式化简

MATLAB 提供了化简和美化符号表达式的各种函数，具体有：合并同类项函数(collect())、多项式展开函数(expand())、因式分解函数(factor())、一般化简函数(simplify())、通分函数（numden()）和表达式美化函数（pretty())。下面举例加以说明。

1. 合并同类项函数（collect()）

函数 collect()调用的格式有以下两种。

（1）R = collect(S)：对于多项式 S 按默认独立变量的幂次降幂排列。

（2）R = collect(S,v)：对于多项式 S 按指定的对象 v 降幂排列。

【例 5.23】已知表达式 $f = x^2y + xy - x^2 - 2x$，$g = -\frac{1}{4}xe^{-2x} + \frac{3}{16}e^{-2x}$，试将 f 按变量 x 进行降幂排列，将 g 按 e^{-2x} 进行降幂排列。

```
>> syms x y a b c
>> f=x^2*y+y*x-x^2-2*x;
>> g=-1/4*x*exp(-2*x)+3/16*exp(-2*x);
>> fx=collect(f)          %按 x 对 f 进行降幂排列
fx =
(y - 1)*x^2 + (y - 2)*x
```

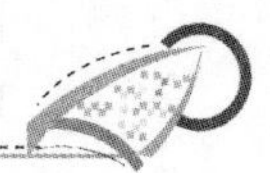

```
>> gepx=collect(g,exp(-2*x))
gepx =
(3/16 - x/4)*exp(-2*x)
```

2. 多项式展开函数（expand()）

利用函数 expand()来展开符号表达式。其调用格式为：

$$R = \text{expand}(S)$$

该函数对符号表达式 S 中每个因式的乘积进行展开计算，通常用于计算多项式函数、三角函数、指数函数与对数函数等表达式的展开式。

【例 5.24】多项式展开示例。

```
>> syms x y a b c t
>> E1=expand((x-2)*(x-4)*(y-t))
E1 =
8*y - 8*t + 6*t*x - 6*x*y - t*x^2 + x^2*y
>> E2=expand(cos(x+y))
E2 =
cos(x)*cos(y) - sin(x)*sin(y)
>> E3=expand(exp((a+b)^3))
E3 =
exp(a^3)*exp(b^3)*exp(3*a*b^2)*exp(3*a^2*b)
>> E4=expand(log(a*b/sqrt(c)))
E4 =
log((a*b)/c^(1/2))
>> E5=expand([sin(2*t), cos(2*t)])
E5 =
[2*cos(t)*sin(t), 2*cos(t)^2 - 1]
>> E6=expand((x+1)^3)
E6 =
x^3 + 3*x^2 + 3*x + 1
```

3. 因式分解函数（factor()）

利用函数 factor()来进行符号表达式的因式分解。其调用格式为：

$$\text{factor}(X)$$

参量 X 可以是正整数、符号表达式数组或符号整数数组。若 X 为一正整数，则 factor(X)返回 X 的质数分解式。若 X 为多项式，则 factor(X)返回 X 的各因式。X 不能为矩阵。

【例 5.25】因式分解示例。

```
>> syms a b x y
>> F1=factor(x^4-y^4)
```

```
F1 =
[x - y, x + y, x^2 + y^2]
>> F2=factor(sym('12345678901234567890'))
F2 =
[2, 3, 3, 5, 101, 3541, 3607, 3803, 27961]
```

4. 一般化简函数（simplify()）

MATLAB 提供的一般化简函数 simplify()充分考虑了符号表达式中的各种运算法则，并充分考虑了各种特殊函数（如三角函数、指数函数、对数函数、Bessel 函数、Gamma 函数等）的运算性质，经计算机比较后给出表达式相对简单的一种化简方法。一般化简法在符号表达式的化简中有着广泛的应用。其调用的格式为：

R = simplify(S)

使用 MAPLE 软件中的化简规则，将化简符号矩阵 S 中每一个元素。

【例 5.26】 用函数 simplify()化简符号表达式。

```
>> syms x a b c y
>> R1=simplify(sin(x)^4 + cos(x)^4)
R1 =
cos(4*x)/4 + 3/4
>> R2=simplify(exp(c*log(sqrt(a+b))))
R2 =
(a + b)^(c/2)
>> S=[(x^2+5*x+6)/(x+2),sqrt(16)];
>> R3=simplify(S)
R3 =
[x + 3, 4]
>> simplify(log(2*x/y))
ans=
log((2*x)/y)
>> simplify(sin(x)^2+3*x+cos(x)^2-5)
ans=
3*x - 4
>> simplify((-a^2+1)/(1-a))
ans=
a + 1
>> simplify([(x^2+5*x+6)/(x+2),sin(x)*sin(2*x)+cos(x)*cos(2*x);...
        (exp(-x*1i)*1i)/2-(exp(x*1i)*1i)/2, sqrt(16)])
ans=
[x + 3, cos(x)]
[sin(x),      4]
```

5. 通分函数（numden()）

利用函数 numden()来求得符号表达式的分子与分母，并把符号表达式化简为有理形式，其中分子和分母为整数且不含公约项的多项式，其调用的格式为：

[N,D] = numden(A)

将符号或数值矩阵 A 中的每一个元素转换成整数系数多项式的有理形式，其中分子与分母是相对互素的。输出的参量 N 为分子的符号矩阵，输出的参量 D 为分母的符号矩阵。

【例 5.27】 对两个分式通分。

```
>> syms x y a b c d;
>> [n1,d1]=numden(sym(sin(4/5)))
n1 =
6461369247334093
d1 =
9007199254740992
>> [n2,d2]=numden(x/y + y/x)
n2 =
x^2 + y^2
d2 =
x*y
>> A=[a, 1/b;1/c d];
>> [n3,d3]=numden(A)
n3 =
[a, 1]
[1, d]
d3 =
[1, b]
[c, 1]
```

由例题不难看出，当想把符号表达式表示为分子分母形式时，用函数 numden()是最简单的。

6. 表达式美化函数（pretty()）

如果一个符号表达式很复杂，可以用函数 pretty()显示成我们习惯的数学书写形式，其调用格式如下。

（1）pretty(S)：用默认的线型宽度 79 显示符号表达式 S 中每一个元素。

（2）pretty(S,n)：用指定的线型宽度 n 显示符号表达式 S。

【例 5.28】 对符号运算结果按数学书写形式美化。

```
>> syms x t;
>> f=(x^2+x*exp(-t)+1)*(x+exp(-t));
>> f1=collect(f)
```

```
f1 =
x^3 + 2*exp(-t)*x^2 + (exp(-2*t) + 1)*x + exp(-t)
>> pretty(f1)
3          2                                %该行系数对应 x 的指数项
x  + exp(-t) x  2 + (exp(-2 t) + 1) x + exp(-t)
>> f2=collect(f,exp(-t))                    %按 exp(-t)的项幂系数进行排序
f2 =
x*exp(-2*t) + (2*x^2 + 1)*exp(-t) + x*(x^2 + 1)   %exp(-t)的最高次幂为 2
>> pretty(f2)
                     2                    2
x exp(-2 t)  + (2 x  + 1) exp(-t) + x (x  + 1)
```

5.4　符号微积分运算

极限、微分和积分是微积分学研究的核心，并广泛地应用于许多工程学科中。求符号极限、微分和积分是 MATLAB 符号运算能力的重要体现。

5.4.1　符号极限

函数的极限在高等数学中占有基础性地位，MATLAB 提供了求解极限的函数 limit()，其调用格式如下。

（1）limit(F,v,a)：求符号对象 F 当指定变量 v→a 时的极限。

（2）limit(F,a)：求符号对象 F 当默认的独立变量趋近于 a 时的极限。

（3）limit(F)：求符号对象 F 当默认的独立变量趋近于 0 时的极限。

（4）limit(F,v,a,'right')或 limit(F,v,a,'left')：求符号函数 F 的单侧极限，即左极限 $v\to a^-$ 或右极限 $v\to a^+$。

【例 5.29】求极限示例。

```
>> syms x a t h n;
>> L1=limit((cos(x)-1)/x)
L1 =
0
>> L2=limit(1/x^2,x,0,'right')
L2 =
Inf
>> L3=limit(1/x,x,0,'left')
L3 =
-Inf
>> L4=limit((log(x+h)-log(x))/h,h,0)
L4 =
1/x
```

```
>> v=[(1+a/x)^x, exp(-x)];
>> L5=limit(v,x,inf,'left')
L5 =
[exp(a), 0]
>> L6=limit((1+2/n)^(3*n),n,inf)
L6 =
exp(6)
```

【例 5.30】求 $f(x)=\lim\limits_{x\to 0}\dfrac{\sin x}{x}$，$g(x)=\lim\limits_{y\to 0}\sin(x+2y)$。

```
>> syms  x  y
>> f=sin(x)/x;                  %表达式赋值
>> g=sin(x+2*y);                %表达式赋值
>> fx=limit(f)                  %求 f(x)的极限
fx =
1
>> gx=limit(g,y,0)              %求 g(x)的极限
gx =
sin(x)
```

5.4.2　符号微分

MATLAB 提供的函数 diff()可用来求解符号对象的微分，其调用的格式如下。

（1）diff(S,'v')：对符号对象 S 中指定的符号变量 v 求其 1 阶导数。

（2）diff(S)：对符号对象 S 中的默认的独立变量求其 1 阶导数。

（3）diff(S,n)：对符号对象 S 中的默认的独立变量求其 n 阶导数。

（4）diff(S,'v',n)：对符号对象 S 中指定的符号变量 v 求其 n 阶导数。

下面举例说明用法。

【例 5.31】求一次符号微分。

```
>> syms x n
>> y=sin(x)^n*cos(n*x);
>> Xd=diff(y)
Xd =
n*cos(n*x)*cos(x)*sin(x)^(n - 1) - n*sin(n*x)*sin(x)^n
>> Nd=diff(y, n)
Nd =
log(sin(x))*cos(n*x)*sin(x)^n - x*sin(n*x)*sin(x)^n
```

【例 5.32】求二次符号微分。

```
>> syms t
>> f=exp(-t)*sin(t);
```

```
>> diff(f,t,2)
ans =
-2*exp(-t)*cos(t)
```

【例 5.33】对符号数组求其各元素的符号微分。

```
>> syms x
>> f1=2*x^2+log(x);
>> f2=1/(x^3+1);
>> f3=exp(x)/x;
>> F=[f1 f2 f3];
>> diff(F,2)
ans =
[4 - 1/x^2, (18*x^4)/(x^3 + 1)^3 - (6*x)/(x^3 + 1)^2, exp(x)/x -
(2*exp(x))/x^2 + (2*exp(x))/x^3]
```

5.4.3 符号积分

MATLAB 提供的符号积分函数 int()，既可以计算不定积分又可以计算定积分、广义积分。其调用格式如下。

（1）R = int(S,v)：对符号对象 S 中指定的符号变量 v 计算不定积分。注意，表达式 R 只是函数 S 的一个原函数，后面没有带任意常数 C。

（2）R = int(S)：对符号对象 S 中默认的独立变量计算不定积分。

（3）R = int(S,v,a,b)：对符号对象 S 中指定的符号变量 v 计算从 a 到 b 的定积分。

（4）R = int(S,a,b)：对符号对象 S 中默认的独立变量计算从 a 到 b 的定积分。

下面举例说明用法。

【例 5.34】求积分示例。

```
>> syms x z t alpha
>> INT1=int(-2*x/(1+x^3)^2)
INT1 =
(2*log(x + 1))/9 + log(x - (3^(1/2)*1i)/2 - 1/2)*((3^(1/2)*1i)/9 - 1/9) -
log(x + (3^(1/2)*1i)/2 - 1/2)*((3^(1/2)*1i)/9 + 1/9) - (2*x^2)/(3*(x^3 + 1))
>> INT2=int(x/(1+z^2),z)
INT2 =
x*atan(z)
>> INT3=int(INT2,x)
INT3 =
(x^2*atan(z))/2
>> INT4=int(x*log(1+x),0,1)
INT4 =
1/4
```

```
>> INT5=int(2*x, sin(t),1)
INT5 =
cos(t)^2
>> INT6=int([exp(t),exp(alpha*t)])
INT6 =
[exp(t),  exp(alpha*t)/alpha]
```

正如微积分课程中介绍的那样，积分比微分复杂得多。积分不一定是以封闭形式存在，或许以其他形式存在但软件找不到，或者软件可对其求解，但超过了软件的内存或时间限制。当 MATLAB 不能找到积分表达式时，它将返回未经计算的函数形式。

```
>> int('log(x)/exp(x^2)' )
```

检查对函数 'int' 的调用中是否存在不正确的参数数据类型或缺少参数。

5.4.4　符号函数泰勒（Taylor）级数展开

MATLAB 提供的符号函数 taylor()可以实现一元函数 f 的泰勒级数展开，f 可以是符号表达式、符号函数、符号相量、符号矩阵等。其调用的格式如下。

（1）r=taylor(f)：其变量采用默认值，该函数将返回 f 在变量等于 0 处的 5 阶泰勒级数展开式。

（2）r=taylor(f,n,v)：以符号标量 v 作为自变量，返回 f 的 n-1 阶麦克劳林（Maclaurin）级数（在 v=0 处作泰勒级数展开）展开式。

（3）r=taylor(f,n,v,a)：返回 f 的、指定符号自变量 v 的 n-1 阶泰勒级数（在指定的 a 点附近 v=a）展开式。其中 a 可以是一数值、符号、代表一数字值的字符串或未知变量。需要指出的是，用户可以以任意的次序输入参量 n、v 与 a，taylor 函数能从它们的位置与类型确定它们的目的。

（4）r=taylor(f,x,x0,'order',n)：对函数 f 在点 x0 处进行 n 阶泰勒级数展开。

【例 5.35】 Taylor 级数展开示例。

```
>> syms x y
>> T1=taylor(exp(x))
T1 =
x^5/120 + x^4/24 + x^3/6 + x^2/2 + x + 1
>> T2=taylor(sin(x))
T2 =
x^5/120 - x^3/6 + x
>> f=sin(x)+1/cos(y);
>> T3=taylor(f,y,0, 'order',8)
T3 =
(61*y^6)/720 + (5*y^4)/24 + y^2/2 + sin(x) + 1
>> T4=taylor(f,x,1, 'order',4)
```

```
T4 =
sin(1) - (sin(1)*(x - 1)^2)/2 + 1/cos(y) + cos(1)*(x - 1) - (cos(1)*(x - 1)^3)/6
>> T5=taylor(f,x,'Expansion',1)
T5 =
sin(1) - (sin(1)*(x - 1)^2)/2 + (sin(1)*(x - 1)^4)/24 + 1/cos(y) + cos(1)*
(x - 1) - (cos(1)*(x - 1)^3)/6 + (cos(1)*(x - 1)^5)/120
```

5.5 符号积分变换

傅里叶变换、拉普拉斯变换和 Z 变换在许多研究领域都有着十分重要的应用，如信号处理和系统动态特性研究等。为适应积分变换的需要，MATLAB 提供了上述这些积分变换的函数，当读者掌握了这些变换函数以后，就会发现使用 MATLAB 实现复杂的积分变换是很容易的一件事情。本节的任务就是讨论这些积分变换函数的具体使用方法。

5.5.1 傅里叶变换及其反变换

1. 傅里叶变换

对函数 $f(x)$ 进行傅里叶变换：$f=f(x)\Rightarrow F=F(w)$

其计算公式为：

$$F(w)=\int_{-\infty}^{\infty}f(x)\mathrm{e}^{-jwx}\mathrm{d}x$$

MATLAB 提供了对函数进行傅里叶变换的函数 fourier()，其调用格式如下。

（1）F=fourier(f)，返回符号函数 f 的傅里叶变换。f 的参量为默认变量 x，返回函数 F 的参量为默认变量 w，即 $f=f(x)\Rightarrow F=F(w)$，若 $f=f(w)$，则 fourier(f)返回变量为 t 的函数，即 $f=f(w)\rightarrow F=F(t)$。

（2）F = fourier(f,v)，返回符号函数 f 的傅里叶变换。f 的参量为默认变量 x，返回函数 F 的参量为指定变量 v，即：

$$f=f(x)\Rightarrow F=F(v)=\int_{-\infty}^{\infty}f(x)\mathrm{e}^{-\mathrm{i}vx}\mathrm{d}x\text{ 。}$$

（3）F = fourier(f,u,v)，返回符号函数 f 的傅里叶变换。f 的参量为指定变量 u，返回函数 F 的参量为指定变量 v，即：

$$f=f(u)\Rightarrow F=F(v)=\int_{-\infty}^{\infty}f(u)\mathrm{e}^{-\mathrm{i}vu}\mathrm{d}x\text{ 。}$$

【例 5.36】傅里叶正变换示例。

```
>> syms x w u v
>> f=sin(x)*exp(-x^2); F1=fourier(f)
F1 =
- (pi^(1/2)*exp(-(w - 1)^2/4)*1i)/2 + (pi^(1/2)*exp(-(w + 1)^2/4)*1i)/2
```

```
>> g=log(abs(w)); F2=fourier(g)
F2 =
- (pi*sign(v))/v - 2*pi*eulergamma*dirac(v)
>> h=x*exp(-abs(x)); F3=fourier(h,u)
F3 =
-(u*4i)/(u^2 + 1)^2
```

2. 傅里叶反变换

傅里叶的反变换定义为 $f(x)=\dfrac{1}{2\pi}\int_{-\infty}^{+\infty}F(w)\,\mathrm{e}^{\mathrm{i}wx}\mathrm{d}w$，在 MATLAB 中使用函数 ifourier() 来完成傅里叶的反变换，其调用格式如下。

（1）f = ifourier(F)，返回符号函数 F 的傅里叶反变换。F 的参量为默认变量 w，返回函数 f 的参量为默认变量 x，即 $F=F(w)\rightarrow f=f(x)$。若 $F=F(x)$，则 ifourier(F)返回变量为 t 的函数，即 $F=F(x)\rightarrow f=f(t)$。

（2）f = ifourier(F,u)，返回符号函数 F 的傅里叶反变换。F 的参量为默认变量 w，返回函数 f 的参量为指定变量 u，即：

$$f(u)=\frac{1}{2\pi}\int_{-\infty}^{+\infty}F(w)\mathrm{e}^{\mathrm{i}wu}\mathrm{d}w$$

（3）f = ifourier(F,v,u)，返回符号函数 F 的傅里叶反变换。F 的参量为指定变量 v，返回函数 f 的参量为指定变量 u，即：

$$f(u)=\frac{1}{2\pi}\int_{-\infty}^{+\infty}F(v)\mathrm{e}^{\mathrm{i}wu}\mathrm{d}v$$

【例 5.37】傅里叶反变换示例。

```
>> syms w v x t
>> syms a real
>> f=sqrt(exp(-w^2/(4*a^2)));
>> IF1=ifourier(f)
IF1 =
fourier(exp(-w^2/(4*a^2))^(1/2),w,-x)/(2*pi)
>> g=exp(-abs(x));
>> IF2=ifourier(g)
IF2 =
1/(pi*(t^2 + 1))
>> syms w real
>> k=exp(-w^2*abs(v))*sin(v)/v;
>> IF3=ifourier(k,v,t)
IF3 =
piecewise(w ~= 0, -(atan((t - 1)/w^2) - atan((t + 1)/w^2))/(2*pi))
```

5.5.2 拉普拉斯变换及其反变换

1. 拉普拉斯变换

拉普拉斯变换定义为：

$$L(s)=\int_0^{+\infty} f(t)\mathrm{e}^{-st}\mathrm{d}t$$

在 MATLAB 中使用函数 laplace()来实现拉普拉斯变换，其调用格式如下。

（1）L=laplace(f)：返回符号函数 f 的拉普拉斯变换。f 的参量为默认变量 t，返回函数 L 的参量为默认变量 s，即 $f=f(t)\to L=L(s)$。若 $f=f(s)$，则 fourier(F)返回变量为 t 的函数，即 $f=f(s)\to L=L(t)$。

（2）L=laplace(f,t)：返回符号函数 f 的拉普拉斯变换。返回函数 L 的参量为指定变量 t，即：

$$L(t)=\int_0^{+\infty} f(x)\mathrm{e}^{-tx}\mathrm{d}x$$

（3）L=fourier(f,w,z)：返回符号函数 f 的拉普拉斯变换。f 的参量为指定变量 w，返回函数 L 的参量为指定变量 z，即：

$$L(z)=\int_0^{+\infty} f(w)\mathrm{e}^{-zw}\mathrm{d}w$$

【例 5.38】拉普拉斯变换示例。

```
>> syms x s t v
>> f1=sqrt(t);
>> L1=laplace(f)
L1 =
laplace(exp(-w^2/(4*a^2))^(1/2),w,s)
>> f2=1/sqrt(s);
>> L2=laplace(f2)
L2 =
pi^(1/2)/z^(1/2)
>> f3=exp(-a*t);
>> L3=laplace(f3,x)
L3 =
1/(a+x)
>> f4=1-sin(t*v);
>> L4=laplace(f4,v,x)
L4 =
1/x - t/(t^2 + x^2)
```

2. 拉普拉斯反变换

拉普拉斯反变换定义为 $f(t)=\int_{c-i\infty}^{c+i\infty} L(s)\mathrm{e}^{st}\mathrm{d}t$，其中 c 为使函数 $L(s)$ 的所有奇点位于直

线 $s=c$ 左边的实数。

拉普拉斯反变换以函数 ilaplace()实现，其调用格式如下。

（1）f = ilaplace(L)：返回符号函数 L 的拉普拉斯反变换。L 的参量为默认变量 s，返回函数 f 的参量为默认变量 t，即 $L=L(s)\to f=f(t)$。若 $L=L(t)$，则 ilaplace(L)返回变量为 x 的函数 f，即：

$$L=L(t)\to f=f(x)$$

（2）f = ilaplace(L,y)：返回符号函数 L 的拉普拉斯反变换。L 的参量为默认变量 s，返回函数 f 的参量为指定变量 y，即：

$$f(y)=\int_{c-i\infty}^{c+i\infty}L(s)\mathrm{e}^{sy}\mathrm{d}s$$

（3）F = ilaplace(L,y,x)：返回符号函数 L 的拉普拉斯反变换。L 的参量为指定变量 y，返回函数 f 的参量为指定变量 x，即：

$$f(x)=\int_{c-i\infty}^{c+i\infty}L(y)\mathrm{e}^{xy}\mathrm{d}y$$

【例 5.39】拉普拉斯反变换示例。

```
>> syms a s t u v x
>> f=exp(x/s^2);
>> IL1=ilaplace(f)
IL1 =
ilaplace(exp(x/s^2),s,t)
>> g=1/(t-a)^2;
>> IL2=ilaplace(g)
IL2 =
x*exp(a*x)
>> k=1/(u^2-a^2);
>> IL3=ilaplace(k,x)
IL3 =
exp(a*x)/(2*a) - exp(-a*x)/(2*a)
>> y=s^3*v/(s^2+v^2);
>> IL4=ilaplace(y,v,x)
IL4 =
s^3*cos(s*x)
```

5.5.3　Z 变换及其反变换

1. Z 变换

函数 f 的 Z 变换定义为 $F(z)=\sum_{n=0}^{\infty}\frac{f(n)}{z^n}$，MATLAB 中使用的函数为 ztrans()，其调用格式如下。

（1）F = ztrans(f)：返回符号函数 f 的 Z 变换。f 的参量为默认变量 n，返回函数 F 的参量为默认变量 z，即 $f=f(n)\to F=F(z)$。若函数 $f=f(z)$，则返回函数 F 的参量为 w，即 $f=f(z)\to F=F(w)$。

（2）F = ztrans(f,w)：返回符号函数 f 的 Z 变换。f 的参量为默认变量 n，返回函数 F 的参量为指定变量 w，即：

$$F(w)=\sum_{n=0}^{\infty}\frac{f(n)}{w^n}$$

（3）F = ztrans(f,k,w)：返回符号函数 f 的 Z 变换。f 的参量为指定变量 k，返回函数 F 的参量为指定变量 w，即：

$$F(w)=\sum_{n=0}^{\infty}\frac{f(k)}{w^n}$$

【例 5.40】 Z 变换示例。

```
>> syms a k w x n z
>> f1=n^4;
>> ZF1=ztrans(f1)
ZF1 =
(z*(z^3 + 11*z^2 + 11*z + 1))/(z - 1)^5
>> f2=a^z;
>> ZF2=ztrans(f2)
ZF2 =
-w/(a - w)
>> f3=sin(a*n);
>> ZF3=ztrans(f3,w)
ZF3 =
(w*sin(a))/(w^2 - 2*cos(a)*w + 1)
>> f4=exp(k*n^2)*cos(k*n);
>> ZF4=ztrans(f4,k,x)
ZF4 =
-(x*exp(-n^2)*(cos(n) - x*exp(-n^2)))/(exp(-2*n^2)*x^2 - 2*exp(-n^2)*cos(n)
*x + 1)
```

2. Z 反变换

Z 反变换定义为 $f(n)=\dfrac{1}{2\pi i}\oint_{|z|=R}F(z)z^{n-1}\mathrm{d}z$，$n=1,2,3,\ldots$，其中 R 为一正实数，它使函数 $F(z)$ 在圆域之外 $|z|\geqslant R$ 中是存在解析解的。

Z 反变换最常见的计算方法有幂级数展开法、部分分式展开法和围线积分法三种。MATLAB 中采用围线积分法设计了 Z 反变换函数 iztrans()，该函数调用格式如下。

（1）f=iztrans(F)：返回符号函数 F 的 Z 反变换。F 的参量为默认变量 z，返回函数 f

的参量为默认变量 n，即 $F=F(z)\to f=f(n)$。若 $F=F(n)$，则返回函数 f 的参量为 k，即：

$$F=F(n)\to f=f(k)$$

（2）f=iztrans(F,k)：返回符号函数 F 的 Z 反变换。F 的参量为默认变量 z，返回函数 f 的参量为指定变量 k，即：

$$f(k)=\frac{1}{2\pi\mathrm{i}}\oint_{|z|=R}F(z)z^{k-1}\mathrm{d}z\ ,\quad k=1,2,3,\ldots$$

（3）f=iztrans(F,w,k)：返回符号函数 F 的 Z 反变换。F 的参量为指定变量 w，返回函数 f 的参量为指定变量 k，即：

$$f(k)=\frac{1}{2\pi\mathrm{i}}\oint_{|w|=R}F(w)w^{k-1}\mathrm{d}w\ ,\quad k=1,2,3,\ldots$$

【例 5.41】 Z 反变换示例

```
>> syms a n k x z
>> f1=2*z/(z^2+2)^2;
>> IZ1=iztrans(f1)
IZ1 =
(2^(1/2)*(-2^(1/2)*1i)^(n - 2)*(n - 1)*1i)/4 - (2^(1/2)*(2^(1/2)*1i)^(n - 2)*(n - 1)*1i)/4
>> f2=n/(n+1);
>> IZ2=iztrans(f2)
IZ2 =
 (-1)^k
>> f3=z/sqrt(z-a);
>> IZ3=iztrans(f3,k)
IZ3 =
iztrans(z/(z - a)^(1/2), z, k)
>> f4=exp(z)/(x^2-2*x*exp(z));
>> IZ4=iztrans(f4,x,k)
IZ4 =
 (exp(-z)*(2*exp(z))^k)/4 - (exp(-z)*kroneckerDelta(k, 0))/4 -
kroneckerDelta(k - 1, 0)/2
```

MATLAB
符号方程

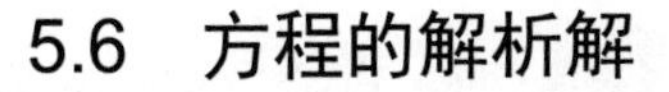

5.6　方程的解析解

为求得方程的解析解，MATLAB 在符号工具箱中也提供了相关的命令。这些命令中有求解线性方程（组）和非线性方程（组）的函数 solve()，也有求解常微分方程（组）的函数 dsolve()。

5.6.1 线性方程组的解析解

如前所述，求线性方程组的解析解，用的是 MATLAB 提供的函数 solve()，其调用格式如下。

（1）g=solve(eq1,eq2,...,eqn)：输入的参量 eq1,eq2,...,eqn 可以是符号表达式或字符串，它们分别代表 n 个线性方程。该函数将给出方程组 eq1,eq2,...,eqn 中以默认的独立变量为求解对象（如 $x1,x2,...,xn$）的解。若 g 为单一符号形式，MATLAB 则将 g 视为一个结构数组，结构数组的元素值就是方程组的解；若 g 表示成有 n 个元素的向量形式，则该向量的元素值恰好表示方程组中相应变量的解。

（2）g=solve(eq1,eq2,...,eqn,var1,var2,...,varn)：对方程组 eq1,eq2,...,eqn 中指定的 n 个变量（如 var1,var2,...,varn）求解。

【例 5.42】求下列线性方程组的解。

$$\begin{cases} x+y+z=10 \\ 3x+2y+z=14 \\ 2x+3y-z=1 \end{cases}$$

```
>> syms x y z
>> L1=x+y+z==10;
>> L2=3*x+2*y+z==14;
>> L3=2*x+3*y-z==1;                    %L1、L2、L3 分别是 3 个字符串
>> g=solve(L1,L2,L3,[x y z])
g=
    包含以下字段的 struct:
x: 1
y: 2
z: 7
```

当求解多个方程时，也可以将方程以数组的形式存储，这样会更便捷。如上例可改为：

```
>> syms x y z
>> eqns=[x+y+z==10,3*x+2*y+z==14,2*x+3*y-z==1];
>> g=solve(eqns,[x y z])
g=
    包含以下字段的 struct:
x: 1
y: 2
z: 7
```

【例 5.43】求下列线性代数方程组的解。

$$\begin{cases} x_1\cos(\text{sita})-x_2\sin(\text{sita})=a \\ x_1\sin(\text{sita})+x_2\cos(\text{sita})=b \end{cases}$$

```
>> syms x1 x2 a b sita;
```

```
>> L1=x1*cos(sita)-x2*sin(sita)-a;
>> L2=x1*sin(sita)+x2*cos(sita)-b;        %L1、L2 分别是两个符号表达式
>> [x1,x2]=solve(L1,L2,x1,x2)             %用一向量将方程组各变量的值输出
```

其运行结果为：

```
x1 =
(a*cos(sita) + b*sin(sita))/(cos(sita)^2 + sin(sita)^2)
x2 =
(b*cos(sita) - a*sin(sita))/(cos(sita)^2 + sin(sita)^2)
```

5.6.2　非线性方程（组）的解析解

函数 solve()不仅可求解线性方程组，也可以求解非线性方程组或是单个非线性方程的解析解。其中，非线性方程组的求解格式与 5.6.1 节相同，而单个方程求解格式如下。

（1）g=solve(eq)：输入的参量 eq 可以是符号表达式或字符串。在没有给定求解所针对的变量时，solve(eq)针对方程中默认的独立变量求解。若输出参量 g 为单一符号形式，则对于有多重解的非线性方程来说，g 被视为一个列向量。

（2）g=solve(eq,var)：对符号表达式或没有等号的字符串 eq 中指定的变量 var 求方程 eq(var)=0 的解。

【例 5.44】求一元二次方程 $ax^2+bx+c=0$ 的解。

```
>> syms a b c x
>> eqn=a*x^2+b*x+c==0;
>> xf=solve(eqn)
xf =
-(b + (b^2 - 4*a*c)^(1/2))/(2*a)
-(b - (b^2 - 4*a*c)^(1/2))/(2*a)
```

【例 5.45】求下列非线性方程组以 y、z 作变量的解。

$$\begin{cases} uy^2+vz+w=0 \\ y+z+w=0 \end{cases}$$

```
>> syms y z u v w;
>> eq1=u*y^2+v*z+w;
>> eq2=y+z+w;
>> [y z]=solve(eq1,eq2, y, z)
y =
(v + 2*u*w + (v^2 + 4*u*w*v - 4*u*w)^(1/2))/(2*u) - w
(v + 2*u*w - (v^2 + 4*u*w*v - 4*u*w)^(1/2))/(2*u) - w
z =
-(v + 2*u*w + (v^2 + 4*u*w*v - 4*u*w)^(1/2))/(2*u)
-(v + 2*u*w - (v^2 + 4*u*w*v - 4*u*w)^(1/2))/(2*u)
```

【例 5.46】 求下列非线性方程组的解。

$$
\begin{cases}
a+b+x=y \\
2ax-by=-1 \\
(a+b)^2=x+y \\
ay+bx=4
\end{cases}
$$

```
>> syms a b x y
>> e1=a+b+x-y==0;
>> e2=2*a*x-b*y==-1;
>> e3=(a+b)^2==x+y;
>> e4=a*y+b*x==4;
>> [a,b,x,y]=solve(e1,e2,e3,e4);                         %得到非线性方程组的解析解
>> a=double(a), b=double(b), x=double(x), y=double(y) %将解析解的符号常数形式转换
                                                         %为双精度形式
a =
   1.0000 + 0.0000i
  23.6037 + 0.0000i
   0.2537 + 0.4247i
   0.2537 - 0.4247i
b =
   1.0000 + 0.0000i
 -23.4337 + 0.0000i
  -1.0054 + 1.4075i
  -1.0054 - 1.4075i
x =
   1.0000 + 0.0000i
  -0.0705 + 0.0000i
  -1.0203 - 2.2934i
  -1.0203 + 2.2934i
y =
   3.0000 + 0.0000i
   0.0994 + 0.0000i
  -1.7719 - 0.4611i
  -1.7719 + 0.4611i
```

由结果可见，所给的方程组共有 4 组解，其中两组为实数解，两组为虚数解。一般来说，用函数 solve()得到的解是精确的符号表达式，显得很不直观。通常要把所得的解化为数值型以使结果显得直观、简洁。读者不妨自己查看一下未化为数值型解之前的结果。

5.6.3 常微分方程（组）的解析解

MATLAB 求解常微分方程的函数是 dsolve()。用此函数可以求得常微分方程（组）的

通解，以及给定边界条件（或初始条件）后的特解。需注意的是，要用命令 syms 先声明符号变量。

函数 dsolve()的调用格式如下。

（1）r = dsolve(eqn)。

（2）r = dsolve(eqn, cond)。

（3）r = dsolve(__,Name,Value)。

（4）[y1,⋯,yN]=dsolve(___)。

其中，eqn 是一个符号方程，方程中用 diff 和==表示微分方程，如 diff(y,x)==y 表示 dy/dx=y；cond 表示初始条件。

【例 5.47】解常微分方程：

$$\frac{\mathrm{d}y}{\mathrm{d}t}=ay$$

```
>> syms y(t) a
>> eqn=diff(y,t)==a*y;
>> S=dsolve(eqn)
S =
C1*exp(a*t)
```

其中，C1 表示所求出的解为通解。

【例 5.48】求解常微分方程：

$$\frac{\mathrm{d}^2y}{\mathrm{d}t^2}=ay$$

```
>> syms y(t) a
>> eqn=diff(y,t,2)==a*y;
>> S=dsolve(eqn)
S=
C1*exp(-a^(1/2)*t) + C2*exp(a^(1/2)*t)
```

【例 5.49】求解带初始条件的常微分方程：

$$\frac{\mathrm{d}y}{\mathrm{d}t}=ay$$

且满足 $y(0)=5$ 。

```
>> syms y(t) a
>> eqn=diff(y,t)==a*y;
>> cond=y(0)==5;
>> S=dsolve(eqn,cond)
S =
5*exp(a*t)
```

【例 5.50】求微分方程组：

$$\begin{cases} \dfrac{\mathrm{d}y}{\mathrm{d}t} = z \\ \dfrac{\mathrm{d}z}{\mathrm{d}t} = -y \end{cases}$$

的通解以及在初始条件 $f'(2)=0$，$f'(3)=3$，$g(5)=1$ 下的特解。

```
>> syms y(t) z(t)
>> eqns=[diff(y,t)==z,diff(z,t)==-y];
>> S=dsolve(eqns)
S =
包含以下字段的 strut:
    z: C2*cos(t) - C1*sin(t)
    y: C1*cos(t) + C2*sin(t)
```

5.7 符号分析可视化

MATLAB 的符号数学工具箱为符号函数可视化提供了一组简便易用的命令。本节着重介绍两个进行数学分析的可视化界面，即函数计算器（由命令 funtool 引出，以下称 funtool）和泰勒级数计算器（由命令 taylortool 引出，以下称 taylortool）。

5.7.1 函数计算器（funtool）

MATLAB 提供的函数计算器能处理与单变量有关的函数，还可以通过图形方式显示指定的两个函数的和、积、差分等。funtool 界面中的计算器功能比较简单，操作方便。进入 funtool 界面的方法是在 MATLAB 命令行里输入命令 funtool。

```
>> funtool
```

显示图 5.1 所示的界面。

funtool 默认界面中包含两个函数的图形，一个是 $f(x)=x$，一个是 $g(x)=1$，自变量取值范围在控制窗口“funtool”中显示，默认的范围为[-2*pi,2*pi]，同时允许用户在控制窗口中进行相关函数的操作。控制窗口相关说明如下。

（1）f=：显示函数 f 的符号表达式，可以输入其他想要的函数表达式 f。

（2）g=：显示函数 g 的符号表达式，可以输入其他想要的函数表达式 g。

（3）x=：定义函数 f 和 g 的自变量范围，可以编辑改变自变量范围。

（4）a=：常数因子，该常数因子只跟函数 f 进行相关运算。

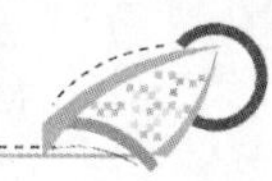

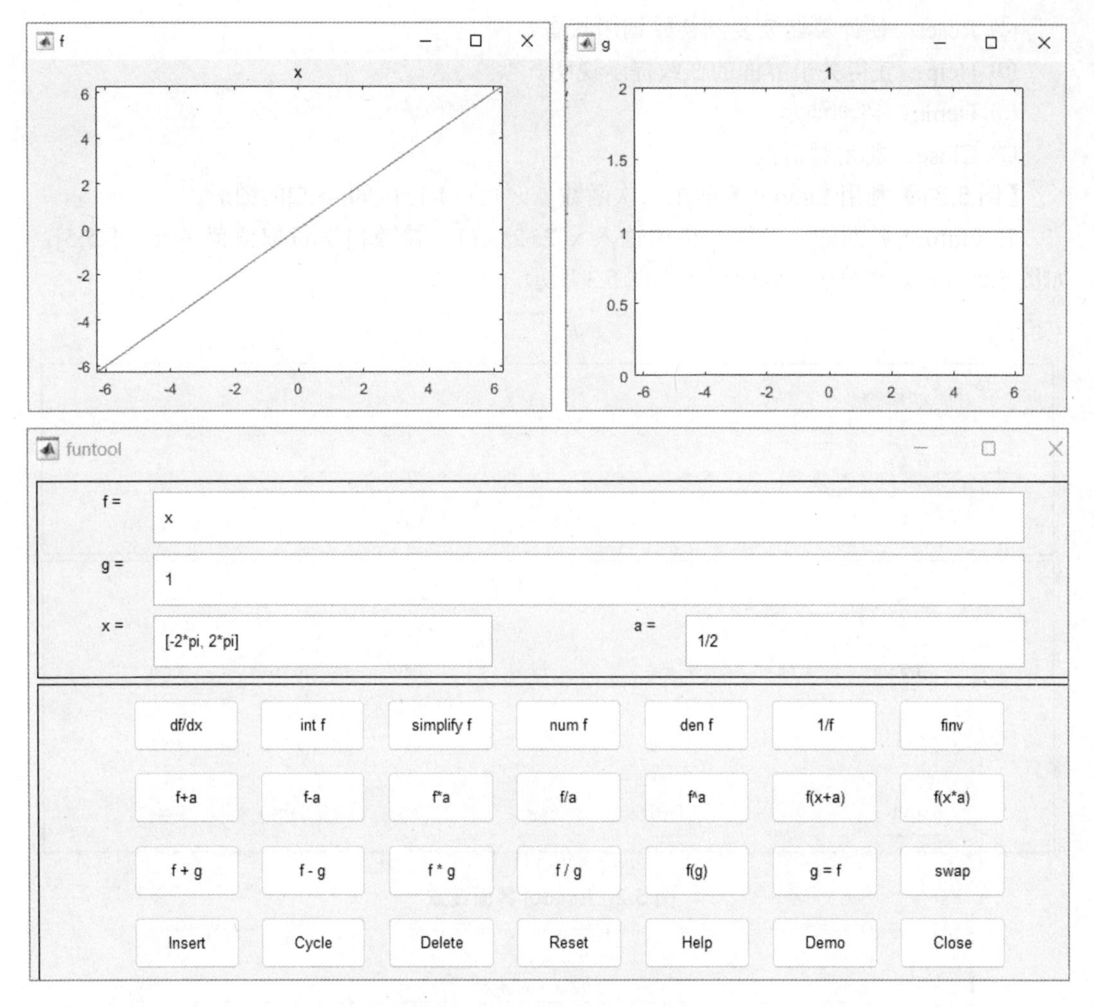

图 5.1　funtool 默认界面

函数运算控制窗口中的任何操作都只对被激活的函数图形窗口起作用，操作分为四排，分别如下。

（1）第 1 排按键只对 f 进行操作，如对函数 f 求导、积分、简化、提取分子或分母、倒数及反函数。若函数不能表示成解析式，则操作 int f 和 finv 会报错。

（2）第 2 排都是进行函数 f 和常数因子的相关操作，从左到右依次为函数 f 与常数因子 a 的加、减、乘、除、幂次方、平移和尺度变换。

（3）第 3 排前 4 个按键为对两个函数 f 和 g 进行加、减、乘、除运算，后面依次为复合函数运算、让函数 g 等于函数 f、两个函数互换的操作。

（4）第 4 排按键用于对计算器自身进行操作。7 个按键的功能如下。

① Insert：将当前激活窗的函数写入列表。

② Cycle：依次循环显示 fxlist 中的函数。

③ Delete：从 fxlist 列表中删除激活窗的函数。

④ Reset：使计算器恢复到初始调用状态。

⑤ Help：获得关于界面的在线提示说明。

⑥ Demo：自动演示。

⑦ Close：关闭对话框。

【例 5.51】 利用 funtool 界面求二次函数 $f=x^2+2x+1$ 在区间[-5,5]的图形。

在 funtool 界面的“f=”一栏中输入 x^2+2*x+1，修改自变量取值范围 x 为[-5,5]，如图 5.2 所示。得到 f 函数的图像如图 5.3 所示。

funtool

f = x^2+2*x+1

g = 1

x = [-5,5]　　a = 1/2

df/dx	int f	simplify f	num f	den f	1/f	finv
f+a	f-a	f*a	f/a	f^a	f(x+a)	f(x*a)
f + g	f - g	f * g	f / g	f(g)	g = f	swap
Insert	Cycle	Delete	Reset	Help	Demo	Close

图 5.2　funtool 界面设置

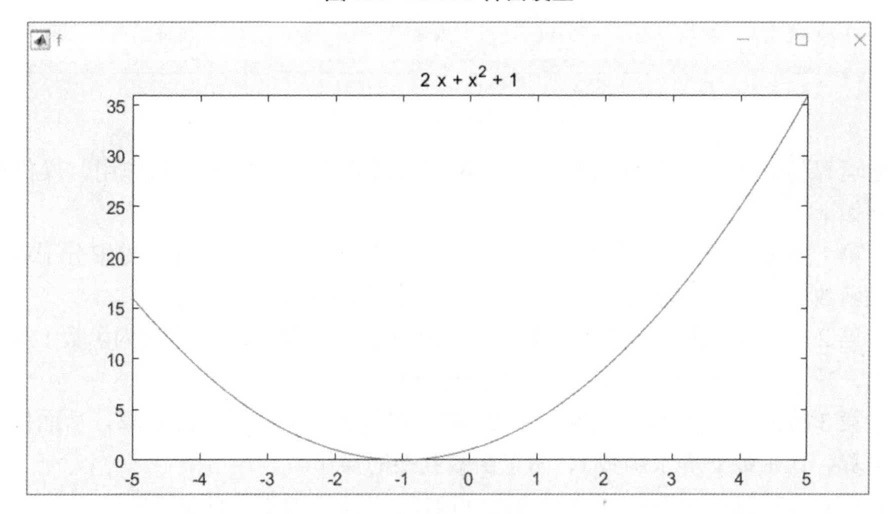

图 5.3　f 函数的图像

单击 df/dx 后得到函数 f 的导数结果和导数图形，分别如图 5.4 和图 5.5 所示。

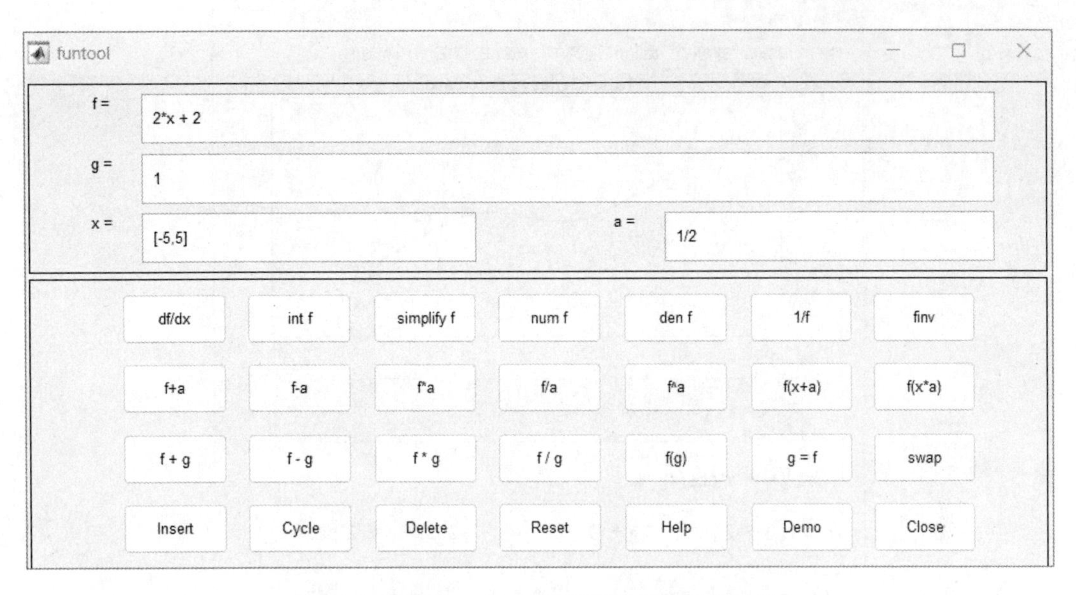

图 5.4　单击 df/dx 后得到的函数 *f* 的导数结果

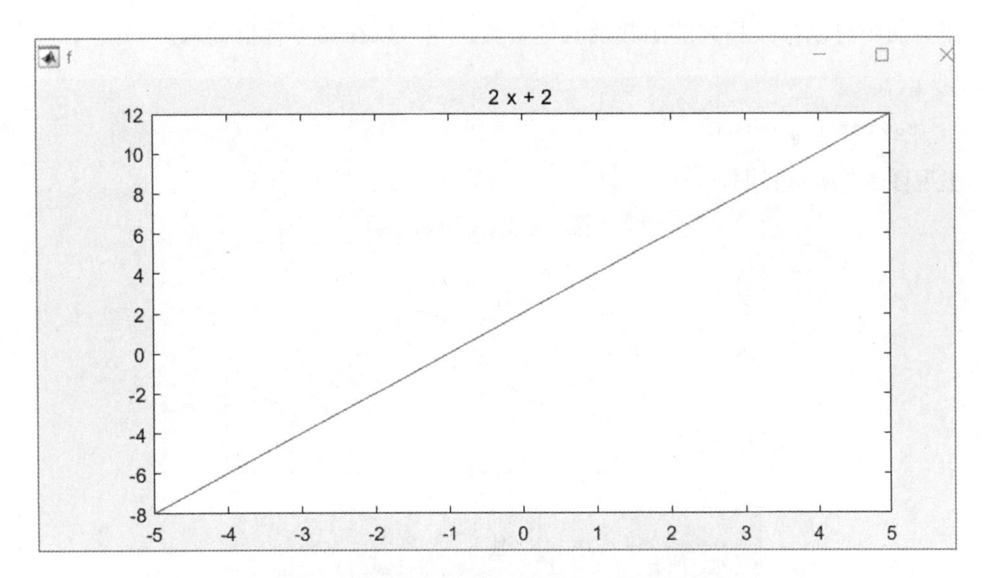

图 5.5　单击 df/dx 后得到的函数 *f* 的导数图形

5.7.2　泰勒级数计算器（taylortool）

taylortool 展开式计算器有两种调用格式，taylortool 或者 taylortool(f)命令。在命令行中输入 taylortool，默认的函数为 f(x)=x*cos(x)，默认展开的阶数为 N=7，在 x=a（默认的 a=0）处展开，范围为[-2*pi,2*pi]，出现的界面如图 5.6 所示。

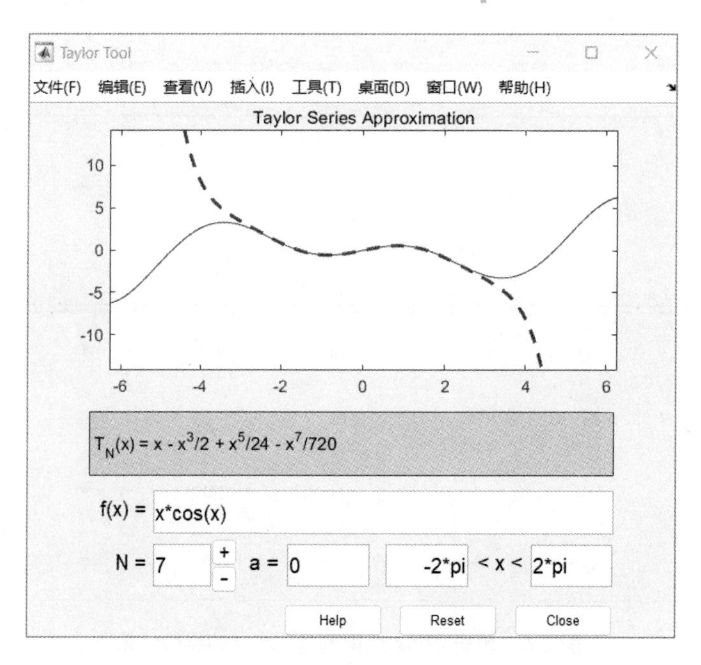

图 5.6　taylortool 默认界面

在界面中可以修改相关的函数及其他参数，也可以在命令行里输入：

```
>> syms x
>> taylortool(sin(x))
```

出现图 5.7 所示界面。

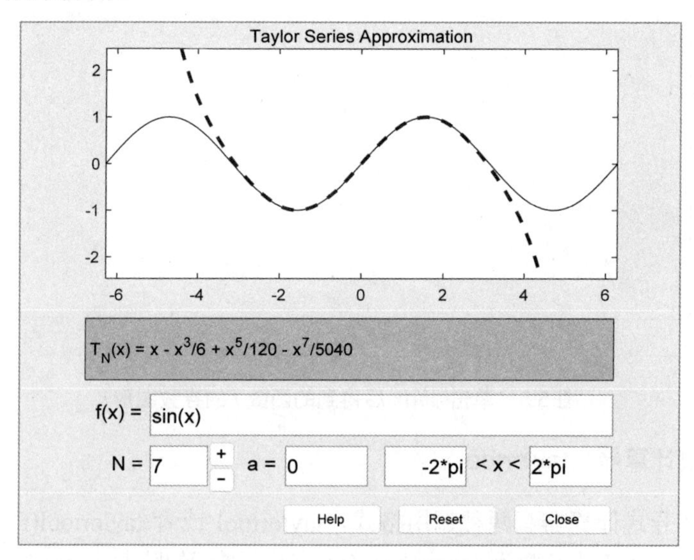

图 5.7　taylortool(sin(x))调用的默认界面

改变 N 的值，可看到相应的变化，如图 5.8 所示。

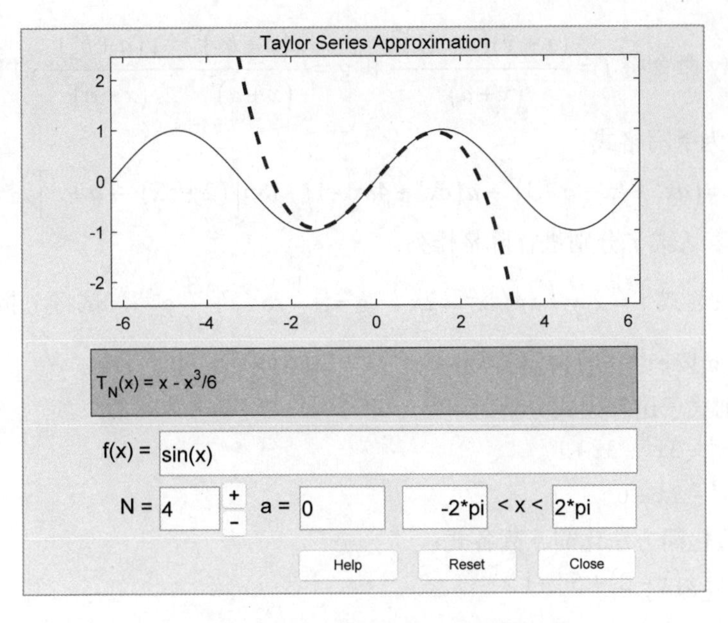

图 5.8　函数 f(x)=sin(x)的 4 次泰勒展开

5.8　本 章 小 结

本章主要介绍了 MATLAB 符号运算的具体实现途径。讲述了 MATLAB 在极限、级数、微积分、符号方程（组）中的实际应用情况，并且讲述了如何用 MATLAB 求解积分变换等内容。可以说，用 MATLAB 几乎可以解决一切常见的数学问题。MATLAB 之所以有如此强大的符号运算功能，完全要归功于 MAPLE。Maths 公司拥有 MAPLE 的内核后，MATLAB 的功能得到了极大的增强。

本 章 习 题

1．给定如下 3 个符号表达式：

（1）f=x^3−6*x^2+11*x−6

（2）g=(x−1)*(x−2)*(x−3)

（3）h=−6+(11+(−6+x)*x)*x

对 f 和 h 表达式进行因式分解，将 g 表达式展开后表示为更简洁的形式。

2．试创建以下 2 个矩阵：

$$A=\begin{bmatrix}\sin 1 & \sin 2 & \sin 3\\ \sin 4 & \sin 5 & \sin 6\\ \sin 7 & \sin 8 & \sin 9\end{bmatrix}\qquad B=\begin{bmatrix}e & e^5 & e^9\\ e^2 & e^6 & e^{10}\\ e^3 & e^7 & e^{11}\\ e^4 & e^8 & e^{12}\end{bmatrix}$$

3. 用 pretty 命令将 $f=\dfrac{(x+y)(a+b^c)^z}{(x+a)^2}$ 和 $g=\dfrac{x(a+b^c)^z}{(x+a)^2}+\dfrac{y(a+b^c)^z}{(x+a)^2}$ 的 MATLAB 机器书写格式转化为手写格式。

4. 已知 $f=(ax^2+bx+c-3)^3-a(cx^5+4bx-1)-18b\left[(2+5x)^7-a+c\right]$，按照自变量 x 和自变量 a，对表达式 f 分别进行降幂排列。

5. 已知表达式 $f=x^2y+xy-x^2-2x$，$g=-\dfrac{1}{4}x\mathrm{e}^{-2x}+\dfrac{3}{16}\mathrm{e}^{-2x}$，试将 f 按自变量 x 进行降幂排列，将 g 按 e^{-2x} 进行降幂排列。

6. 将下列式子进行因式分解：

（1）$f=x^3-3x^2-3x+1$

（2）$g=x^3-7x+6$

7. 用一般化简方法化简下列各式：

（1）$f_1=x\left[x(x-2)+5\right]-1$

（2）$f_2=\log(xy)+\log z$

（3）$f_3=3x\mathrm{e}^x\mathrm{e}^{y+z}$

（4）$f_4=\sin^2 x+\cos^2 x-1$

8. 用不定式化简方法化简下列各式：

（1）$f_1=\cos x+\sqrt{-\sin^2 x}$

（2）$f_2=x^3+3x^2+3x+1$

9. 对习题 1 中的 3 个表达式进行符号微分运算。

10. 分别计算 $f(x)=ax^2+bx+c$ 和 $g(x)=\sqrt{\mathrm{e}^x+x\sin x}$ 的导数。

11. 计算下列表达式的积分。

（1）$f(x)=\dfrac{\log(x)}{\mathrm{e}^{x^2}}$

（2）$f(x)=\cos(2x)-\sin(2x)\qquad(-\pi,\pi)$

（3）$F(x)=\begin{bmatrix} ax & bx^2 \\ cx^3 & ds \end{bmatrix}$　其中，a、b、c、d、s 为常数。

12. 计算定积分 $\int_0^{\frac{\pi}{6}}(\sin x+2)\mathrm{d}x$，$\int_0^{\frac{\pi}{3}}x^y\mathrm{d}y$ 和 $\int_2^{\sin t}4tx\mathrm{d}x$。

13. 计算广义积分 $\int_1^{+\infty}\dfrac{1}{x^2}\mathrm{d}x$，$\int_1^{+\infty}\dfrac{1}{x^2+1}\mathrm{d}x$。

14. 求 $f(x)=\lim\limits_{x\to 0}\dfrac{\sin x}{x}$，$g(x)=\lim\limits_{y\to 0}\sin(x+2y)$。

15. 求函数 $\sin\left(x^2+\dfrac{y^2}{z}\right)$ 在点(1，0，0)处的 3 阶泰勒展开式。

16. 求函数 $f(x)=x^2+x$ 的傅里叶级数展开式。

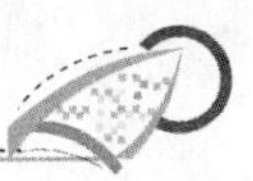

17．对函数 $f(x)=\mathrm{e}^{-x^2}$ 进行傅里叶变换。

18．对函数 $F(t)=\sin(xt+2t)$ 进行拉普拉斯变换，并将所得结果表示为变量 v 的函数。

19．求函数 $L(s)=\dfrac{1}{s^2+1}$ 的拉普拉斯反变换。

20．求函数 $f(n)=2^n$，$g(n)=\sin(kn)$，$h(n)=\cos(kn)$ 的 Z 变换。

21．求函数 $F(z)=\dfrac{z}{z-2}$，$G(n)=\dfrac{n(n+1)}{n^2+2n+1}$ 的 Z 反变换。

22．求解下列方程组：

（1）$\begin{cases}-x_1+2x_2=2\\2x_1+x_2+x_3=3\\4x_1+5x_2+7x_3=0\\x_1+x_2+5x_3=-5\end{cases}$　　（2）$\begin{cases}x_1+x_2+3x_3-x_4=-2\\x_2-x_3+x_4=1\\x_1+x_2+2x_3+2x_4=4\\x_1-x_2+x_3-x_4=0\end{cases}$

（3）$\begin{cases}x_1-2x_2+3x_3-4x_4=4\\x_2-x_3+x_4=-3\\-x_1-x_2+2x_4=-4\end{cases}$　　（4）$\begin{cases}x_1-4x_2+2x_3=0\\2x_2-x_3=0\\-x_1+2x_2-x_3=0\end{cases}$

23．解方程 $f(x)=\sin x+\tan x+1=0$。

24．求线性齐次常微分方程组 $X'=\begin{bmatrix}1&3\\-3&4\end{bmatrix}X$ 的解。

25．求解下列微分方程：

（1）$y'=(x+y)(x-y)$

（2）$xy'=y\log(y/x)$，$y(10)=1$

（3）$y'=-x\sin x/\cos y$，$y(2)=1$

26．设常微分方程及其两个初始条件为：

$$\frac{\mathrm{d}^2y}{\mathrm{d}x^2}=\cos(2x)-y,\quad \frac{\mathrm{d}y}{\mathrm{d}x}(0)=0,\quad y(0)=1$$

求该微分方程的解。

27．求解下列微分方程组。

（1）$f'=f+3g$，$g'=f+4$

（2）$X'=AX$，A=[2 44 8 3;3 4 2 9;9 23 8 43;92 4 1 4]

第 6 章

MATLAB 程序设计

教学提示

MATLAB 与其他高级计算机语言一样，可以编制 MATLAB 程序进行程序设计，而且与其他几种高级计算机语言相比，还有许多无法比拟的优点。本章将较为详细地讨论在 M 文件（以.m 为扩展名的 MATLAB 程序）的编程工作方式下，MATLAB 程序设计的概念和基本方法。

教学要求

掌握 MATLAB 程序设计的概念和基本方法。

MATLAB 作为一种高级计算机语言，有两种常用的工作方式，一种是交互式命令行工作方式，另一种是 M 文件的编程工作方式。在交互式命令行工作方式下，MATLAB 被当作一种高级“数学演算纸和图形显示器”来使用，前面 5 章都是采用这种方式。在 M 文件的编程工作方式下，MATLAB 可以像其他高级计算机语言一样进行程序设计，即编制 M 文件。而且，由于 MATLAB 本身的一些特点，M 文件的编制同其他几种高级计算机语言相比有许多的优点。本章将较为详细地讨论在 M 文件的编程工作方式下，MATLAB 程序设计的主要概念和基本方法。

6.1 M 文件

MATLAB 的 M 文件

M 文件有脚本文件（Script File）和函数文件（Function File）两种形式。脚本文件通常用于执行一系列简单的 MATLAB 命令，运行时只需输入文件名字，MATLAB 就会自动按顺序执行文件中的命令；函数文件和脚本文件不同，它可以接受参数，也可以返回参数。在一般情况下，用户不能靠单独输入其文件名来运行函数文件，而必须由其他语句来调用该文件。MATLAB 的大多数应用程序都是以函数文件的形式给出的。

6.1.1　局部变量与全局变量

无论在脚本文件还是在函数文件中，都会定义一些变量。函数文件所定义的变量是局部变量，这些变量独立于其他函数的局部变量和工作区的变量，即只能在该函数的工作区被引用，而不能在其他函数工作区和命令工作区中被引用。但是如果某些变量被定义成全局变量，就可以在整个 MATLAB 工作区中进行存取和修改，以实现共享。因此，定义全局变量是函数间传递信息的一种手段。

用命令 global 定义全局变量，其格式为：

```
global　A　B　C
```

将 A、B、C 这 3 个变量定义为全局变量。

在 M 文件中定义全局变量时，如果在当前工作空间中已经存在相同的变量，系统将会给出警告，说明由于将该变量定义为全局变量，可能会使该变量的值发生改变。为避免发生这种情况，应该在使用变量前先将其定义为全局变量。

在 MATLAB 中对变量名是区分大小写的，因此为了在程序中分清楚变量而不至于误声明，习惯上用大写字母来定义全局变量。

6.1.2　M 文件的编辑与运行

MATLAB 语言是一种高效的编程语言，可以用普通的文本编辑器把一系列 MATLAB 语句写在一起构成 MATLAB 程序，然后存储在一个文件里，将文件的扩展名设为.m，得到 M 文件。这些 M 文件都是由纯 ASCII 码字符构成的，在运行 M 文件时只需在 MATLAB“命令行”窗口下输入该文件名即可。

在 MATLAB 的编辑器中建立与编辑 M 文件的一般步骤如下。

1. 新建文件

（1）单击 MATLAB 的“主页”选项卡上“新建脚本”图标；或者单击“主页”选项卡“新建”选项下的“脚本”选项。

（2）在“命令行”窗口输入 edit 语句建立新文件，或输入 edit <新建文件名>语句，则在“弹出文件不存在”的提示框中，单击“是”按钮，则建立“新建文件名”的 M 文件。

（3）如果已经打开了文件编辑器后需要再建立新文件，可以用编辑器的菜单或工具栏上相应的图标进行操作。

2. 打开文件

（1）单击 MATLAB 的主界面的工具栏上的图标，弹出“打开”文件对话框，选择已有的 M 文件，单击“打开”按钮，或者单击图标下的黑色小箭头，则可以显示最近打开过的文件，然后单击“选择”按钮。

（2）在“命令行”窗口输入 edit <文件名>语句，打开指定文件名的 M 文件。

3. 编辑文件

虽然 M 文件是普通的文本文件，在任何的文本编辑器中都可以编辑，但 MATLAB 系统提供了一个更方便的内部编辑/调试器。打开“编辑器”窗口时默认停靠在主界面中，和“命令行”窗口一样，通过取消停靠“编辑器”窗口可从 MATLAB 主界面中分离出来，以便单独显示和操作，“编辑器”窗口如图 6.1 所示。

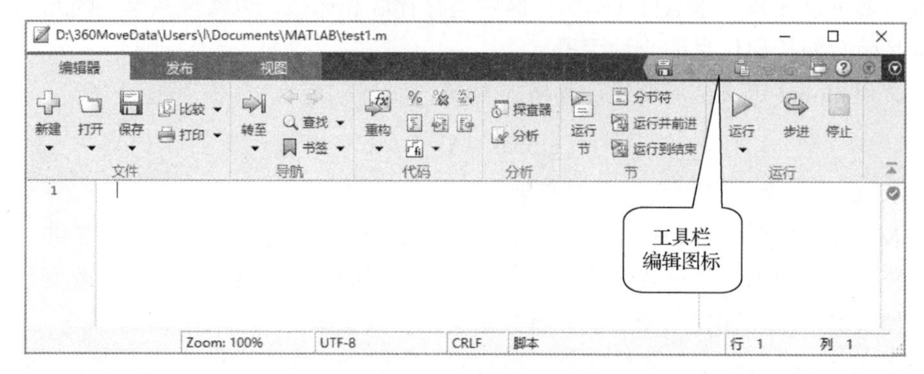

图 6.1 “编辑器”窗口

对于新建的 M 文件，可以在 MATLAB“编辑器”窗口编写新的文件；对于打开的已有 M 文件，其内容显示在“编辑器”窗口，用户可以对其进行修改。

在编辑的过程中可以使用类似于其他文本编辑器（如 Word）的编辑菜单、工具栏的编辑图标和快捷键等。值得注意的是，除了注释内容外，所有 MATLAB 的语句都要使用西文字符。

4. 保存文件

M 文件在运行之前必须先保存。其方法有以下几种。

（1）单击“编辑”选项卡中的图标：对于新建的 M 文件，则弹出“选择要另存的文件”对话框，选择存放的路径、文件名和文件保存类型（不选择时为 M 文件），单击“保存”按钮，即可完成保存；对于打开的已有 M 文件，则直接完成保存。

（2）单击“编辑”选项卡中“保存”选项下的箭头，在下拉菜单中：

① 选择“保存”命令，等同于单击编辑器工具栏上的图标。

② 选择“另存为…”命令，对于新建的 M 文件，等同于选择“保存”命令；对于打开的已有 M 文件，可以在弹出“选择要另存的文件”对话框中，重新选择存放的目录、文件名进行保存。

③ 选择“全部保存”命令，对于新建的 M 文件，等同于选择“保存”命令；对于已有的文件，则保存当下所有文件。

5. 运行文件

脚本文件可直接运行，而函数文件还必须输入函数参数。

（1）在“命令行”窗口中输入要运行的文件名即可开始运行，需要注意的是，在运行前，一定要先保存文件，否则运行的是保存前的程序。

（2）如果在编辑器中完成编辑后需要直接运行，可以选择编辑器的“运行”选项。

（3）按 F5 键则保存程序并直接运行。如果是新建 M 文件，则弹出“保存文件”对话框，用户保存文件后可直接运行。

6.1.3　脚本文件

脚本文件是 M 文件中最简单的一种，不需要输入、输出参数，用命令语句就可以控制 MATLAB 命令工作区中的所有数据。在运行过程中，产生的所有变量均是命令工作区变量，这些变量一旦生成，就一直保存在内存空间中，除非用户执行 clear 命令将它们清除。

运行一个脚本文件等价于从“命令行”窗口中顺序运行文件里的语句。由于脚本文件只是一串命令的集合，因此只需像在“命令行”窗口中输入语句那样，依次将语句编辑在脚本文件中即可。

【例 6.1】编程计算向量元素的平均值。

```
% average_1.m 计算向量元素的平均值
x=input('输入向量：x=');
[m,n]=size(x);                              %判断输入量的大小
if~((m==1)|(n==1))|((m==1)&(n==1))          %判断输入是否为向量
    error('必须输入向量。')
end
average=sum(x)/length(x)                    %计算向量 x 所有元素的平均值
```

将其保存为 average_1.m 并运行，如果输入行向量[1 2 3]，则运行结果为：

```
输入向量：x=[1 2 3]
average =
     2
```

也可以输入列向量[1;2;3]，则运行结果为：

```
输入向量：x=[1;2;3]
average =
     2
```

如果输入的不是向量，如[1 2 3; 4 5 6]，则运行结果为：

```
输入向量：x=[1 2 3; 4 5 6]
错误使用 average_1
必须输入向量。
```

注意：运行前，应该将文件存放的路径设置成可搜索路径，具体设置方法见 1.7 节。另外一种简单的方法是：选择编辑器的“Run”选项或按 F5 键直接运行，若文件不在搜索路径列表中，则弹出如图 6.2 所示对话框，可以通过单击“更改文件夹”按钮将文件所在的目录设置成当前目录并添加到 MATLAB 搜索路径的开头或最后，然后直接运行。

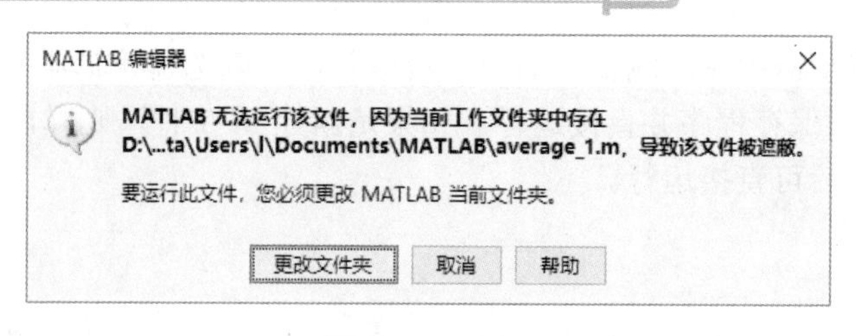

图 6.2 “MATLAB 编辑器”对话框

6.1.4 实时脚本文件

MATLAB 从 2016 年的版本（MATLAB 9.0）开始，引入了实时脚本功能。实时脚本是用于与 MATLAB 命令进行交互的程序文件，包含输出和图形以及生成这些输出和图形的代码，共同显示在交互式环境中。同时可以在实时脚本中添加格式化文本、图像、超链接和方程。

实时脚本文件的扩展名为.mlx，其新建、打开、保存和编辑方式与脚本文件大体相同。

（1）实时脚本文件的新建。

① 单击新建实时脚本图标，即可打开“实时编辑器”选项卡编辑实时脚本。

② 选择“命令历史记录”窗口中的命令（可选择多个历史命令），然后，在弹出的菜单中选择“创建实时脚本”选项，即可打开“实时编辑器”选项卡编辑包含所选历史命令的实时脚本。

③ 在“命令行”窗口中输入 edit 语句建立新文件，在保存文件弹出的对话框中，指定“保存类型”为“MATLAB 实时代码文件（*.mlx）”，文件名为“新建文件名.mlx”；或直接在“命令行”窗口中输入 edit <新建文件名.mlx>，在弹出“所建文件不存在”的提示框中，单击“是”按钮，则建立名为“新建文件名”的实时脚本文件。

（2）将已有.m 脚本作为.mlx 实时脚本打开。

实时脚本的打开方式，除了常规方式以外，还可以将已有.m 脚本作为.mlx 实时脚本打开。但是单纯地使用扩展名.mlx 重命名脚本是行不通的，并且会损坏文件。另外，实时编辑器不支持函数和类，无法进行转换。

将已有.m 脚本转换为.mlx 实时脚本有以下几种方法。

① 在编辑器中打开已有的.m 脚本，单击窗口右上角图标，可以弹出对“编辑器”窗口进行操作的各种选项，然后从下拉菜单中选择“以实时脚本方式打开<已有.m 脚本文件>”选项。

② 在编辑器中打开已有.m 脚本，单击“保存”下拉菜单箭头，然后选择“另存为”选项。然后，将“另存为”类型设置为“MATLAB 实时代码文件（* .mlx）”，然后单击“保存”按钮。

③ 在“当前文件夹”浏览器中找到已有的.m 脚本文件，右击该文件，然后从下拉菜单中选择“以实时脚本方式打开”选项。

（3）代码运行及输出。

① 创建实时脚本后，可以在窗口中添加、编辑代码。

② 运行代码，在“实时编辑器”选项卡中，单击“运行”按钮。

③ 输出结果，可以选择窗口右侧的“右侧输出”或“内嵌输出”按钮，将结果输出在右侧窗口或者与代码窗口同侧的窗口，还可以选择“隐藏代码”按钮，只输出结果，如图 6.3 所示。

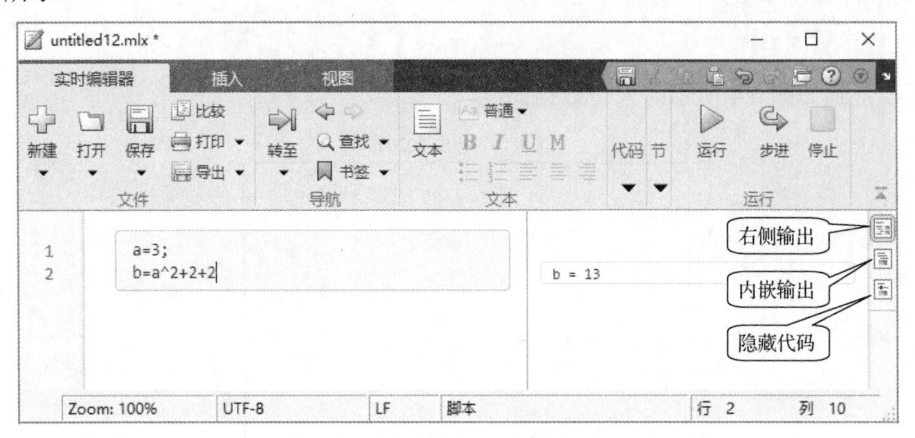

图 6.3 实时脚本的编辑、运行和输出

【例 6.2】已知中国 1950 年至 2020 年每隔 10 年的人口数据如表 6-1 所示。

表 6-1 中国 1950 年至 2020 年每隔 10 年的人口数据

年份	1950	1960	1970	1980	1990	2000	2010	2020
人口数量/亿	5.52	6.62	8.3	9.87	11.43	12.67	13.41	14.12

（1）创建实时脚本，以可视化方式呈现该段时间内的人口变化。

（2）使用多项式拟合数据，拟合方程为：

① $y=ax+b$，线性拟合。

② $y=ax^2+bx+c$，二次多项式拟合。

③ $y=ax^3+bx^2+cx+d$，三次多项式拟合。

使用 polyfit()函数获取拟合系数，然后使用 polyval() 函数来计算以上方程在点 x 处的拟合多项式。

（3）使用 plot()函数绘制拟合数据的线性、二次多项式和三次多项式曲线。

（4）预测 2030 年中国的人口数量。

解：（1）创建实时脚本，输入各年人口数据。

具体执行代码如下：

```
years = (1950:10:2020);                                  % 时间间隔
pop = [5.52 6.62 8.3 9.87 11.43 12.67 13.41 14.12]      % 人口数据
```

```
pop = 1×8
    5.5200    6.6200    8.3000    9.8700   11.4300   12.6700   13.4100   14.1200
```

绘制各年人口数据，以可视化方式呈现该段时间内的人口变化。

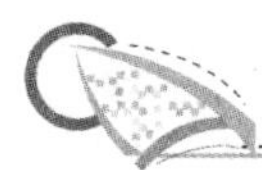

输入如下代码。

```
plot(years,pop,'bo');                              % 绘制人口数据
axis([1950 2030 0 20]);
title('中国人口（1950-2020）');
ylabel('亿');
xlabel('年');
ylim([5 15]);
```

可以得到如图 6.4 所示的人口数据曲线。

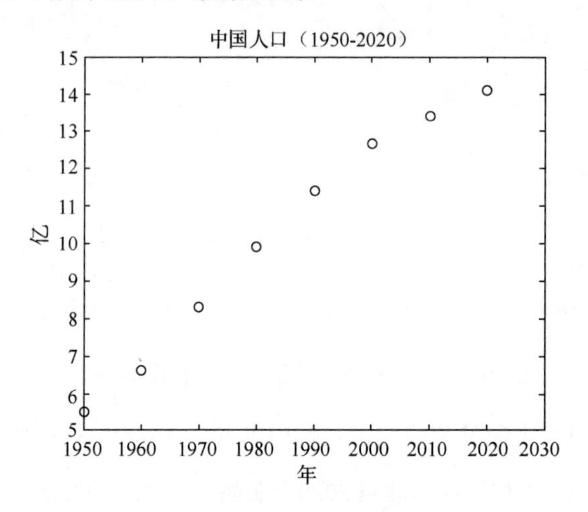

图 6.4　人口数据曲线

（2）获取拟合系数，计算在点 x 处的拟合多项式。

具体执行代码如下。

```
x = (years-1950)/10;
coef1 = polyfit(x,pop,1)
```

```
coef1 = 1×2
      1.2955    5.7083
```

```
coef2 = polyfit(x,pop,2)
```

```
coef2 = 1×3
     -0.0708    1.7913    5.2125
```

```
coef3 = polyfit(x,pop,3)
```

```
coef3 = 1×4
     -0.0228    0.1683    1.1649    5.4517
```

```
pred1 = polyval(coef1,x);
pred2 = polyval(coef2,x);
pred3 = polyval(coef3,x);
[pred1; pred2; pred3]
```

```
ans = 3×8
      5.7083    7.0038    8.2993    9.5948   10.8902   12.1857   13.4812   14.7767
      5.2125    6.9330    8.5118    9.9489   11.2444   12.3982   13.4104   14.2808
      5.4517    6.7621    8.2726    9.8464   11.3469   12.6374   13.5812   14.0417
```

（3）绘制拟合数据曲线：

输入如下代码。

```
hold on
plot(years,pred1)
plot(years,pred2)
plot(years,pred3)
ylim([5 15])
legend({'人口数据' '线性拟合' '二次拟合' '三次拟合'},'Location', 'NorthWest')
hold off
```

可以得到如图6.5所示的拟合人口数据曲线。

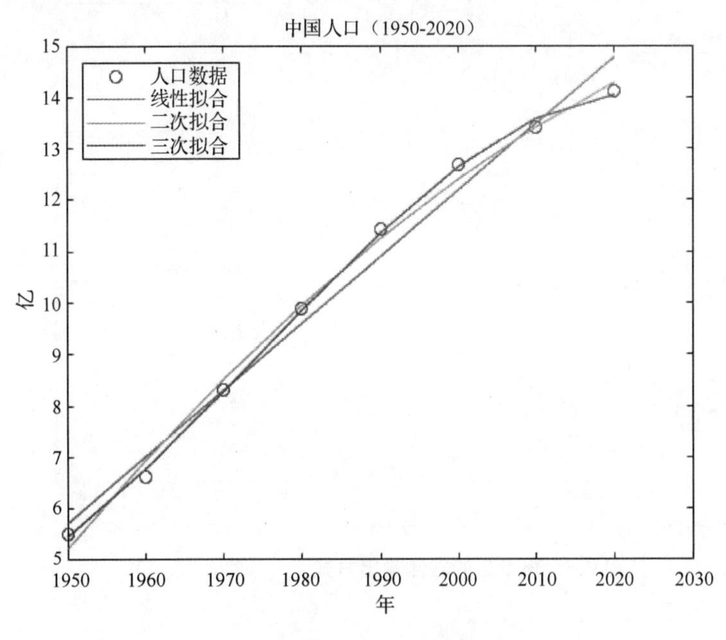

图6.5　拟合人口数据曲线

（4）预测2030年中国的人口数量。

具体执行代码如下。

```
year = 2030;
xyear = (year-1950)/10;
pred1 = polyval(coef1,xyear);
pred2 = polyval(coef2,xyear);
pred3 = polyval(coef3,xyear);
[pred1 pred2 pred3]
```

```
ans = 1×3
     16.0721   15.0096   13.8821
```

线性拟合、二次拟合和三次拟合的人口预测值分别约为16.07亿、15.01亿和13.88亿人。

以上实时脚本进行了分节，并采用内嵌输出方式输出结果。若采用右侧输出方式，则可查看输出结果的全貌，如图6.6所示。

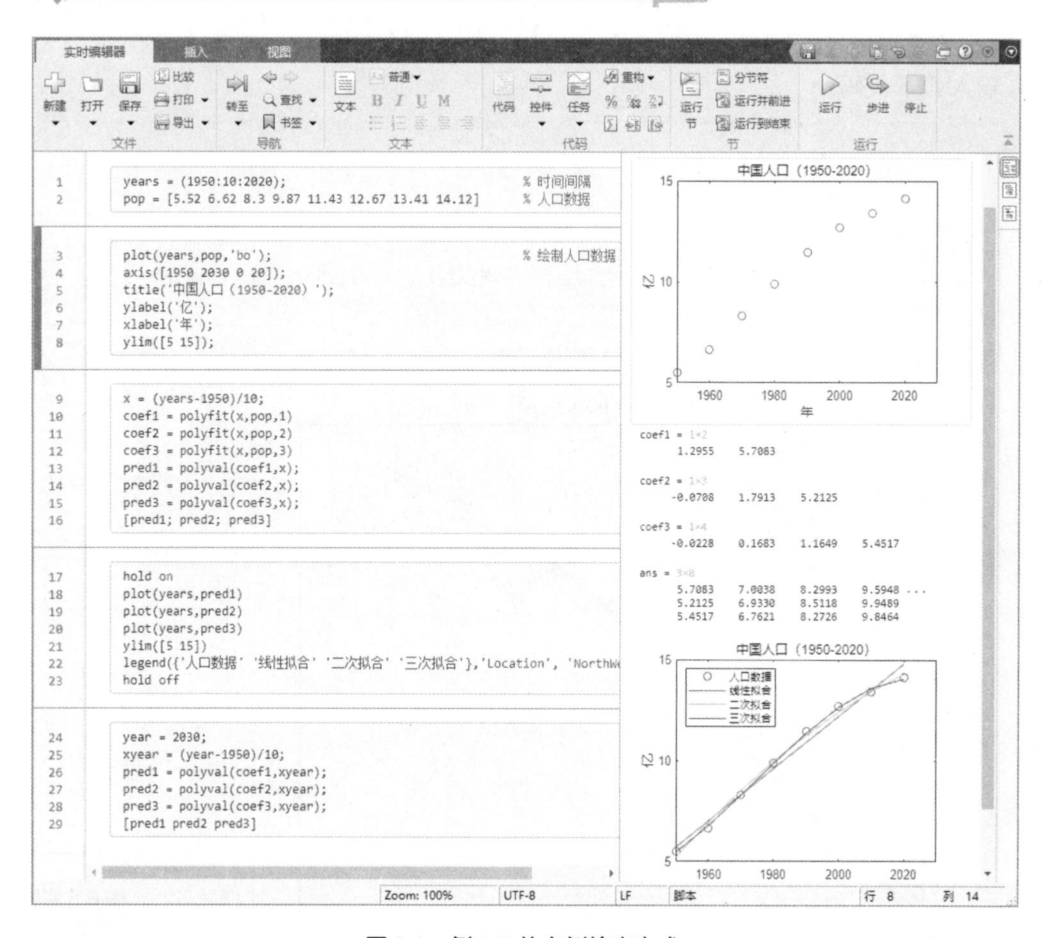

图 6.6　例 6.2 的右侧输出方式

6.1.5　函数文件

如果 M 文件的第一个可执行语句以关键字 function 开始，则该文件就是函数文件，每一个函数文件都定义了一个函数。事实上，MATLAB 提供的函数命令大部分都是由函数文件定义的，这足以说明函数文件的重要性。

从使用的角度来看，函数是一个“黑箱”，把一些数据送进去，经过加工处理后把结果送出来。从形式上来看，函数文件区别于脚本文件之处是脚本文件的变量为命令工作区变量，在文件执行完成后保留在命令工作区中；而函数文件内定义的变量为局部变量，只在函数文件内部起作用，当函数文件执行完后，这些内部变量将被清除。

【例 6.3】 编写函数 average_2()用于计算向量元素的平均值。

```
function y=average_2(x)
% 函数 average_2(x)用以计算向量元素的平均值。
% 输入参数 x 为输入向量，输出参数 y 为计算的平均值。
% 非向量输入将导致错误。
[m,n]=size(x);                                    %判断输入量的大小
```

```
if~((m==1)|(n==1))| ((m==1)& (n==1))          %判断输入是否为向量
    error('必须输入向量。')
end
y=sum(x)/length(x);                              %计算向量 x 所有元素的平均值
```

将文件存盘，默认状态下文件名为average_2.m（文件名与函数名相同），函数 average_2() 接受一个输入参数并返回一个输出参数，该函数的用法与其他 MATLAB 函数一样。在 MATLAB“命令行”窗口中运行以下语句，便可求得 1～99 的平均值。

```
>> z=1:99;
>> average_2(z)
ans =
    50
```

请读者自行比较例 6.1 和例 6.3 的区别。

通常函数文件由以下几个基本部分组成。

（1）函数定义行。函数定义行由关键字 function 引导，指明这是一个函数文件，并定义函数名、输入参数和输出参数，函数定义行必须为文件的第一个可执行语句，函数名与文件名相同，可以是 MATLAB 中任何合法的字符。

函数文件可以带有多个输入和输出参数，如：

```
function [x,y,z]=sphere(theta,phi,rho)
```

函数文件也可以没有输出参数，如：

```
function printresults(x)
```

（2）H1 行。H1 行就是帮助文本的第一行，是函数定义行下的第一个注释行，是供 lookfor 查询时使用的。一般来说为了充分利用 MATLAB 的搜索功能，在编制 M 文件时，应在 H1 行中尽可能多地包含该函数的特征信息。由于在搜索路径中可能包含 average 信息的函数很多，因此用 lookfor average 语句可能会查询到多个有关的函数文件。为精准查询本例的函数，可以用函数名 average_2 进行查询：

```
>> lookfor average_2
average_2.m: % 函数 average_2(x)用以计算向量元素的平均值。
```

（3）帮助文本。在函数定义行后面，连续的注释行不仅可以起到解释与提示作用，更重要的是为用户自己的函数文件建立在线查询信息，以供 help 命令在线查询时使用。如：

```
>> help average_2
函数 average_2(x)用以计算向量元素的平均值。
输入参数 x 为输入向量，输出参数 y 为计算的平均值。
非向量输入将导致错误。
```

（4）函数体。函数体包含了全部的用于完成计算及给输出参数赋值等工作的语句，这些语句可以是调用函数、流程控制、交互式输入/输出、计算、赋值、注释和空行。

（5）注释。以%起始到行尾结束的部分为注释部分，MATLAB 的注释可以放置在程序的任何位置，可以单独占一行，也可以在一个语句之后，如：

```
%非向量输入将导致错误
[m,n]=size(x);                %判断输入量的大小
```

6.1.6 函数调用

调用函数文件的一般格式为：

[输出参数表]=函数名(输入参数表)

调用函数时应注意以下几点。

（1）当调用一个函数时，输入和输出参数的顺序应与函数定义时的一致，可以使用少于函数文件中所规定的输入和输出参数数目来调用函数，但不能使用多于函数文件所规定的输入和输出参数数目。如果输入和输出参数数目多于函数文件所允许的数目，或者省略了函数的必选参数，则调用时自动返回错误信息。例如：

```
>> [x,y]=sin(pi)
??? 错误使用 sin
输出参数太多
```

又如，linspace(x1,x2,n)中的 n 可以省略，但 x2 不能省略。

```
>> y=linspace(2)
输入参数的数目不足。
出错 linspace （第 19 行）
   n = floor(double(n));
```

（2）在编写函数文件时常通过 nargin()、nargout()函数来设置默认输入参数，并决定用户所希望的输出参数。函数 nargin()可以检测函数被调用时用户指定的输入参数个数；函数 nargout()可以检测函数被调用时用户指定的输出参数个数。通过 nargin()、nargout()函数可以适应在函数文件被调用时，用户输入和输出参数数目少于函数文件中 function 语句所规定数目的情况，因此用户可以自己决定采用何种默认输入参数和输出参数。例如：

```
function y=linspace(d1, d2, n)
%LINSPACE Linearly spaced vector.
%   LINSPACE(X1, X2) generates a row vector of 100 linearly
%   equally spaced points between X1 and X2.
%
%   LINSPACE(X1, X2, N) generates N points between X1 and X2.
%   For N < 2, LINSPACE returns X2.
%
%   Class support for inputs X1,X2.
%      float: double, single
%
```

```
%   See also LOGSPACE, :.

%   Copyright 1984-2004 The MathWorks, Inc.
%   $Revision: 5.12.4.1 $  $Date: 2004/07/05 17:01:20 $
if nargin==2
   n=100;
end
n=double(n);
y=[d1+(0:n-2)*(d2-d1)/(floor(n)-1)d2];
```

如果用户只指定 2 个输入参数去调用 linspace()函数，如 linspace(0,10)，则返回在 0～10 之间等间隔产生的 100 个数据点；相反，如果输入参数的个数是 3，如 linspace(0,10,50)，则第 3 个参数决定数据点的个数，返回在 0～10 之间等间隔产生的 50 个数据点。

同样，函数也可按少于函数文件中所规定的输出参数进行调用。例如，对函数 size()的调用：

```
>> x=[1 2 3 ; 4 5 6];
>> m=size(x)
m =
     2    3
>> [m,n]=size(x)
m =
     2
n =
     3
```

（3）当函数有一个以上输出参数时，输出参数包含在方括号内。例如，[m,n]=size(x)。

注意：[m,n]在左边表示函数的两个输出参数 m 和 n，不要把它和[m,n]在等号右边的情况混淆，如 y=[m,n]表示数组 y 由数组元素 m 和 n 所组成。

（4）当函数有一个或多个输出参数，但调用时未指定输出参数，则不给输出变量赋任何值。例如：

```
function t=toc
% TOC Read the stopwatch timer.
% TOC, by itself, prints the elapsed time (in seconds) since TIC was used.
% t = TOC; saves the elapsed time in t, instead of printing it out.
% See also TIC, ETIME, CLOCK, CPUTIME.
%      Copyright(c)1984-94byTheMathWorks,Inc.
% TOC uses ETIME and the value of CLOCK saved by TIC.
Global TICTOC
If nargout<1
           elapsed_time=etime(clock,TICTOC)
else
```

```
        t=etime(clock,TICTOC);
end
```

如果用户调用 toc 时不指定输出参数 t，则：

```
>> tic
>> toc
elapsed_time =
   4.0160
```

函数在“命令行”窗口显示函数工作区变量 elapsed_time 的值，但在 MATLAB 命令工作区里不给输出参数 t 赋任何值，也不创建变量 t。

如果用户调用 toc 时指定输出参数 t，例如：

```
>> tic
>> out=toc
out =
   2.8140
```

则 t 以变量 out 的形式返回到“命令行”窗口，并在 MATLAB 命令工作区里创建变量 out。

（5）函数有自己的独立工作区，它与 MATLAB 的工作区分开。除非使用全局变量，否则函数内变量与 MATLAB 其他工作区之间唯一的联系是函数的输入和输出参数。如果函数任一输入参数值发生变化，其变化仅在函数内出现，不影响 MATLAB 其他工作区的变量。函数内所创建的变量只驻留在该函数工作区，而且只在函数执行期间临时存在，执行过后就会消失。因此，函数从一个程序调用到另一个程序，在函数工作区以变量存储信息是不可能的。

（6）在 MATLAB 其他工作区重新定义预定义的变量（例如 pi），它不会延伸到函数的工作区；反之亦然，即在函数内重新定义预定义的变量不会延伸到 MATLAB 的其他工作区中。

（7）如果变量是全局的，函数可以与其他函数、MATLAB 命令工作区和递归调用本身共享变量。为了在函数内或 MATLAB 命令工作区中访问全局变量，全局变量在每一个所希望的工作区中都必须加以说明。

（8）全局变量可以为编程带来某些方便，但却破坏了函数对变量的封装，所以在实际编程中，无论什么时候都应尽量避免使用全局变量。如果一定要用全局变量，建议全局变量名要长、采用大写字母，并有选择地以首次出现的 M 文件的名字开头，使全局变量之间不必要的互作用减至最小。

（9）MATLAB 以搜寻脚本文件的方式搜寻函数文件。例如，输入 cow 语句，MATLAB 首先认为 cow 是一个变量；如果它不是，那么 MATLAB 认为它是一个内置函数；如果还不是，MATLAB 检查当前 cow.m 的目录或文件夹；如果仍然不是，MATLAB 就检查 cow.m 所在 MATLAB 搜寻路径上的所有目录或文件夹。

（10）从函数文件内可以调用脚本文件。在这种情况下，脚本文件查看函数工作区的内容，不查看 MATLAB 命令工作区的内容。从函数文件内调用的脚本文件不必调入内存

进行编译，函数每调用一次，它们就被打开和解释。因此，从函数文件内调用脚本文件减慢了函数的执行。

（11）当函数文件到达文件终点，或者碰到返回命令 return 时，就结束执行和返回。返回命令 return 提供了一种结束函数的简单方法，即不必到达文件的终点就可结束函数。

6.2　MATLAB 的程序控制结构

作为一种程序设计语言，MATLAB 语言和其他程序设计语言一样，除了按正常顺序执行的程序结构外，还提供了各种控制程序流程的语句，如循环语句、条件语句、开关语句等。控制流程极其重要，通过对流程控制语句的组合使用，可以实现多种复杂功能的程序设计，因此这些语句经常出现在 M 文件中。

6.2.1　循环结构

在 MATLAB 中实现循环结构的语句有两种，for 循环语句和 while 循环语句，这两种语句不完全相同，各有特色。

1. for 循环

MATLAB
循环语句

for 循环允许一组命令以固定的和预定的次数重复。for 循环的一般形式是：

```
for 循环控制变量=表达式 1:表达式 2:表达式 3
语句
end
```

表达式 1 的值为循环控制变量的初值；表达式 2 的值为步长，每执行循环体一次，循环控制变量的值将增加步长大小。步长可以为负值，当步长为 1 时，表达式 2 可省略；表达式 3 为循环控制变量的终值，当循环控制变量的值大于终值时循环结束。在 for 循环中，循环体内不能出现对循环控制变量的重新设置，否则将会出错。for 循环允许嵌套使用。

【例 6.4】 求 $s=\sum_{n=1}^{10} n$ 的值。

```
s=0;
for n=1:10
    s=s+n;
end
s
```

运行结果为：

```
s =
    55
```

第一次通过 for 循环时，n=1，执行语句 s=s+n；第二次通过时，n=2，执行语句 s=s+n;…；

第十次通过时，n=10，执行语句 s=s+n；当 n=11 时，for 循环结束，然后执行 end 语句后面的命令。上面的例子显示了所计算的 s 值，即 1～10 的累加和。

【例 6.5】在区间[-2 ,-0.75]内，以步长 0.25 对函数 $y=f(x)=1+1/x$ 求值，并列表显示。

```
r=[ ];
s=[ ];
for x=-2.0:0.25:-0.75
y=1+1/x;
r=[r x];
s=[s y];
end
[r; s]'
```

运行结果为：

```
ans =
   -2.0000    0.5000
   -1.7500    0.4286
   -1.5000    0.3333
   -1.2500    0.2000
   -1.0000         0
   -0.7500   -0.3333
```

使用 for 循环语句需要注意以下几点。

（1）for 循环不能通过在循环内重新给循环变量赋值来终止。

```
x=0;
for n=1:4
    x=x+1
n=5;
end
```

运行结果为：

```
x =
     1
x =
     2
x =
     3
x =
     4
```

可以看出，在循环内给循环变量 n 赋值，并不能控制程序流程。

（2）for 循环的循环变量= [表达式 1:表达式 2:表达式 3]，这其实是一个行向量，例如，[1:2:10]=[0　2　4　6　8　10]。它还可以是数组，其更普遍的形式为：

```
for 循环控制变量 = 数组表达式
语句
end
```

【例 6.6】用 for 循环求行向量[−2,5,3,6,−2]各元素之和。

```
a=[-2,5,3,6,-2];
s=0;
k=0;
for n=a
    n              %显示每一次循环变量的值
    k=k+1;         %记录循环次数
    s=s+n;         %计算行向量 a 中各元素之和
end
k,s                %显示总的循环次数和计算结果
```

运行结果为：

```
n =
    -2
n =
     5
n =
     3
n =
     6
n =
    -2
k =
     5
s =
    10
```

可以看出，总循环次数为 5，第 i 次循环时循环变量的值为 a(i)，计算结果为行向量 a 各元素之和。

【例 6.7】观察下列程序的运行结果。

```
data=[3  9  45  6;  7  16  -1  5]
k=0;
for n=data
    n              %显示每一次循环变量的值
    k=k+1;         %记录循环次数
    x=n(1)-n(2)
end
k                  %显示总的循环次数
```

运行结果为：

```
data =
     3     9    45     6
     7    16    -1     5
n =
     3
     7
x =
    -4
n =
     9
    16
x =
    -7
n =
    45
    -1
x =
    46
n =
     6
     5
x =
     1
k =
     4
```

可以看出，总循环次数为 4，第 i 次循环时循环变量的值为 n(i,:)，程序的功能是求矩阵第一行与第二行对应元素之差。

【例 6.8】 运行下列程序，并观察运行结果。

```
data(:,:,1)=[3  9  45  6;7  16  -1  5];
data(:,:,2)=[1  2  3  4;8  7  6  5];
data                        %显示三维数组 data
k=0;
for n=data
    n                       %显示每一次循环变量的值
    k=k+1;                  %记录循环次数
    x=n(1)-n(2)
end
k                           %显示总的循环次数
```

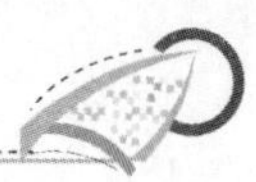

从例 6.6～例 6.8 的结果可以看出，当循环变量 n 为 $m_1\times m_2\times\ldots\times m_n$ 维数组 x 时，for 循环的总循环次数为 $m_2\times\ldots\times m_n$，第 i 次循环时循环变量 n 的值为列向量 $\boldsymbol{x}(i,j,\ldots,k)$，$j\ldots k$ 分别为数组 x 第 2～n 维的下标，从 1～$m_2,\ldots,1$～m_n 依次变化。

（3）for 循环可嵌套使用。

【例 6.9】 以 for 循环求 1！+2！+...+10!的值。

```
s=0;
for i=1:10
    p=1;
    for j=1:i
        p=p*j;
    end
s=s+p;
end
s
```

运行结果为：

```
s =
    4037913
```

（4）当有一个等效的数组方法来解给定的问题时，应避免使用 for 循环。

【例 6.10】 比较下面两段程序的执行情况。

```
(a)for n=1:10
        x(n)=sin(n*pi/10);
end
x
(b)n=1:10;
x=sin(n*pi/10)
```

两段程序的运行结果相同，均为：

```
x =
0.3090 0.5878 0.8090 0.9511 1.0000 0.9511 0.8090 0.5878 0.3090 0.0000
```

但后者执行更快、更直观和简便。

（5）为了得到更快的速度，在 for 循环（或 while 循环）被执行之前，应预先分配数组。如例 6.10（a），在 for 循环内每执行一次命令，变量 x 的大小增加 1，迫使 MATLAB 每进行一次循环都要花费时间对 x 分配更多的内存。为了省去这个步骤，可以在例 6.10（a）程序的首行加入：

```
x=zeros(1,10);      %为 x 分配内存单元
```

2. while 循环

for 循环的循环次数往往是固定的，而 while 循环不固定循环次数，其一般形式为：

```
while 关系表达式
语句
end
```

只要表达式里的所有元素为真，就执行 while 和 end 语句之间的“语句”。通常，会给表达式赋一个标量值，但数组值也同样有效。在数组情况下，数组的所有元素必须都为真。

【例 6.11】 分析下列程序的功能。

```
num=0; EPS=1;
while (1+EPS)>1
EPS=EPS/2;
num=num+1;
end
num=num-1
EPS=2*EPS
```

运行结果为：

```
num =
    52
EPS =
    2.2204e-16
```

第 2 章介绍了 MATLAB 的特殊常量——容差变量 eps，当某量的绝对值小于 eps 时，可认为此量为零，计算机中此值为 2^{-52}。例 6.11 的功能就是计算 eps 的一种方法。这里我们用大写 EPS，以使 MATLAB 已经定义的 eps 值不会被覆盖掉。例 6.11 中，EPS 以 1 开始，只要(1+EPS)>1 为真，就一直执行 while 循环体内的语句。由于 EPS 不断地被 2 除，EPS 逐渐变小，当它小于 2.2204e−016 时被看成 0，从而使(EPS+1)≤1，于是 while 循环结束。因为循环条件是(1+EPS)>1 为假时才跳出循环，所以 EPS 应取使得(1+EPS)>1 为假的前一次结果，因此最后的结果 num 要减 1，EPS 要与 2 相乘。

注意： for 循环的循环变量为 $m_1\times m_2\times\ldots\times m_n$ 维数组，循环次数在一开始就由数组确定为 $m_2\times\ldots\times m_n$，所以在循环体内并不能通过改变循环变量的值而终止循环；而 while 循环是先执行循环体内的语句，再判断循环的条件是否成立，在循环体内可以通过改变循环变量的值终止循环。for 循环和 while 循环的执行过程如图 6.7 所示。

6.2.2 选择结构

很多情况下，需要根据不同的条件执行不同的语句，这在编程语言里是通过选择结构实现的。MATLAB 的选择结构语句有 if 语句、switch 语句和 try 语句。

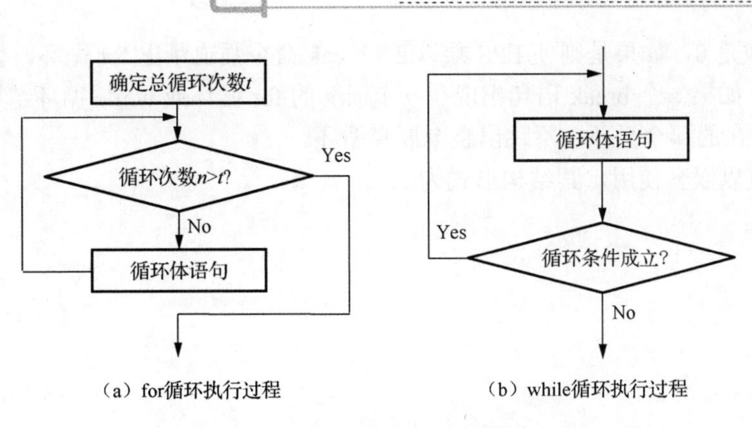

图 6.7　for 循环和 while 循环的执行过程

1. if 语句

if 语句的一般结构是：

```
if  表达式
语句 1
else
语句 2
    end
```

在这里，如果表达式为真，则执行语句 1；如果表达式为假，则执行语句 2。表达式为假时，如果不需要执行任何语句，则可以去掉 else 和语句 2。

if 语句可以实现 for 循环和 while 循环的合理跳出或中断。

【例 6.12】以 for 循环求容差变量 EPS。

```
EPS=1;
for n=1:100
    EPS=EPS/2;
    if (1+EPS)<=1
        EPS=EPS*2
        break
    end
end
num=n-1
```

运行结果为：

```
EPS =
  2.2204e-016
num =
    52
```

本例 for 循环的循环次数要足够大（大于 53）。if 语句检验 EPS 是否变得足够小，以至于可以看成是 0，如果是则使 EPS 乘以 2，break 命令强迫跳出 for 循环，转到循环外的下一个语句。如果一个 break 语句出现在一个嵌套的 for 循环或 while 循环结构里，那么只跳出 break 所在的那个循环，不跳出整个嵌套循环。

if 语句可以嵌套使用，其结构形式为：

```
if 表达式 1
语句 1
else
if 表达式 2
语句 2
else
                    ⋮
if 表达式 n
语句 n
else
语句 n+1
end
end
    end
```

或采用下列结构形式：

```
if 表达式 1
语句 1
elseif 表达式 2
语句 2
                ⋮
elseif 表达式 n
语句 n
            else
语句 n+1
            end
```

【例 6.13】用 for 语句和 if 语句创建下列矩阵：

$$\boldsymbol{A}=\begin{bmatrix}5&1&0&0&0\\1&5&1&0&0\\0&1&5&1&0\\0&0&1&5&1\\0&0&0&1&5\end{bmatrix}$$

```
A=[ ];
for k=1:5
    for j=1:5
        if k==j
```

```
            A(k,k)=5;
        elseif abs(k-j)==1
            A(k,j)=1;
        else
            A(k,j)=0;
        end
    end
end
A
```

运行结果为：

```
A =
     5     1     0     0     0
     1     5     1     0     0
     0     1     5     1     0
     0     0     1     5     1
     0     0     0     1     5
```

2. switch 语句

switch 语句的一般结构是：

```
switch 表达式
case 表达式 1
    语句 1
case 表达式 2
    语句 2
... ...
case 表达式 n
    语句 n
otherwise
    语句 n+1
end
```

当表达式的值等于表达式 1 的值时，执行语句 1；当表达式的值等于表达式 2 的值时，执行语句 2;…；当表达式的值等于表达式 n 的值时，执行语句 n；当表达式的值不等于任何 case 后面所列的表达式时，执行语句 n+1。当任何一个分支语句执行完后，都直接转到 end 语句的下一条语句。

【例 6.14】 用 switch 语句完成卷面成绩 score 的转换。

（1）score≥90 分，优。

（2）90>score≥80 分，良。

（3）80>score≥70 分，中。

（4）70>score≥60 分，及格。

（5）60＞score，不及格。

```
score=input('请输入卷面成绩：score=');
switch fix(score/10)
case 9
        grade='优'
case 8
grade='良'
case 7
grade='中'
case 6
grade='及格'
otherwise
grade='不及格'
end
```

运行结果为：

```
请输入卷面成绩：score=87
grade =
    '良'
```

3. try 语句

try 语句是 MATLAB 特有的语句，其一般结构是：

```
try
语句 1
catch
语句 2
    end
```

首先试探性地执行语句 1，如果出错，则将错误信息存入系统保留变量 lasterr 中，然后再执行语句 2；如果不出错，则转向执行 end 后面的语句。此语句可以提高程序的容错能力，增加编程的灵活性。

【例 6.15】 已知某图像文件名为 pic，但不知其存储格式为.bmp 还是.jpg，试编程来正确读取该图像文件。

```
try
    picture=imread('pic.bmp','bmp');
    filename='pic.bmp';
catch
    picture=imread('pic.jpg','jpg');
    filename='pic.jpg';
end
filename
```

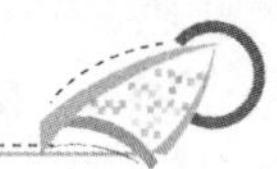

运行结果为：

```
filename =
pic.jpg
```

如果显示系统保留变量 lasterr，其结果为：

```
错误使用 imread>get_full_filename
文件 "pic.jpg.jpeg" 不存在。
```

6.2.3　程序流的控制

在上面讨论的程序结构控制中，曾经用到 break、return 等语句，这类语句同样可以影响程序的流程，称为程序流控制语句。

1. break 语句

终止本层 for 或 while 循环，跳转到本层循环结束语句 end 的下一条语句。

2. return 语句

终止被调用函数的运行，返回到调用函数。

3. pause 语句

其调用格式如下。
（1）pause：暂停程序运行，按任意键继续。
（2）pause(n)：程序暂停运行 n 秒后继续。
（3）pause on/off：允许/禁止其后的程序暂停。

4. continue 语句

在 for 循环或 while 循环中遇到该语句，将跳过其后的循环体语句，进行下一次循环。

6.3　数据的输入与输出

在程序设计中，免不了进行数据的输入与输出，以及与其他外部程序进行数据交换。下面对 MATLAB 常用的数据输入与输出方法进行介绍。

6.3.1　键盘输入语句（input）

其调用格式如下。

（1）x = input('prompt')：显示提示字符串'prompt'，要求用户键盘输入 x 的值。

（2）x = input('prompt','s')：显示提示字符串'prompt'，要求用户键盘输入字符型变量 x 的值，不至于将输入的数字看成是数值型数据。

6.3.2 屏幕输出语句（disp）

屏幕输出最简单的方法是直接写出欲输出的变量或数组名，后面不加分号。此外，可以采用 disp 语句，其调用格式为 disp(x)。

6.3.3 M 数据文件的存储/加载语句（save / load）

1. save 语句

其调用格式如下。

（1）save：将所有工作区变量存储在名为 MATLAB.mat 的文件中。

（2）save filename：将所有工作区变量存储在名为 filename 的文件中。

（3）save filename X Y Z：将工作区的指定变量 X、Y、Z 存于名为 filename 的文件中。

2. load 语句

其调用格式如下。

（1）load：如果 MATLAB.mat 文件存在，则加载 MATLAB.mat 文件中存储的所有变量到工作区；否则返回一错误信息。

（2）load filename：如果 filename 文件存在，则加载 filename 文件中存储的所有变量到工作区；否则返回一错误信息。

（3）load filename X Y Z：如果 filename 文件及存储的变量 X、Y、Z 存在，则加载 filename 文件中存储的变量 X、Y、Z 到工作区；否则返回一错误信息。

6.3.4 格式化文本文件的存储/读取语句（fprintf / fscanf）

1. fprintf 语句

其调用格式为 count = fprintf(fid,format,A,…)，它将把用 format 定义的格式化文本文件写入到以 fopen 打开的文件（打开文件标识符为文件句柄 fid）中，返回值 count 为写入文件的字节数。

2. fscanf 语句

其调用格式如下。

（1）A = fscanf(fid,format)：读取以文件句柄 fid 指定的文件数据，并将它转换为 format 定义的格式化文本，然后赋给变量 A。

（2）[A,count] = fscanf(fid,format,size)：读取以文件句柄 fid 指定的文件数据，读取的数据限定为 size 字节，并将它转换为 format 定义的格式化文本，然后赋给变量 A，同时返回有效读取数据的字节数 count。

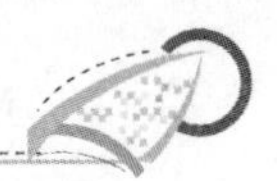

6.3.5　二进制数据文件的存储/读取语句（fwrite / fread）

1. fwrite 语句

其调用格式为 count = fwrite(fid,A,precision)，它将用 precision 指定的精度，将数组 A 的元素写入以文件句柄 fid 指定的文件中，返回值 count 为成功写入文件的元素数。

2. fread 语句

其调用格式为[A,count] = fread(fid,size,precision)，读取以文件句柄 fid 指定的文件中的数组元素，并转换为 precision 指定的精度，赋值给数组 A。返回值 count 为成功读取数组的元素数。

6.3.6　数据文件行存储/读取语句（fgetl / fgets）

1. fgetl 语句

其调用格式为 tline = fgetl(fid)，读取以文件句柄 fid 指定的文件中的下一行数据，不包括回车符。

2. fgets 语句

其调用格式如下。

（1）tline=fgets(fid)：读取以文件句柄 fid 指定的文件中的下一行数据，包括回车符。

（2）tline=fgets(fid,nchar)：读取以文件句柄 fid 指定的文件中的下一行数据，最多读取 nchar 个字符，如果遇到回车符则不再读取数据。

6.4　MATLAB 文件操作

MATLAB 的文件操作

在 6.3 节已经用到一些文件操作命令，常用的文件操作函数列于表 6-2 中。本节仅对文件打开和关闭命令进行介绍，其他命令请读者自行查阅 MATLAB 帮助文档或参阅其他书籍。

表 6-2　常用的文件操作函数

类　别	函　数	说　明
文件打开和关闭	fopen()	打开文件，成功则返回非负值
	fclose()	关闭文件，可用参数'all'关闭所有文件
二进制文件	fread()	读文件，可控制读入类型和读入长度
	fwrite()	写文件
格式化文本文件	fscanf()	读文件，与 C 语言中的 fscanf()函数相似
	fprintf()	写文件，与 C 语言中的 fprintf()函数相似
	fgetl()	读入下一行，忽略回车符
	fgets()	读入下一行，保留回车符

续表

类　　别	函　　数	说　　明
文件状态与定位	ferror()	查询文件的错误状态
	feof()	检验是否到文件结尾
	fseek()	移动位置指针
	ftell()	返回当前位置指针
	frewind()	把位置指针指向文件头
临时文件	tempdir()	返回系统存放临时文件的目录
	tempname()	返回一个临时文件名

1. fopen 语句

其常用调用格式如下。

（1）fid = fopen(filename)：以只读方式打开名为 filename 的二进制文件，如果文件可以正常打开，则获得一个文件句柄 fid；否则 fid =−1。

（2）fid = fopen(filename,permission)：以 permission 指定的方式打开名为 filename 的二进制文件或文本文件，如果文件可以正常打开，则获得一个文件句柄 fid（非 0 整数）；否则 fid =−1。

参数 permission 的设置见表 6-3。

表 6-3　参数 permission 的设置

permission	功　　能
'r'	以只读方式打开文件，默认值
'w'	以写入方式打开或新建文件，如果是存有数据的文件，则删除其中的数据，从文件的开头写入数据
'a'	以写入方式打开或新建文件，从文件的最后追加数据
'r+'	以读/写方式打开文件
'w+'	以读/写方式打开或新建文件，如果是存有数据的文件，写入时则删除其中的数据，从文件的开头写入数据
'a+'	以读/写方式打开或新建文件，写入时从文件的最后追加数据
'A'	以写入方式打开或新建文件，从文件的最后追加数据。在写入过程中不会自动刷新文件内容，用于磁带驱动器的写入操作
'W'	以写入方式打开或新建文件，如果是存有数据的文件，则删除其中的数据，从文件的开头写入数据。在写入过程中不会自动刷新文件内容，用于磁带驱动器的写入操作

2. fclose 语句

其调用格式如下。

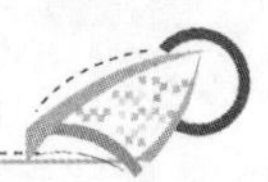

（1）status=fclose(fid)：关闭文件句柄 fid 指定的文件。如果 fid 是已经打开的文件句柄，成功关闭，status =0；否则 status = -1。

（2）status=fclose('all')：关闭所有文件（标准的输入/输出和错误信息文件除外）。成功关闭，status=0；否则 status = -1。

【例 6.16】编写函数，统计 M 文件中源代码的行数（注释行和空白行不计算在内）。

```
function y=lenm(sfile)
% lenm count the code lines of a M-file,
%  not include the comments and blank lines
s=deblank(sfile);         %删除文件名 sfile 中的尾部空格
if length(s)<2||(length(s)>2&&any(lower(s(end-1:end))~='.m'))
   s=[s,'.m'];            %判断有无扩展名.m，若没有，则加上
end
if exist(s,'file')~=2;error([s,'not exist']);return;end
                       %判断指定的 M 文件是否存在；若不存在，则显示错误信息，并返回
fid=fopen(s,'r');count=0;           %打开指定的 M 文件
while ~feof(fid);
   line=fgetl(fid);                 %逐行读取文件的数据
   if isempty(line)||strncmp(deblanks(line),'%',1);
                                    %判断是否为空白行或注释行
      continue;                     %若是空白行或注释行则执行下一次循环
   end
   count=count+1;                   %记录源代码的行数
end
y=count;

function st=deblanks(s);            %删除字符串中的首尾空格的函数
st=fliplr(deblank(fliplr(deblank(s))));
```

以 lenm.m 为例，调用并验证该函数。

```
>> sfile='lenm';
>> y=lenm(sfile)
y =
   17
```

6.5　面向对象编程

面向对象的程序设计（Object-Oriented Programming，OOP）是一种运用对象（Object）、类（Class）、封装（Encapsulation）、继承（Inherit）、多态（Polymorphism）和消息（Message）

等概念来构造、测试、重构软件的方法，它使得复杂的工作条理清晰、编写容易。限于篇幅，本书不过多阐述以上基本概念，读者可以在很多地方查阅到相关的资料，本书主要以 MATLAB 中面向对象进行程序设计的实例进行说明。

6.5.1 面向对象程序设计的基本方法

在 MATLAB 中，面向对象的程序设计，包括以下基本内容。

1. 创建类目录

创建一个新类，首先应该为其创建一个类目录。类目录名的命名规则如下。

（1）必须以@为前导。

（2）@后面紧接待创建类的名称。

（3）类目录必须为 MATLAB 搜索路径目录下的子目录，但其本身不能为 MATLAB 搜索路径目录。例如，创建一个名为 curve 的新类，类目录设在 c:\my_classes 目录下，即 c:\my_classes\@curve，则可以通过 addpath 命令将类目录增加到 MATLAB 的搜索路径中。

```
addpath c:\my_classes;
```

2. 建立类的数据结构

在 MATLAB 中，常用结构数组建立新类的数据结构，以存储具体对象的各种数据。结构数组的域及其操作只在类的方法（Methods）中可见，数据结构是否合理直接影响到程序设计的性能。

3. 创建类的基本方法

为了使类的特性在 MATLAB 环境中稳定而符合逻辑，在创建一个新类时，应该尽量使用 MATLAB 类的标准方法。MATLAB 类的基本方法列于表 6-4 中，不是所有的方法在创建一个新类时都要采用，应视创建类的目的选用，但其中对象构造方法和显示方法通常是需采用的。

（1）创建对象构造函数。在 MATLAB 中，没有所谓“类说明”语句，必须创建对象构造函数来创建一个新类。

在编写对象构造函数时应注意以下几点。

① 构造函数名必须与待创建的类同名。

② 构造函数必须位于相应的类目录下，即以@为前导的目录下。

③ 在无输入、相同类输入、不同类输入的情况下，都可以产生合理的新对象输出。

④ 所产生的类都应挂上类标签（class tag）。

⑤ 应确定类的优先级。

⑥ 应定义类的继承性。

表 6-4　MATLAB 类的基本方法

类 方 法	功　　能
class constructor	类构造器，以创建类的对象
display	随时显示对象的内容
set / get	设置/获取对象的属性
subsref / subsasgn	使用户对象可以被编入索引目录，分配索引号
end	支持在使用对象的索引表达式中结束句法，如 A(1:end)
subsindex	支持在索引表达式中使用对象
converters	将对象转换为 MATLAB 数据类型的方法，如转换为 double、char 等数据类型

（2）创建显示函数。在 MATLAB 中，不同类的显示函数名都为 display，被重载（Overloaded）在不同的类目录下。不同类的显示函数虽然同名，但其内容却不尽相同。在创建一个新类时，往往不能够使用其他类的显示方法，所以必须创建相应的显示函数。

在编写显示函数时应遵循 MATLAB 的显示规则，即若一个语句的结尾不加分号，则在屏幕上自动显示该语句产生的变量。

（3）创建转换函数。类与类之间的对象，在一定条件下可以进行转换，如第 5 章介绍的符号对象，可以通过 char()函数转换为字符串。如果新建的类与其他类之间可以进行有意义的转换，则可以创建相应的转换函数来实现。

4. 重载运算

如果新建的类存在形式相同而实质不同的运算操作（如数值“加”和逻辑“加”，同使用“+”的情况），由于相同的运算符对于不同的类具有不同的操作，因此需要重载运算符，即以相同的运算符名字创建两个函数文件，指明运算符的不同功能，分别存在不同的类目录下。

5. 面向对象的函数

在 MATLAB 面向对象的程序设计中，常用的有关面向对象的函数见表 6-5。

表 6-5　常用的有关面向对象的函数

函　　数	功　　能
class(object)	返回对象 object 的类名
class(object,class, parent1, parent2,...)	返回 object 为 class 的变量。如果返回的对象要有继承属性，则应给定参数 parent1,parent2,...
isa(object,class)	如果 object 是 class 类型，则返回 1；否则返回 0
isobject(x)	如果 x 是一个对象，则返回 1；否则返回 0
methods(class)	返回类 class 定义的方法名字

6.5.2　面向对象的程序设计实例

【例 6.17】创建一个名为 curve 的类对象。

（1）首先创建一个类目录@curve，放在 c:\my_classes 目录下，即 c:\my_classes\@curve。通过 addpath 命令将类目录增加到 MATLAB 的搜索路径中：

```
addpath c:\my_classes;
```

（2）创建对象构造函数。

具体如下：

```
function c=curve(a)
%curve 类的对象构造函数
%c=curve，创建并初始化一个 curve 对象
%参数 a 为 1×2 的元胞数组，a{1}为函数名，a{2}为函数描述
%函数必须和 fplot 要求的形式相同，即 y=f(x)，参见 fplot
% 如果没有传递参数，则返回包含 x 轴的一个对象
if nargin==0                    %在此情况下为默认的构造函数
    c.fcn='';
    c.descr='';
    c=class(c,'curve');         %返回一个不能对类方法访问的空结构 curve 对象
elseif isa(a,'curve')
    c=a;                        %如果传递的参数是一个 curve 对象，则返回该对象的副本
elseif (ischar(a{1}) & ischar(a{2}))
    c.fcn=a{1};
    c.descr=a{2};
    c=class(c,'curve');         %返回一个 curve 对象
else
    disp('Curve class error #1: Invalid argument.')
%如果传递的参数是错误类型，则将给出错误信息
End
```

注意：创建的 curve.m 文件需要创建在类目录@curve 里。

（3）创建对象的 plot1 方法。

为了画出 curve 对象的曲线，创建 plot1 方法如下。

```
function p=plot1(c,limits)
% curve.plot1 在 limits 指定的区域中画出对象 curve 的图形
% limits 为 x 轴的坐标范围([xmin xmax]),
% 或 x、y 轴的坐标范围([xmin xmax ymin ymax]).
step=(limits(2)-limits(1))/40;
x=limits(1):step:limits(2);
% 画出函数图形
fplot(c.fcn,limits);
```

```
title(c.descr);
```

注意：创建的 plot1.m 文件需要创建在类目录@curve 里。

执行下列命令：

```
>> parabola=curve({'x*x'  '抛物线'})
parabola =
    curve object: 1-by-1
>> plot1(parabola,[-2 2]);
```

绘制出如图 6.8 所示曲线图形。

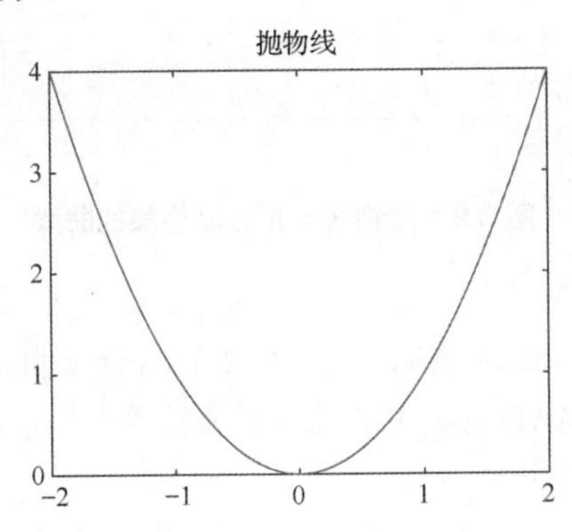

图 6.8　方法 plot 1 绘制出的曲线图形

（4）重载运算符。

为了实现两个 curve 类的对象相加，可以在目录@curve 下创建一个 M 文件来重载加法运算符。

```
function ctot=plus(c1,c2)
% 将曲线 c1 和 c2 相加
fcn=strcat(c1.fcn,'+',c2.fcn);
description=strcat(c1.descr,'plus',c2.descr);
ctot=curve({fcn description});
```

执行下列命令：

```
>> parabola=curve({'x*x''抛物线'})
parabola =
    curve object: 1-by-1
>> sinwave=curve({'sin(x)''正弦波'})
sinwave =
    curve object: 1-by-1
>> ctot=plus(parabola,sinwave)  %或 ctot = parabola+sinwave
ctot =
    curve object: 1-by-1
>> plot1(ctot,[-2 2]);
```

绘制出如图 6.9 所示的抛物线与正弦波相加的曲线。

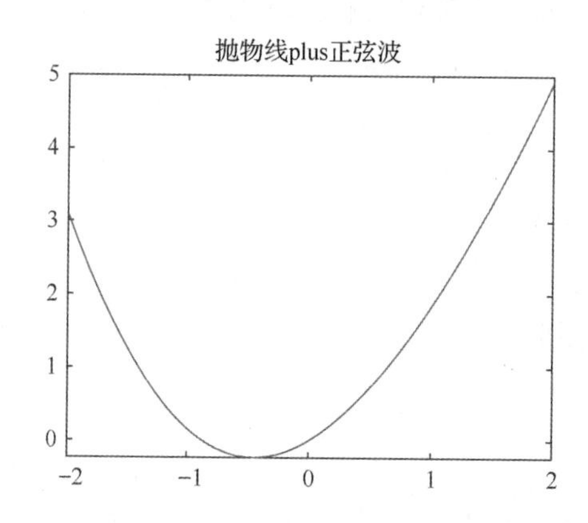

图 6.9　抛物线与正弦波相加的曲线

（5）创建显示函数。

为了像其他类一样显示 curve 类的对象，需要在@curve 目录下重载显示函数 display()。如何创建显示函数，以及 MATLAB 中类的继承属性等内容，限于篇幅，本书不再赘述，请读者自行参阅有关参考书。

6.6　MATLAB 程序优化

为了提高 MATLAB 程序的执行速度和性能，可以从以下几个方面考虑。

（1）预先声明数组空间。这样 MATLAB 就不必在每次输出结果时都重新调整数组的大小。此外，预先声明大型数组的空间也有利于减少内存碎片。

预先声明非 double 型数组时应优先使用 repmat()函数。例如，预先声明一个 8 位整型数组 A 时，语句 A=repmat(int8(0),5000,5000)要比语句 A=int8zeros(5000,5000)快 25 倍左右，且更节省内存。因为前者中的双精度 0 仅需一次转换，然后直接申请 8 位整型内存；而后者不但需要为 zeros(5000,5000)申请 double 型内存空间，而且还需要对每个元素都执行一次类型转换。

（2）代码向量化。向量化主要是指用向量操作代替传统的循环语句，作为面向矩阵运算的语言，MATLAB 对向量和矩阵的操作都进行了大量的专门优化，因此利用向量化技术通常可加快程序的执行。

（3）在 if、while 和 switch 等语句中使用产生标量结果的条件表达式，可以加快判断语句的执行速度。

（4）输入/输出数据时尽量使用函数 load 和 save，它们比低级的 I/O 文件函数更快。

（5）把程序中耗时的部分单独用 C 语言或 Fortran 语言写成 MEX 文件，通常能提高运行速度。但同时也要注意 MATLAB 调用这类函数时的开销，也许 MEX 文件本身执行很快，

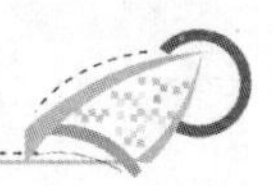

但是调用时额外处理反而使整个程序的执行变慢。

（6）在程序中随时清除不再使用的大数组以释放内存，例如，clear A 或 A=[]。

（7）由于 MATLAB 采用堆技术管理内存，因此为了避免内存碎片，可在程序中多次调用函数 Pack()。

（8）利用代码剖析工具 profile 全面优化程序设计。

6.7 程 序 调 试

MATLAB 提供了一系列程序调试命令，利用这些命令，可以在调试过程中设置、清除和列出断点，逐行运行 M 文件，在不同的工作区检查变量，跟踪和控制程序的运行，帮助寻找和发现错误。所有的程序调试命令都是以字母 db 开头的，如表 6-6 所示。

表 6-6　程序调试命令

命　令	功　能
dbstop in fname	在 M 文件 fname 的第一行可执行程序上设置断点
dbstop at r in fname	在 M 文件 fname 的第 r 行程序上设置断点
dbstop if v	当遇到条件 v 时，停止运行程序。当发生错误时，条件 v 可以是 error，当发生 NaN 或 inf 时，也可以是 naninf 或 infnan
dstop if warning	如果有警告，则停止运行程序
dbclear at r in fname	清除文件 fname 的第 r 行处断点
dbclear all in fname	清除文件 fname 中的所有断点
dbclear all	清除所有 M 文件中的所有断点
dbclear in fname	清除文件 fname 第一行可执行程序上的所有断点
dbclear if v	清除第 v 行由 dbstop if v 设置的断点
dbstatus fname	在文件 fname 中列出所有的断点
dbstatus	列出所有有效断点，包括错误、捕获的错误、警告和 naninfs
dbstep	运行 M 文件的下一行程序
dbstep n	执行下 n 行程序，然后停止
dbstep in	在下一个调用函数的第一行可执行程序处停止运行
dbcont	执行所有行程序直至遇到下一个断点或到达文件尾
dbquit	退出调试模式

进行程序调试，要调用带有一个断点的函数。当 MATLAB 进入调试模式时，提示符为 K>>。最重要的区别在于现在能访问函数的局部变量，但不能访问 MATLAB 工作区中的变量。具体的调试技术，请读者在调试程序的过程中自行体会。

6.8 本章小结

类似于其他的高级语言编程，MATLAB 为用户提供了非常方便易懂的程序设计方法。本章侧重于介绍 MATLAB 中最基础的程序设计，分别介绍了 M 文件、程序控制结构、数据的输入与输出、面向对象编程、程序优化及程序调试等内容。

本章习题

1. 简述使用 M 文件与在 MATLAB“命令行”窗口中直接输入命令有何异同？有何优缺点？

2. 简述脚本形式的 M 文件与函数形式的 M 文件的异同。

3. 编写一个函数 project1.m，其功能是判断某一年是否为闰年。

4. 试编写一个函数，使得该函数能对输入的两个数值进行比较并返回其中的最小值。

5. 计算以下循环语句操作的步数。

（1）for i=-1000:1000

（2）for j=1:2:20

6. 观察以下循环语句，计算每个循环的循环次数和循环结束之后 var 的值。

```
（1）var=1;
    while mod(var,10)～=0
        var=var+1
    end
（2）var=2;
while var<=100
        var=var^2;
end
（3）var=3;
while var>100
        var=var^2;
end
```

7. 假设有一整数矩阵 ***A***，请编写一个函数，将此整数矩阵以 ASCII 码的整数方式储存在文件之中。***A***=[1, 2, 3; 4, 5, 6]。

则储存于文件的内容为：

```
1    2   3
4    5   6
```

8. 编写一个程序，先将 A=magic(10)的数据以 uint8 的数据类型存入一个二进制文件 mytest.bin 中，执行命令 fwrite，再执行命令 fread 将此魔方阵读至工作区的一个变量中。

第 7 章

MATLAB 数据可视化

教学提示

完备的图形功能使计算结果可视化，是 MATLAB 的重要特点之一。用图表和图形来表示数据的技术称为数据可视化。本章重点讲述二维、三维图形的绘制和修饰,在此基础上介绍一元函数和二元函数的可视化。另外本章还介绍图像的类型，图像的显示及读写操作。

教学要求

本章要求学生重点掌握绘制和修饰二维和三维图形的命令，了解图像的基本类型和图像的显示与读写命令，掌握一元函数和二元函数的绘图方法。

7.1 二 维 图 形

MATLAB 不但擅长与矩阵相关的数值运算，而且还提供了许多在二维和三维空间内显示可视化信息的函数，利用这些函数可以绘制出所需的图形。MATLAB 提供了丰富的图形修饰方法，合理地使用这些方法，可以使我们绘制的图形更为美观、精确。

MATLAB 将构成图形的各个基本要素称为图形对象。这些对象包括计算机屏幕、图形窗口、用户菜单、坐标轴、用户控件、曲线、曲面、文字、图像、光源、区域块和方框。系统将每一个对象按树形结构组织起来，如图 7.1 所示。

在 MATLAB 中，每个具体的图形都由若干个不同的图形对象组成，计算机屏幕是产生其他对象的基础，称为根对象，它包括一个或多个图形窗口对象。每个具体的图形必须有计算机屏幕和图形窗口对象。一个图形窗口对象有 3 种不同类型的子对象，其中的坐标轴又有 7 种不同类型的子对象。MATLAB 在创建每一个图形对象时，都为该对象分配了唯一值，称为图形对象句柄。句柄是图形对象的唯一标识符，不同图形对象的句柄是不可能重复和混淆的。改变句柄就可以改变图形对象的属性，从而对具体图形进行编辑，以满足实际需要。

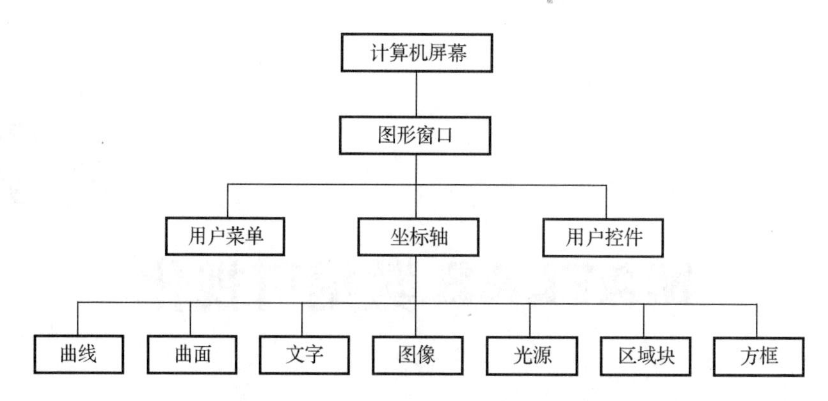

图 7.1　MATLAB 图形对象的树形结构

本节介绍 MATLAB 的基本绘图命令，包括二维曲线的绘制、曲线的修饰和标注、坐标轴的限制和标注等。

7.1.1　MATLAB 的图形窗口

1. 创建图形窗口

在 MATLAB 中，绘制的图形被直接输出到一个新的窗口中，这个窗口和命令行窗口是相互独立的，被称为图形窗口。如果当前不存在图形窗口，MATLAB 的绘图函数会自动建立一个新的图形窗口；如果已存在一个图形窗口，MATLAB 的绘图函数就会在这个窗口中进行绘图操作；如果已存在多个图形窗口，MATLAB 的绘图函数就会在当前窗口中进行绘图操作（当前窗口通常是指最后一个使用的图形窗口）。

在 MATLAB 中使用函数 figure()来建立图形窗口，该函数最简单的调用格式为：

```
>> figure
```

这样就建立了一个如图 7.2 所示的图形窗口。

图 7.2　MATLAB 的图形窗口

使用图形编辑工具条可以对图形进行编辑和修改，也可以用鼠标选中图形中的对象，右击，可弹出快捷菜单，通过选择菜单项实现对图形的操作。

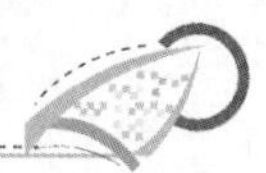

函数 figure()的其他调用格式如下。

（1）figure('PropertyName',PropertyValue,...)：以指定的属性值，创建一个新的图形窗口，其中，'PropertyName'为属性名，PropertyValue 为属性值。未指定的属性取默认值。

（2）figure(h)：如果 h 已经是图形句柄，则将它代表的图形窗口置为当前窗口；如果 h 不是图形句柄，但为一正整数，则创建一个图形句柄为 h 的新的图形窗口。

（3）h = figure(...)：调用函数 figure()时，同时返回图形对象的句柄。

2. 关闭与清除图形窗口

执行 close 命令可关闭图形窗口，其调用格式如下。

（1）close：关闭当前图形窗口，等效于 close(gcf)。

（2）close(h)：关闭图形句柄 h 指定的图形窗口。

（3）close name：关闭图形窗口名 name 指定的图形窗口。

（4）close all：关闭除隐含图形句柄的所有图形窗口。

（5）close all hidden：关闭包括隐含图形句柄在内的所有图形窗口。

（6）status = close(...)：调用 close()函数正常关闭图形窗口时，返回 1；否则返回 0。

清除当前图形窗口可以使用如下命令。

（1）clf：清除当前图形窗口所有可见的图形对象。

（2）clf reset：清除当前图形窗口所有可见的图形对象，并将当前图形窗口的属性设置为默认值（Units、PaperPosition 和 PaperUnits 属性除外）。

7.1.2　基本二维图形绘制

在 MATLAB 中，主要的二维绘图函数如下。

（1）plot：x 轴和 y 轴均为线性刻度。

（2）loglog：x 轴和 y 轴均为对数刻度。

（3）semilogx：x 轴为对数刻度，y 轴为线性刻度。

（4）semilogy：x 轴为线性刻度，y 轴为对数刻度。

（5）plotyy：绘制双纵坐标图形。

其中，plot()是最基本的二维绘图函数，其调用格式如下。

① plot(Y)：若 Y 为实向量，则以该向量元素的下标为横坐标，以 Y 的各元素值为纵坐标，绘制二维曲线；若 Y 为复数向量，则等效于 plot(real(Y),imag(Y))；若 Y 为实矩阵，则按列绘制每列元素值相对其下标的二维曲线，曲线的条数等于 Y 的列数；若 Y 为复数矩阵，则按列分别以元素实部和虚部为横、纵坐标绘制多条二维曲线。

② plot(X,Y)：若 X、Y 为长度相等的向量，则绘制以 X 和 Y 为横、纵坐标的二维曲线；若 X 为向量，Y 是有一维与 X 同维的矩阵，则以 X 为横坐标绘制出多条不同色彩的曲线，曲线的条数与 Y 的另一维相同；若 X、Y 为同维矩阵，则绘制以 X 和 Y 对应的列元素为横、纵坐标的多条二维曲线，曲线的条数与矩阵的列数相同。

③ plot(X1,Y1,X2,Y2,...,Xn,Yn)：其中的每一对参数 X*i* 和 Y*i*(*i*=1,2,...,*n*)的取值和所绘图形与②中相同。

④ plot(X1,Y1,LineSpec,...)：以 LineSpec 指定的属性，绘制所有 X*n*、Y*n* 对应的曲线。

⑤ plot(...,'PropertyName',PropertyValue,...)：对于由 plot()函数绘制的所有曲线，按照设置的属性值进行绘制，'PropertyName'为属性名，PropertyValue 为对应的属性值。

⑥ h = plot(...)：调用函数 plot()时，同时返回每条曲线的图形句柄 h（列向量）。

【例 7.1】用函数 plot()画出 $\sin(x^2)$在 $x\in[0, 5]$之间的图形。

```
>> x=0:0.05:5;              % x 坐标从 0 到 5
>> y=sin(x.^2);             % 对应的 y 坐标
>> plot(x,y);               % 绘制图形
```

输出图形如图 7.3 所示。

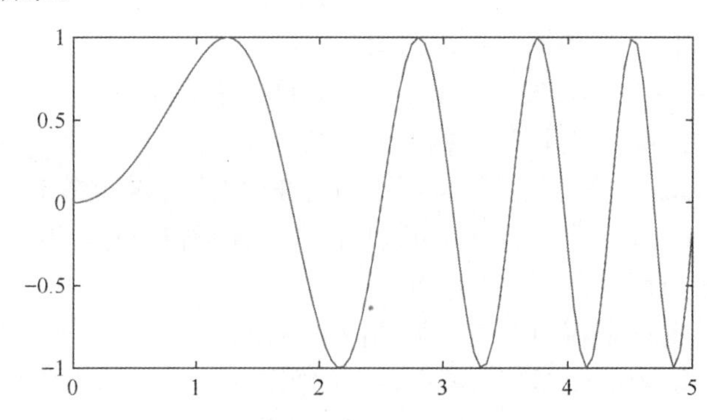

图 7.3　$\sin(x^2)$在 $x\in[0, 5]$之间的图形

【例 7.2】用 plot()函数绘制多条曲线。

```
>> x=0:0.05:5;                    % x 坐标从 0 到 5
>> y1=0.2*x-0.8;                  % y1 坐标
>> y2=sin(x.^2);                  % y2 坐标
>> figure                         % 建立图形窗口
>> plot(x,y1,x,y2);               % 绘制图形
```

输出图形如图 7.4 所示。

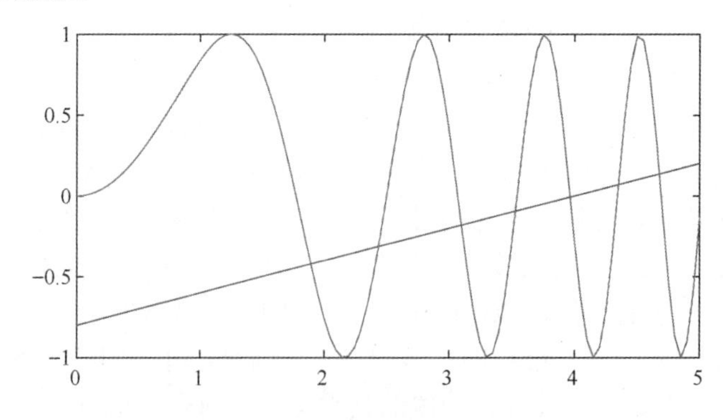

图 7.4　plot()函数绘制的多条曲线

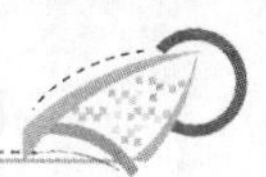

【例 7.3】输入参数为矩阵时，用函数 plot()绘图。

```
>> x=0:pi/180:2*pi;          % 产生向量 x
>> y1=sin(x);                % 产生向量 y1
>> y2=sin(2*x);              % 产生向量 y2
>> y3=sin(3*x);              % 产生向量 y3
>> X=[x; x; x]';             % 矩阵 X
>> Y=[y1; y2; y3]';          % 矩阵 Y
>> plot(X ,Y,x,cos(x))       % 画 4 条曲线 :x～sin(x),x～sin(2x),x～sin(3x)
                             % 以及 x～cos(x)
```

输出图形如图 7.5 所示。

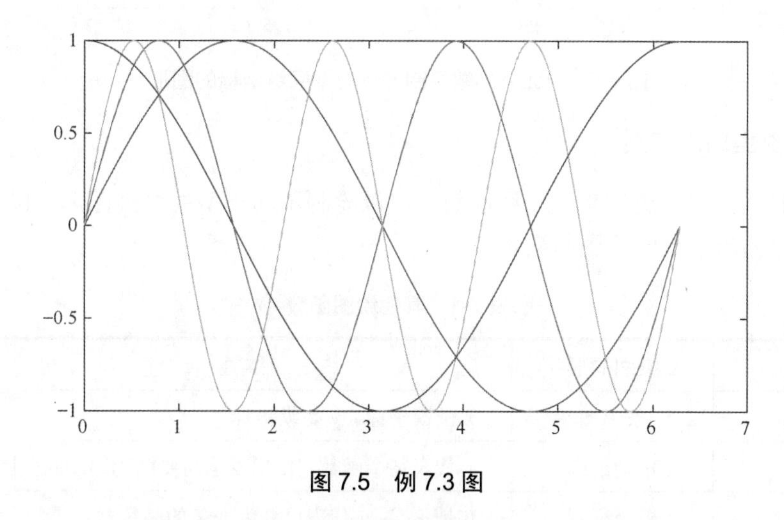

图 7.5 例 7.3 图

函数 loglog()、semilogx()以及 semilogy()的调用方式与函数 plot()相同。函数 plotyy()可以绘制两条具有不同纵坐标的曲线，其调用格式为：

```
>> plotyy(x1,y1,x2,y2)
```

x1、y1 对应一条曲线，x2、y2 对应另一条曲线，两条曲线的横坐标相同，纵坐标有两个，图 7.5 中左边纵坐标用于 x1、y1 数据对，右边纵坐标用于 x2、y2 数据对。

【例 7.4】用不同标度在同一坐标内绘制曲线 $y1 = e^{-0.3x}\cos(2x)$ 及曲线 $y2 = 10e^{-1.5x}$ 。

```
>> x=0:pi/180:2*pi;
>> y1=exp(-0.3*x).*cos(2*x);y2=10*exp(-1.5*x);
>> plotyy(x,y1,x,y2)
```

输出图形如图 7.6 所示。

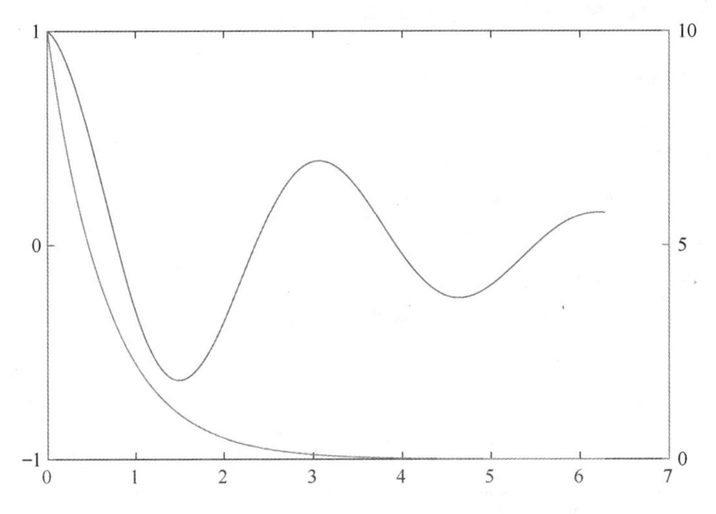

图 7.6 plotyy 函数绘制的具有不同纵坐标的图形

7.1.3 其他类型的二维图

在 MATLAB 中，还有其他绘图函数，可以绘制不同类型的二维图形，以满足不同的要求，表 7-1 列出了这些绘图函数。

表 7-1 其他绘图函数

函　数	二维图的形状	备　　注
bar(x,y)	条形图	x 是横坐标，y 是纵坐标
fplot(y,[a b])	精确绘图	y 代表某个函数，[a b]表示需要精确绘图的范围
polar(θ,r)	极坐标图	θ 是角度，r 代表以 θ 为变量的函数
stairs(x,y)	阶梯图	x 是横坐标，y 是纵坐标
stem(x,y)	针状图	x 是横坐标，y 是纵坐标
fill(x,y,'b')	实心图	x 是横坐标，y 是纵坐标，'b'代表颜色
scatter(x,y,s,c)	散点图	s 是圆圈标记点的面积，c 为标记点颜色
pie(x)	饼图	x 为向量

【例 7.5】绘制条形图示例。

```
>> x=-2.9:0.2:2.9;
>> bar(x,exp(-x.*x));
```

输出图形如图 7.7 所示。

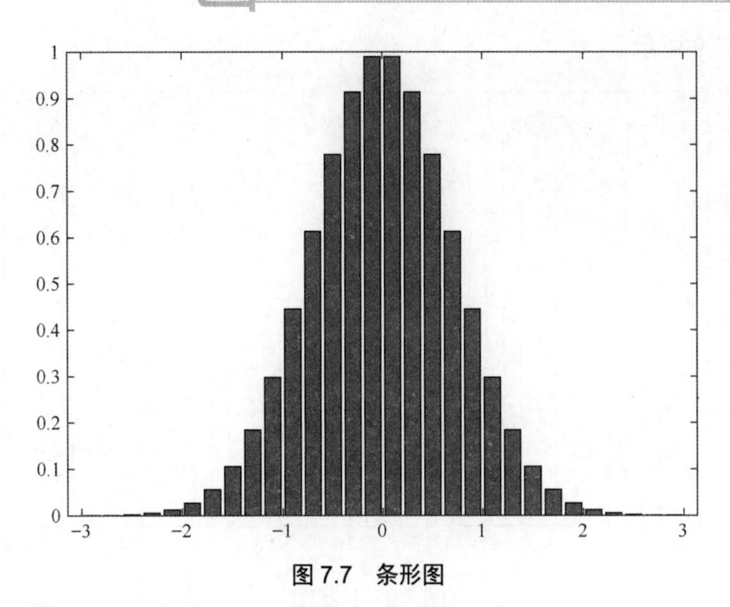

图 7.7　条形图

【例 7.6】绘制极坐标图示例。

```
>> t=0:.01:2*pi;                    %极坐标的角度.
>> figure
>> polar(t,abs(cos(2*t)));
```

输出图形如图 7.8 所示。

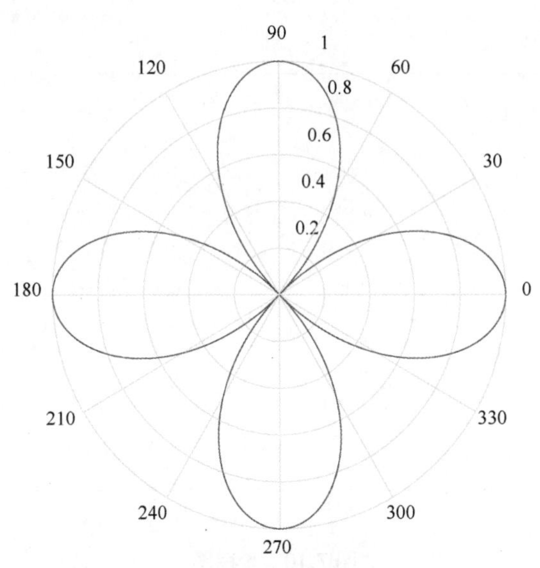

图 7.8　极坐标图

【例 7.7】绘制针状图示例。

```
>> x=0:0.1:4;
>> y=(x.^0.8).*exp(-x);
>> stem(x,y)
```

输出图形如图 7.9 所示。

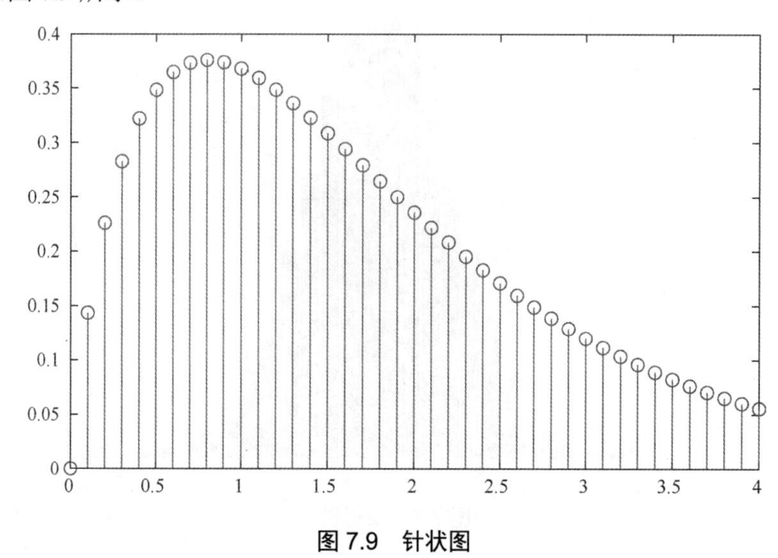

图 7.9　针状图

【例 7.8】绘制阶梯图示例。

```
>> x=0:0.25:10;
>> figure
>> stairs(x,sin(2*x)+sin(x));
```

输出图形如图 7.10 所示。

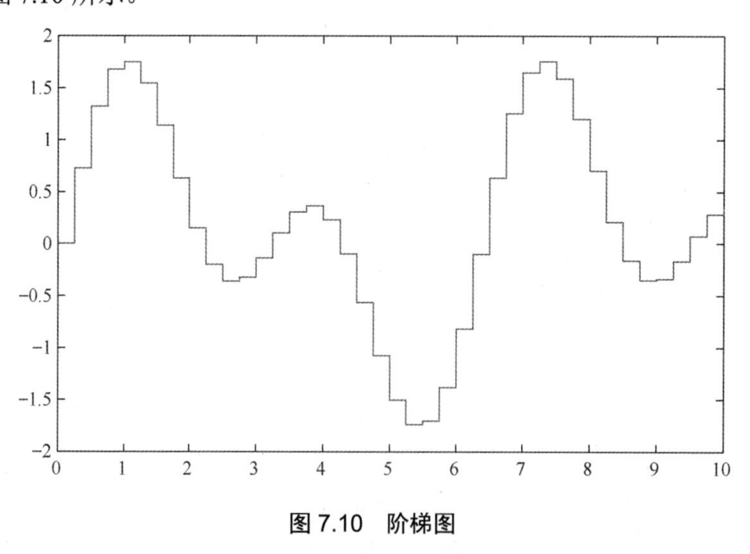

图 7.10　阶梯图

【例 7.9】绘制饼图示例。

```
>> x=[43,78,88,43,21];
>> pie(x)
```

输出图形如图 7.11 所示。

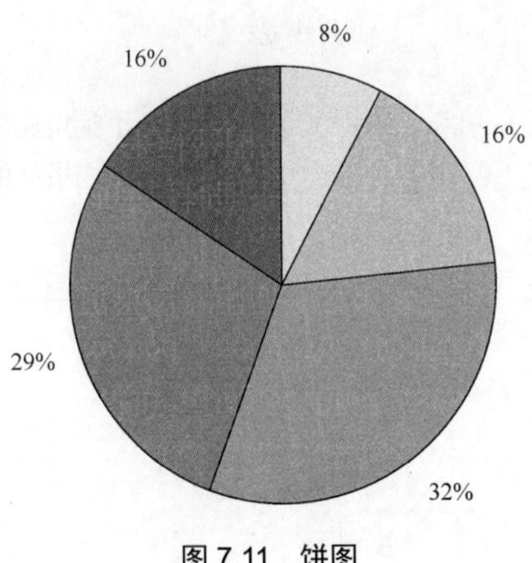

图 7.11　饼图

7.1.4　色彩和线型

在 MATLAB 中为区别画在同一窗口中的多条曲线，可以改变曲线的颜色和线型等图形属性，plot()函数可以接受字符串输入变量，这些字符串输入变量用来指定不同的颜色、线型和标记符号（各数据点上的显示符号）。表 7-2 列出了 plot()绘图函数中常用的颜色、线型和标记符号。

表 7-2　plot()绘图函数中常用的颜色、线型和标记符号

颜色参数	颜色	线型参数	线型	标记符号	标记
y	黄	-	实线	.	圆点
b	蓝	:	点线	o	圆圈
g	绿	-.	点划线	+	加号
m	洋红	--	虚线	*	星号
w	白			x	叉号
c	青			'square' 或 s	方块
k	黑			'diamond' 或 d	菱形
r	红			^	朝上三角符号
				v	朝下三角符号
				<	朝左三角符号
				>	朝右三角符号
				p	五角星
				h	六角星

【例 7.10】绘制两条不同颜色，不同线型的曲线。

```
>> x=0:0.2:8;
>> y1=0.2+sin(-2*x);          % 曲线 y1
```

```
>> y2=sin(x.^0.5);            % 曲线 y2
>> figure
>> plot(x,y1,'g-+',x,y2,'r--d');     % 曲线 y1 采用绿色、实线、加号标记
                                     % 曲线 y2 采用红色、虚线、菱形标记
```

输出图形如图 7.12 所示。

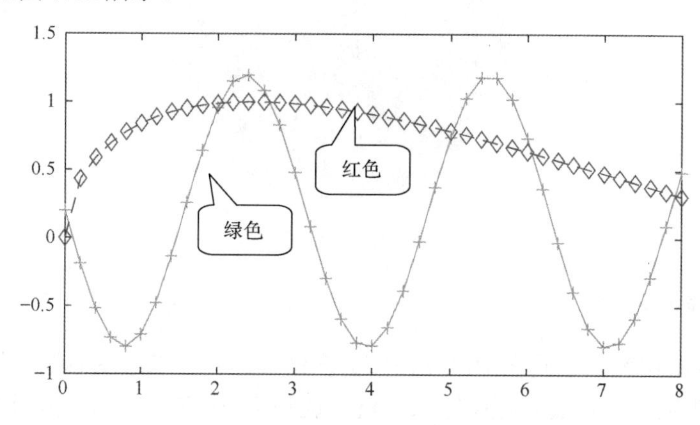

图 7.12　不同颜色、线型和标记的两条曲线

7.1.5　坐标轴及标注

MATLAB 在绘图时会根据数据的分布范围自动选择坐标轴的刻度范围，比如，在例 7.10 中的 x 在 0～8 取值，从图 7.12 中可看到 x 轴的刻度自动限定在 0～8。

MATLAB 同时提供了函数 axis()来指定坐标轴的刻度范围，其调用格式为：

```
>> axis([xmin,xmax,ymin,ymax])
```

其中，xmin、xmax、ymin、ymax 分别表示 x 轴的起点、终点，y 轴的起点、终点。

例如，在例 7.10 中最后加上一句 axis([−0.5,5,−0.5,1.3])，绘制出的曲线如图 7.13 所示。

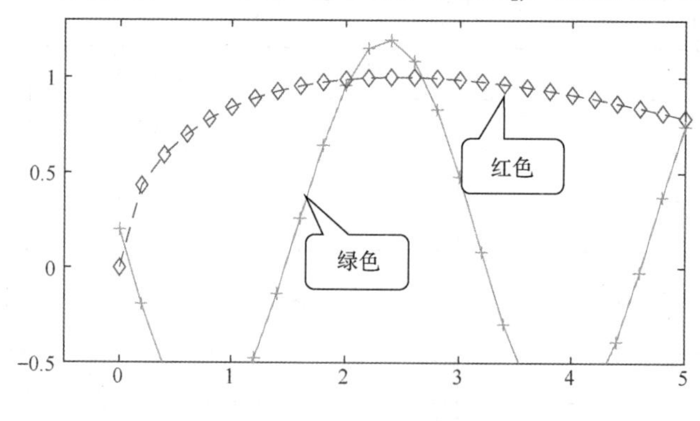

图 7.13　对坐标轴刻度的调整

MATLAB 还提供了一些图形的标注命令，见表 7-3。通过这些标注命令可以对每个坐标轴单独进行标注，给图形放置文本注解，还可以加上网格线以确定曲线上某一点的坐标值，还可以用 hold on/off 实现保持原有图形或刷新原有图形。

表 7-3　常用图形标注命令

命　　令	功　　能
axis on/off	显示/取消坐标轴
xlabel('option')	x 轴加标注，'option'表示任意选项
ylabel('option')	y 轴加标注，'option'表示任意选项
title('option')	图形加标题
legend('option')	图形加标注
grid on/off	显示/取消网格线
box on/off	给坐标加/不加边框线

【例 7.11】图形标注示例。

```
>> x=0:0.05:5;
>> figure
>> y1=exp(0.4.^x)-1.5;y2=sin(x*4);
>> plot(x,y1,x,y2,'r-.')                 %曲线 y2 用红色点划线表示
>> line([0,5],[0,0])                     %在(0,0)和(5,0)之间画直线,代替横坐标
>> xlabel('Input');ylabel('Output');      %x 轴标注'Input', y 轴标注'Output'
>> title('Two Function');                 %图形标题'Two Function'
>> legend('y1=exp(0.4.^x)-1.5','y2=sin(x*4)')  %注解图形
>> grid on                                %显示网格线
```

输出图形如图 7.14 所示。

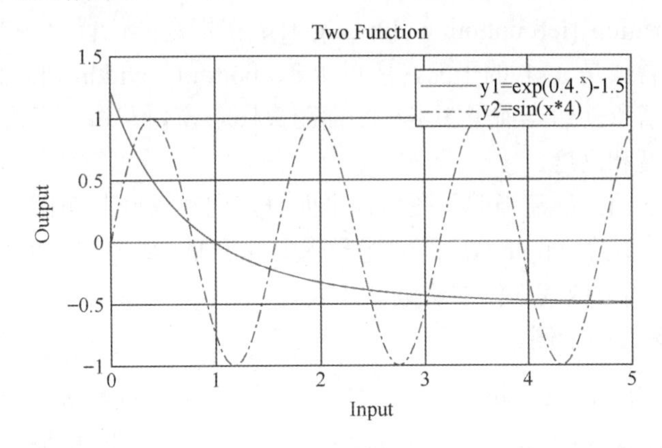

图 7.14　图形标注

7.1.6　子图

在一个图形窗口用函数 subplot()可以同时画出多个子图形，其调用格式主要有以下几种。

（1）subplot(m,n,p)：将当前图形窗口分成 m×n 个子窗口，并在第 p 个子窗口中建立当

前坐标平面。子窗口按从左到右，从上到下的顺序编号，如图 7.15 所示。如果 p 为向量，则在向量表示的位置建立当前子窗口的坐标平面。

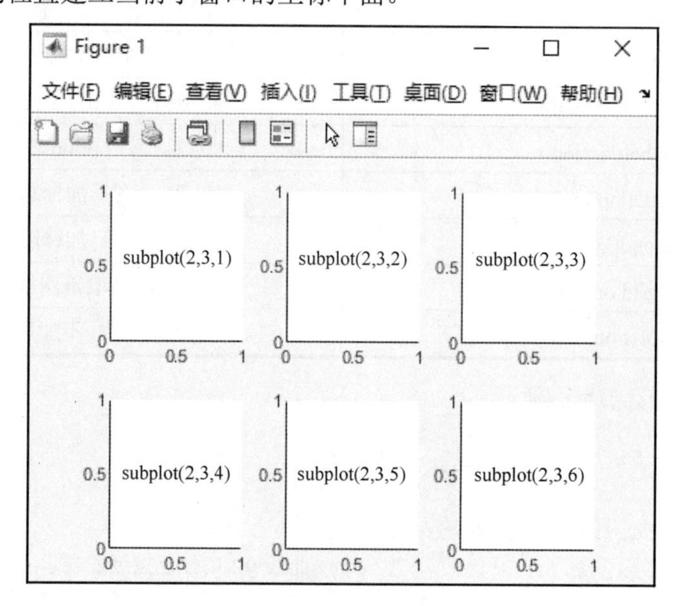

图 7.15　子窗口示意图

（2）subplot(m,n,p,'replace')：按（1）建立当前子窗口的坐标平面时，若指定位置已经建立了坐标平面，则以新建的坐标平面代替。

（3）subplot(h)：指定当前子图坐标平面的句柄 h，h 为（1）中按 mnp 排列的整数。如在图 7.15 所示的子图中 h=232，表示第 2 个子图坐标平面的句柄。

（4）subplot('Position',[left bottom width height])：在指定的位置建立当前子图坐标平面，它把当前图形窗口看成是 1×1 的平面，所以 left、bottom、width、height 分别在(0,1)的范围内取值，分别表示所创建当前子图坐标平面距离图形窗口左边、底边的长度，以及所建子图坐标平面的宽度和高度。

（5）h = subplot(...)：创建当前子图坐标平面时，同时返回其句柄。

值得注意的是，函数 subplot()只是创建子图坐标平面，如要在该坐标平面内绘制子图，仍然需要使用 plot()函数或其他绘图函数。

【例 7.12】子图绘制示例。

```
>> x=linspace(0,2*pi,100);                        %x 轴从 0～2π 中取 100 点
>> subplot(2,2,1);plot(x,sin(x));                  %在视窗的第一行第一列绘制 sin(x),
>> xlabel('x');ylabel('y'); title('sin(x)')        %x 轴加注解 x,y 轴加注解 y,
                                                   %加标题 sin(x)
>> subplot(2,2,2);plot(x,cos(x));
>> xlabel('x');ylabel('y'); title('cos(x)');
>> subplot(2,2,3);plot(x,exp(x));
>> xlabel('x');ylabel('y'); title('exp(x)');
>> subplot(2,2,4);plot(x,exp(-x));
```

```
>> xlabel('x');ylabel('y'); title('exp(-x)');
```

输出图形如图7.16所示。

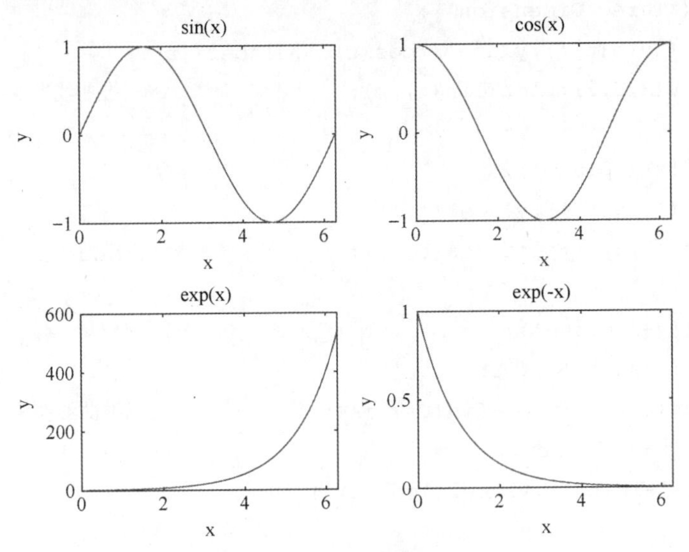

图7.16　绘制子图

7.2　三 维 图 形

MATLAB提供了多种函数来显示三维图形，这些函数可以在三维空间中绘制曲线，也可以绘制曲面，MATLAB还提供了用伪色彩来代表第四维的方法。我们还可以通过改变视角来看三维图形的不同侧面。本节介绍三维图形的作图及修饰方法。

7.2.1　三维曲线图

MATLAB三维绘图（上）

用函数plot3()可以绘制三维图形，其调用格式主要有以下几种。

（1）plot3(X1,Y1,Z1,...)：X1、Y1、Z1为向量或矩阵，表示图形的三维坐标。该函数可以在同一图形窗口一次画出多条三维曲线，以X1,Y1,Z1,...,X*n*,Y*n*,Z*n*指定各条曲线的三维坐标。

（2）plot3(X1,Y1,Z1,LineSpec,...)：以LineSpec指定的属性绘制三维图形。

（3）plot3(...,'PropertyName',PropertyValue,...)：对以函数plot3()绘制的图形对象设置属性。

（4）h = plot3(...)：调用函数plot3()绘制图形，同时返回图形句柄h。

【例7.13】绘制三维曲线示例。

```
>> t=0:0.05:20;
>> figure
>> subplot(2,2,1);
>> plot3(sin(t),cos(t),t);                                  %绘制三维曲线
```

```
>> grid,
>> text(0,0,0,'0');                              %在 x=0,y=0,z=0 处标记"0"
>> title('Three Dimension');
>> xlabel('sin(t)'),ylabel('cos(t)'),zlabel('t');
>> subplot(2,2,2);plot(sin(t),t);                %三维曲线在 x-z 平面的投影
>> grid
>> title('x-z plane');
>> xlabel('sin(t)'),ylabel('t');
>> subplot(2,2,3);plot(cos(t),t);                %三维曲线在 y-z 平面的投影
>> grid
>> title('y-z plane');
>> xlabel('cos(t)'),ylabel('t');
>> subplot(2,2,4);plot(sin(t),cos(t));           %三维曲线在 x-y 平面的投影
>> title('x-y  plane');
>> xlabel('sin(t)'),ylabel('cos(t)');
>> grid
```

输出图形如图 7.17 所示。

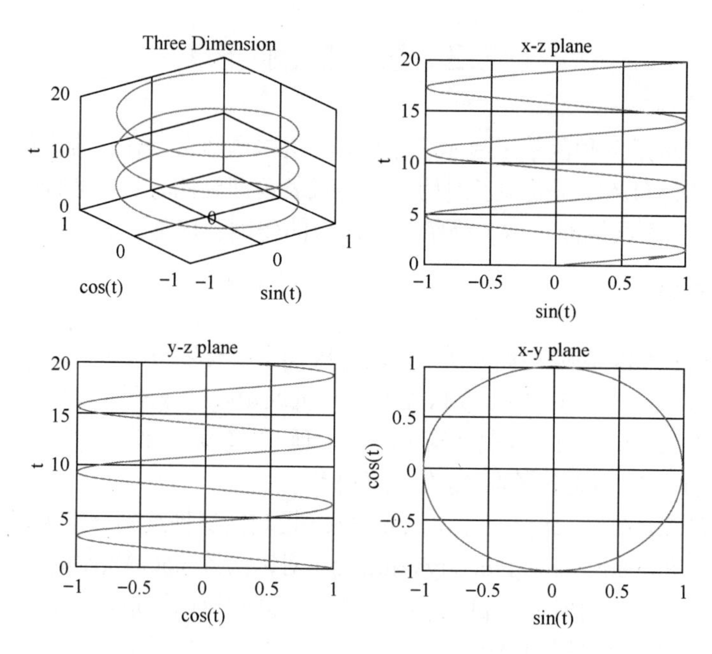

图 7.17　三维曲线及其在 3 个平面上的投影

从例 7.13 中我们看到二维图形的基本特性在三维图形中都存在，函数 subplot()、title()、xlabel()、grid()等都可以绘制三维图形。例题中的命令 text(x,y,z,'string')的意思是在三维坐标(x,y,z)所指定的位置上放一个字符串。

7.2.2　三维曲面图

1. 可用函数 surf()、surfc()来绘制三维曲面图

调用格式如下。

（1）surf(Z)：以矩阵 Z 指定的参数创建一渐变的三维曲面，坐标 x=1:n，y=1:m，其中[m,n] = size(Z)，进一步在 *x-y* 平面上形成所谓“格点”矩阵[X,Y]=meshgrid(x,y)，Z 为函数 $z=f(x,y)$在自变量采样“格点”上的函数值，即 $Z=f(X,Y)$。Z 既指定了曲面的颜色，也指定了曲面的高度，所以渐变的颜色可以和高度适配，如图 7.18 所示。

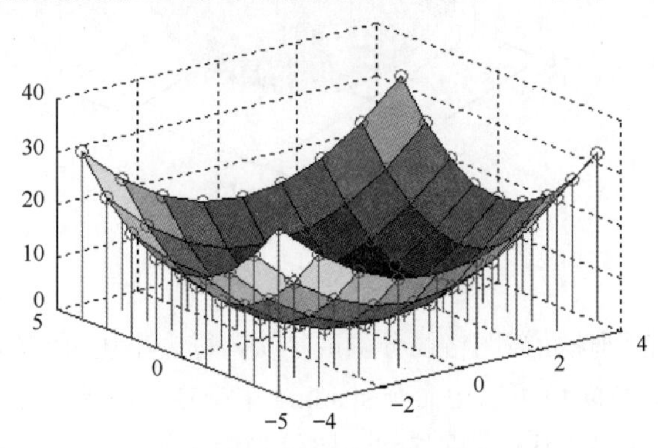

图 7.18　三维曲面与“格点”矩阵

（2）surf(X,Y,Z)：以 Z 确定的曲面高度和颜色，按照 X、Y 形成的“格点”矩阵，创建一渐变的三维曲面。X、Y 可以为向量或矩阵，若 X、Y 为向量，则必须满足 m= size(X)，n=size(Y)，[m,n]=size(Z)。

（3）surf(X,Y,Z,C)：以 Z 确定的曲面高度，C 确定的曲面颜色，按照 X、Y 形成的“格点”矩阵，创建一渐变的三维曲面。

（4）surf(...,'PropertyName',PropertyValue)：设置曲面的属性。

（5）surfc(...)：surfc()函数的格式同 surf()函数，同时在曲面下绘制曲面的等高线。

（6）h = surf(...)：采用 surf()函数创建曲面时，同时返回图形句柄 h。

（7）h = surfc(...)：采用 surfc()函数创建曲面时，同时返回图形句柄 h。

【例 7.14】绘制球体的三维图形。

```
>> figure
>> [X,Y,Z]=sphere(30);        %计算球体的三维坐标
>> surf(X,Y,Z);               %绘制球体的三维图形
>> xlabel('x'),ylabel('y'),zlabel('z');
>> title('SURF OF SPHERE');
```

输出图形如图 7.19 所示。

注意：在图形窗口中，需将图形的属性“Renderer”设置成“Painters”，才能显示出坐标名称和图形标题。

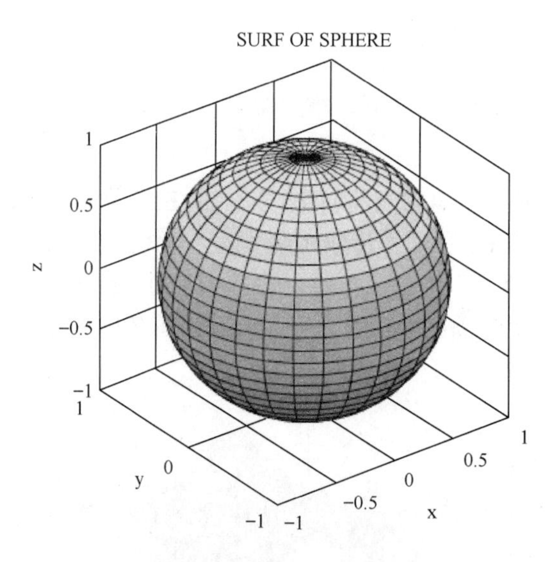

图 7.19　球体的三维曲面

图 7.19 中，我们看到球面被网格线分割成小块，每一小块可看作是一块补片，嵌在线条之间。这些线条和渐变颜色可以由命令 shading 来指定，其调用格式如下。

（1）shading faceted：采用分层网格线，取值为默认值。

（2）shading flat：平滑式颜色分布方式，去掉黑色线条，补片保持单一颜色。

（3）shading interp：插补式颜色分布方式，同样去掉线条，但补片以插值加色。这种方式需要比分块和平滑更多的计算量。

对于例 7.14 所绘制的曲面分别采用 shading flat 和 shading interp，显示的效果如图 7.20 所示。

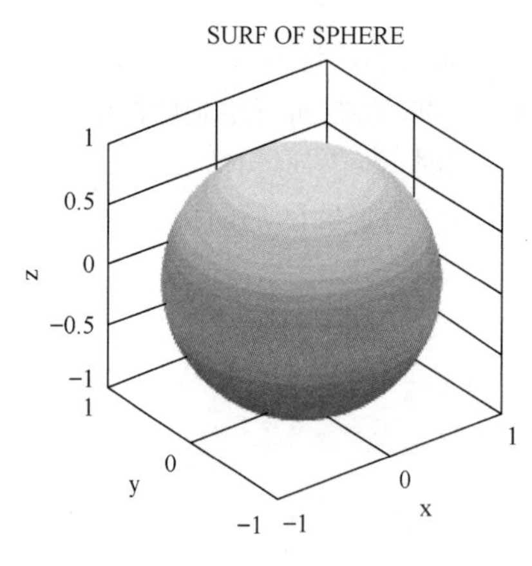

（a）shading flat的绘制效果

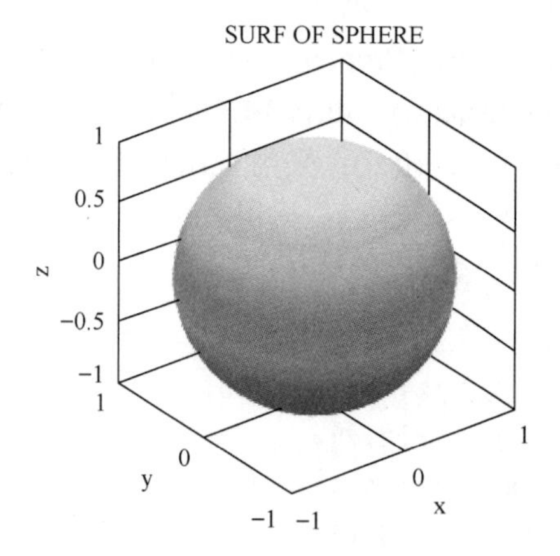

（b）shading interp的绘制效果

图 7.20　不同绘制方式下球体的三维曲面

【例 7.15】绘制具有等值线的曲面图。

```
>> [x,y]=meshgrid(-3:1/4:3);            %以 0.25 的间隔形成格点矩阵
>> z=peaks(x,y);
>> surfc(x,y,z);
```

输出图形如图 7.21 所示。

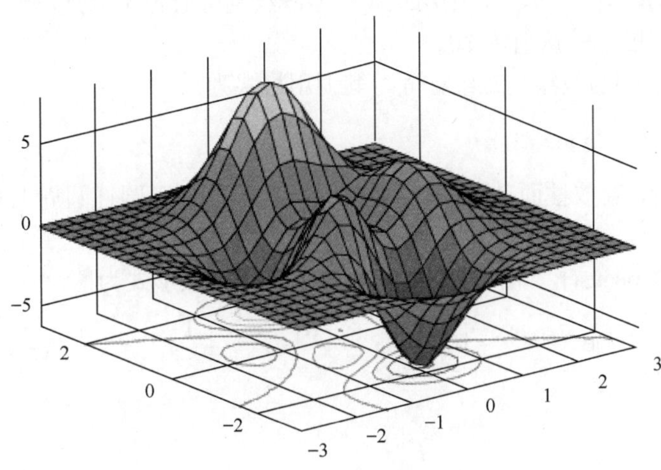

图 7.21 具有等值线的曲面图

【例 7.16】以 surfl()函数绘制具有亮度的曲面图。

```
>> [x,y]=meshgrid(-3:1/8:3);            %以 0.125 的间隔形成格点矩阵
>> z=peaks(x,y);
>> surfl(x,y,z);
>> shading interp
>> colormap(gray);
>> axis([-3 3 -3 3 -8 8]);
```

输出图形如图 7.22 所示。

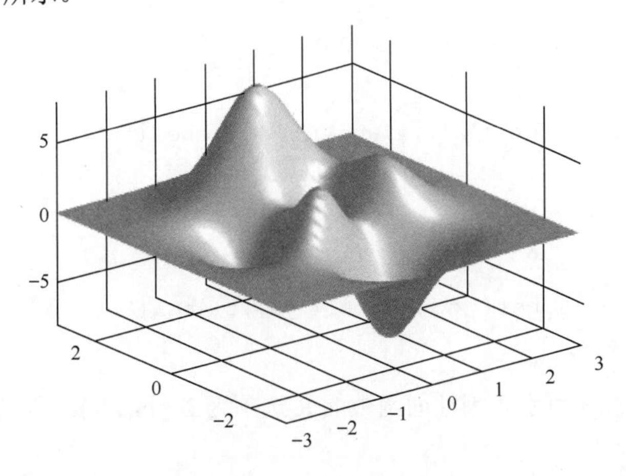

图 7.22 具有亮度的曲面图

2. 标准三维曲面

（1）用 sphere()函数绘制三维球面，其调用格式为：

```
>> [x,y,z]=sphere(n)
```

产生(n+1)×(n+1)的矩阵 x、y、z，采用这 3 个矩阵绘制圆心位于原点，半径为 1 的球体。n 决定球面的光滑程度，默认值为 20。

（2）用 cylinder()函数绘制三维柱面，其调用格式为：

```
>> [x,y,z]=cylinder(R,n)
```

R 是一个向量，存放柱面各等间隔高度上的半径，n 表示圆柱圆周上有 n 个等间隔点，默认值为 20。

（3）多峰函数 peaks()，常用于三维函数的演示。函数形式为：

$$f(x,y)=3(1-x^2)\mathrm{e}^{-x^2-(y+1)^2}-10\left(\frac{x}{5}-x^3-y^5\right)\mathrm{e}^{-x^2-y^2}-\frac{1}{3}\mathrm{e}^{-(x+1)^2-y^2}\quad(-3\leqslant x,y\leqslant 3)$$

调用格式为：

```
>> z=peaks(n)
```

生成一个 n 行 n 列的矩阵 z，n 的默认值为 48。

另一种调用格式为 z=peaks(x,y)：根据网格坐标矩阵 x、y 计算函数值矩阵 z。

【例 7.17】绘制三维标准曲面。

```
>> t=0:pi/20:2*pi;
>> [x,y,z]=sphere;
>> subplot(1,3,1);
>> surf(x,y,z);xlabel('x'),ylabel('y'),zlabel('z');
>> title('球面')
>> [x,y,z]=cylinder(2+sin(2*t),30);
>> subplot(1,3,2);
>> surf(x,y,z);xlabel('x'),ylabel('y'),zlabel('z');
>> title('柱面')
>> [x,y,z]=peaks(20);
>> subplot(1,3,3);
>> surf(x,y,z);xlabel('x'),ylabel('y'),zlabel('z');
>> title('多峰');
```

输出图形如图 7.23 所示。因柱面函数的 R 选项为 2+sin(2*t)，所以绘制的柱面是一个正弦型的。

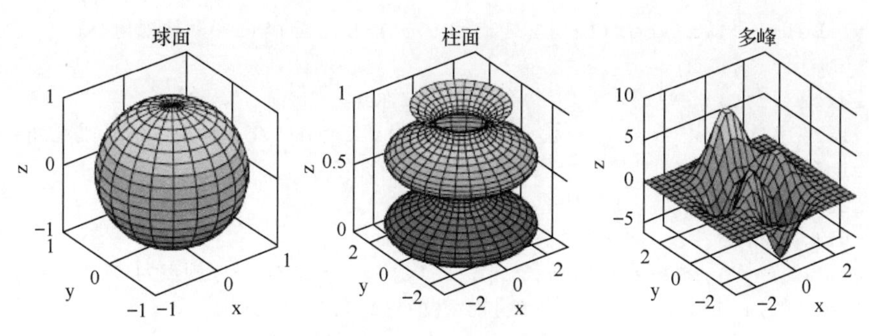

图 7.23　三维标准曲面

7.2.3　视角控制

观察我们前面绘制的三维图形，我们是以 30° 视角向下看 z=0 平面，以-37.5° 视角看 x=0 平面。与 z=0 平面所成的方向角称为仰角，与 x=0 平面的夹角叫方位角，如图 7.24 所示。因此默认的三维视角为仰角 30°，方位角-37.5°。默认的二维视角为仰角 90°，方位角 0°。

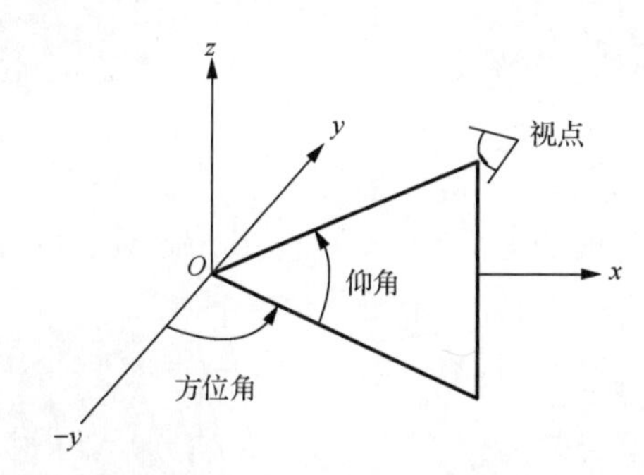

图 7.24　定义视角

在 MATLAB 中，用函数 view()改变所有类型的图形视角。其调用格式如下。

（1）view(az,el)或 view([az,el])：设置视角的方位角和仰角分别为 az 与 el。

（2）view([x,y,z])：将视点设为坐标(x,y,z)。

（3）view(2)：设置为默认的二维视角，az=0，el=90。

（4）view(3)：设置为默认的三维视角，az=−37.5，el=30。

（5）view(T)：以矩阵 T 设置视角，T 为由函数 viewmtx()生成的 4×4 矩阵。

（6）[az,el] = view：返回当前视角的方位角和仰角。

（7）T = view：返回由当前视角生成的 4×4 矩阵 T。

【例 7.18】从不同的视角观察曲线。

```
>> x=-4:4;y=-4:4;
>> [X,Y]=meshgrid(x,y);
>> Z=X.^2+Y.^2;
>> subplot(2,2,1)
>> surf(X,Y,Z);                    %绘制三维曲面
```

```
>> ylabel('y'),xlabel('x'),zlabel('z');title('(a) 默认视角 ')
>> subplot(2,2,2)
>> surf(X,Y,Z);                 %绘制三维曲面
>> ylabel('y'),xlabel('x'),zlabel('z');title('(b) 仰角 55° ，方位角-37.5° ')
>> view(-37.5,55)               %将视角设为仰角 55° ，方位角-37.5°
>> subplot(2,2,3)
>> surf(X,Y,Z);                 %绘制三维曲面
>> ylabel('y'),xlabel('x'),zlabel('z');title('(c) 视点为(2,1,1)')
>> view([2,1,1])                %将视点设为(2,1,1)指向原点
>> subplot(2,2,4)
>> surf(X,Y,Z);                 %绘制三维曲面
>> ylabel('y'),xlabel('x'),zlabel('z');title('(d) 仰角 90° ，方位角 10° ')
>> view(10,90)                  %将视角设为仰角 90° ，方位角 10°
```

输出图形如图 7.25 所示。

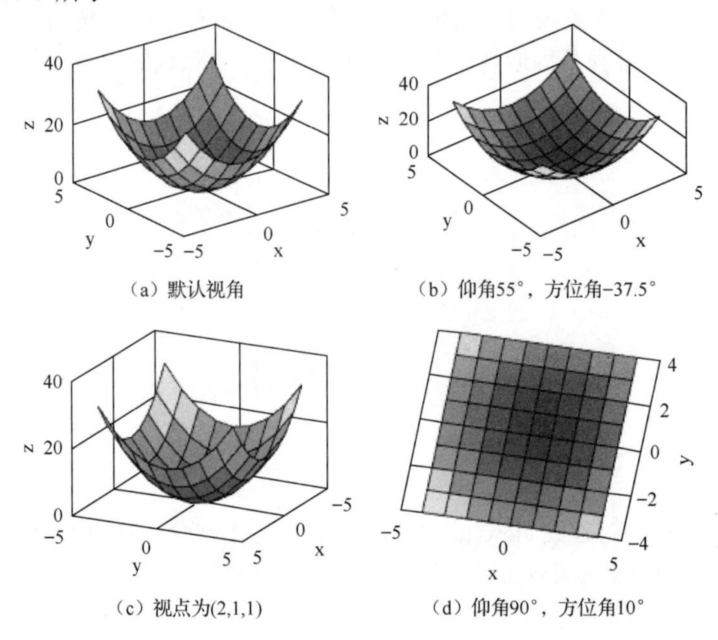

图 7.25　不同视角下的曲面图

7.2.4　其他图形函数

除了上面讨论的函数，MATLAB 还提供了 mesh()等其他图形函数，详见表 7-4。

表 7-4　其他图形函数

函　　数	功　　能
mesh (X,Y,Z)	绘制网格曲面图
meshc (X,Y,Z)	绘制网格曲面图和基本的等值线图
meshz (X,Y,Z)	绘制包含零平面的网格曲面图

续表

函　数	功　能
waterfall (X,Y,Z)	沿X轴方向绘制网线的曲面图
quiver (X,Y,DX,DY)	在等值线上绘制出方向或速度箭头
clabel (cs)	在等值线上标上高度值

【例7.19】绘制网格曲面图示例。

```
>> [X,Y,Z]=peaks(20);
>> figure
>> subplot(2,2,1);mesh(X,Y,Z);title('(a) mesh of peaks');
>> subplot(2,2,2);surf(X,Y,Z);title('(b) surf of peaks');
>> subplot(2,2,3);meshc(X,Y,Z);title('(c) meshc of peaks');
>> subplot(2,2,4);meshz(X,Y,Z);title('(d) meshz of peaks');
```

输出图形如图7.26所示。

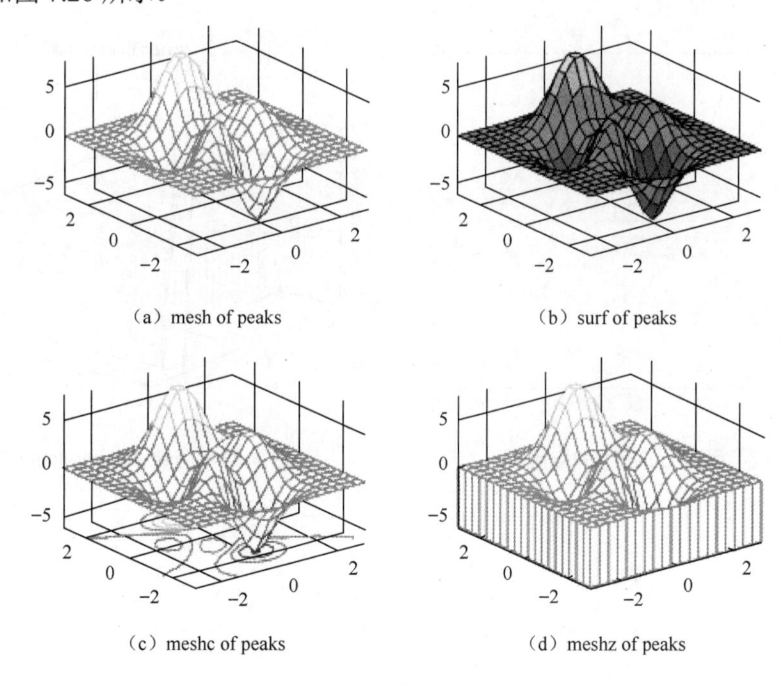

（a）mesh of peaks　（b）surf of peaks

（c）meshc of peaks　（d）meshz of peaks

图7.26　网格曲面图

【例7.20】函数quiver()的应用示例。

```
>> [X,Y] = meshgrid(-2:.2:2);
>> Z=X.*exp(-X.^2 - Y.^2);
>> [DX,DY]=gradient(Z,.2,.2);
>> contour(X,Y,Z)
>> hold on
>> quiver(X,Y,DX,DY)
```

```
>> colormap hsv
>> grid off
>> hold off
```

输出图形如图 7.27 所示。

【例 7.21】函数 waterfall()的应用示例。

```
>> [X,Y,Z]=peaks(30);
>> figure
>> waterfall(X,Y,Z);title('waterfall of peaks');
```

输出图形如图 7.28 所示。

【例 7.22】函数 clabe()的应用示例。

```
>> [X,Y,Z]=peaks(30);
>> [C,h]=contour(X,Y,Z);
>> clabel(C,h);
```

输出图形如图 7.29 所示。

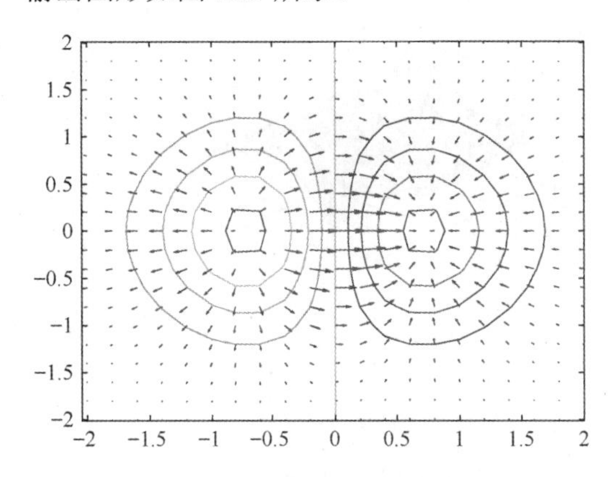

图 7.27　函数 quiver()的应用

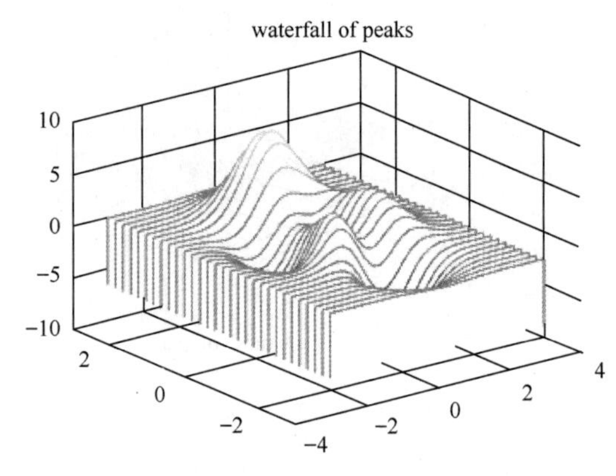

图 7.28　函数 waterfall()的应用

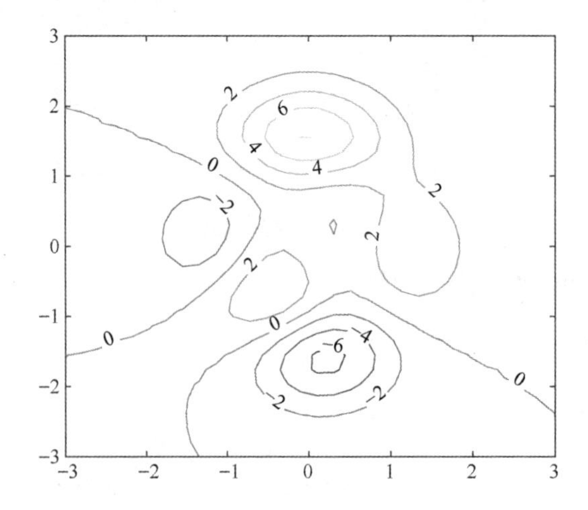

图 7.29　函数 clabe()的应用

另外，二维图形中的条形图、饼图等也可以以三维图形的形式出现，其函数的调用格式分别如下。

（1）bar3(x,y)：在 x 指定的位置绘制 y 中元素的条形图。若省略 x，则 y 的每一个元素对应一个条形图。

（2）stem3(x,y,z)：在 x、y 指定的位置绘制数据 z 的针状图，x、y、z 维数必须相同。若省略 x 和 y，则自动生成一个 x 和 y。

（3）pie3(x)：x 为向量，用 x 中的数据绘制一个三维饼图。

（4）fill3(x,y,z,c)：x、y、z 作为多边形的顶点，c 指定填充颜色。

【例 7.23】按要求绘制三维图形。

（1）绘制魔方阵的条形图。

（2）用针形图绘制函数 z=cos(x)。

（3）已知 x={45,76,89,222,97}，绘制饼图。

（4）用随机顶点绘制一个黑色的六边形。

```
>> subplot(2,2,1);bar3(magic(5));
>> x=0:pi/10:2*pi;y=x;z=cos(x);
>> subplot(2,2,2);stem3(x,y,z);
>> view([2,1,1]);                         %改变视角
>> subplot(2,2,3);pie3([45,76,89,222,97])
>> subplot(2,2,4);fill3(rand(6,1),rand(6,1),rand(6,1),'k')
```

输出图形如图 7.30 所示。

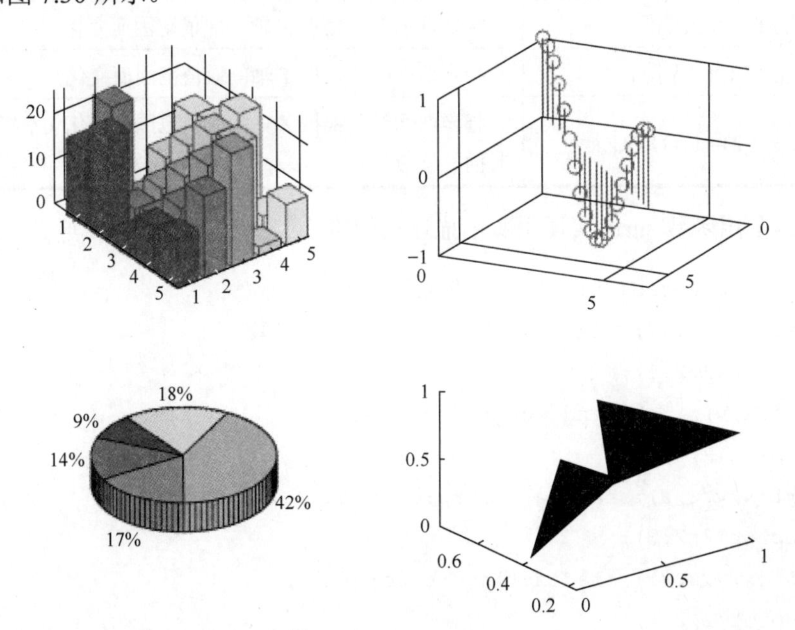

图 7.30　例 7.23 的图形

7.3 四 维 图 形

由于空间和思维的局限性，在计算机屏幕上只能表现出三维空间。为了表示第四维的空间变量，MATLAB 采用了颜色、切片图、切面和位线等方法来表示四维图形。

7.3.1 颜色描述的方法

在上一章里，我们提到了 MATLAB 提供了用颜色来代表第三维度的方法。常用的函数有 surf()、mesh()、pcolor()和 scatter3()等。在此，以 surf()函数为例解释用颜色描述第四维度的方法：运用 surf()函数绘制三维图形时，图像的颜色是沿着 Z 轴数据变化的，当第四维数据（即由 X、Y、Z 构成的三元函数）出现后，将第四维的数据附加到颜色属性上，用来表示第四个维度的值，这个时候，我们就实现了用颜色描述第四维。用 surf()函数描述图形第四维的调用格式详见表 7-5。

表 7-5　用 surf()函数描述图形第四维的调用格式

函　　数	功　　能
surf (X,Y,Z,V(X,Y,Z))	指定曲面颜色根据 V(X,Y,Z)的取值范围而变化
surf (X,Y,Z,V(X,Y))	指定曲面颜色根据 V(X,Y)的取值范围而变化
surf (X,Y,Z,X)	指定曲面颜色根据 X 轴的取值范围而变化
surf (X,Y,Z,Y)	指定曲面颜色根据 Y 轴的取值范围而变化
surf (X,Y,Z,Z)=surf (X,Y,Z)	指定曲面颜色根据 Z 轴的取值范围而变化（不指定曲面颜色时的默认值）

【例 7.24】 用函数 surf()实现用颜色描述第四维。

```
>> [x,y]=meshgrid(-5:0.5:5);%生成网格点
>> z=x.^2 + y.^2; v1=x+y; v2=x+y+z; % 定义函数
>> subplot(2,2,1);
>> surf(x,y,z);shading interp;colorbar;
>> subplot(2,2,2);
>> surf(x,y,z,z);shading interp;colorbar;
>> subplot(2,2,3);
>> surf(x,y,z,v1);shading interp;colorbar;
>> subplot(2,2,4);
>> surf(x,y,z,v2);shading interp;colorbar;
```

输出图形如图 7.31 所示。

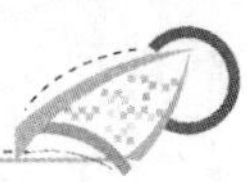

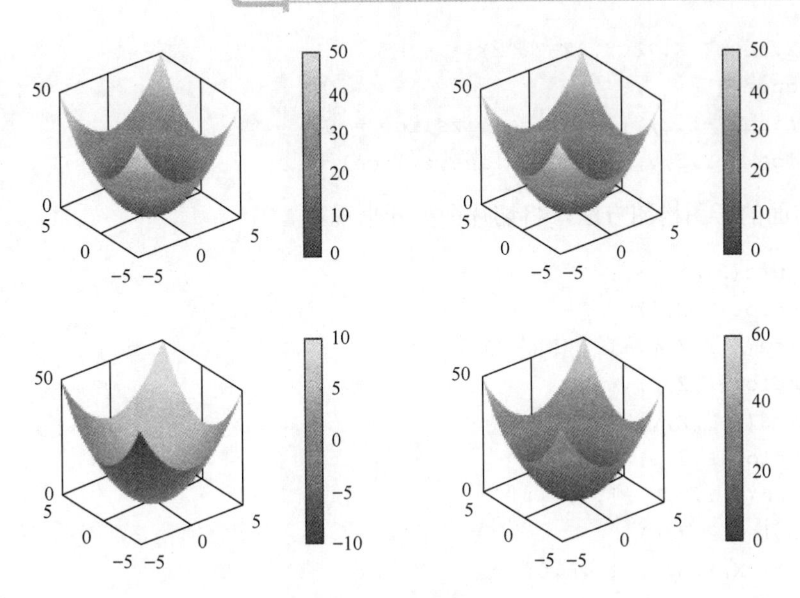

图 7.31　例 7.24 的图形

在这个示例中，使用 surf()函数绘制了四维函数的图形，其中点的颜色表示第四个维度的值，通过 colorbar()函数可以添加颜色条来解释颜色与数值之间的对应关系。

7.3.2　切片图

在 MATLAB 中，使用 slice()函数来显示三维函数的切片图，可以实现函数的四维表现。

slice()函数常见的调用格式如下。

（1）slice(X,Y,Z,V,xslice,yslice,zslice)：指定 *X*、*Y* 和 *Z* 轴的数据作为坐标数据，V=V(X,Y,Z)为三维体数组，绘制出其在三维坐标（xslice,yslice,zslice）上的切片图。

（2）slice(V,xslice,yslice,zslice)：V 是一个三维体数组，绘制出其在三维坐标轴上指定位置 xslice,yslice,zslice 的切片图。

（3）slice(...,'method')：参数'method'为内插值的方法。其中默认值是三次线性内插值法'linear'，常用的还有三次立方内插值法'cubic'和最近点内插值法'nearest'。此选项可以与其他语法联合使用。

（4）slice(axes_handle,...)：在句柄值 axes_handle 的坐标值中绘制切片图。

（5）h=slice(...)：返回组成立体切片图的 surface 图形对象句柄值向量 h。

X、*Y* 和 *Z* 轴坐标的数据类型可以是向量或三维数组；V 是三维体数组，数据类型是三维数组；xslice、yslice、zslice 分别对应 *X*、*Y* 和 *Z* 轴切片值，数据类型可以是标量、向量、空矩阵和矩阵。

要绘制一个或多个与特定轴正交的切片平面，需将切片参数指定为标量或向量。要沿曲面绘制单个切片，则需要将所有切片参数指定为定义曲面的矩阵。

【例 7.25】 切片图应用示例。

```
>> [X,Y,Z]=meshgrid(-2:.2:2);
```

```
>> V=X.*exp(-X.^2-Y.^2-Z.^2);
>> figure(1)
>> xslice=[-1.2,2]; yslice=1;zslice = 0;
>> slice(X,Y,Z,V,xslice,yslice,zslice)
```

借助前面的子图构图方法，将切片图拆开来观察。

```
>> figure(2)
>> subplot(2,2,1)
>> slice(X,Y,Z,V,-1.2,[],[])
>> subplot(2,2,2)
>> slice(X,Y,Z,V,2,[],[])
>> subplot(2,2,3)
>> slice(X,Y,Z,V,[],1,[])
>> subplot(2,2,4)
>> slice(X,Y,Z,V,[],[],0)
```

输出图形如图 7.32 所示。

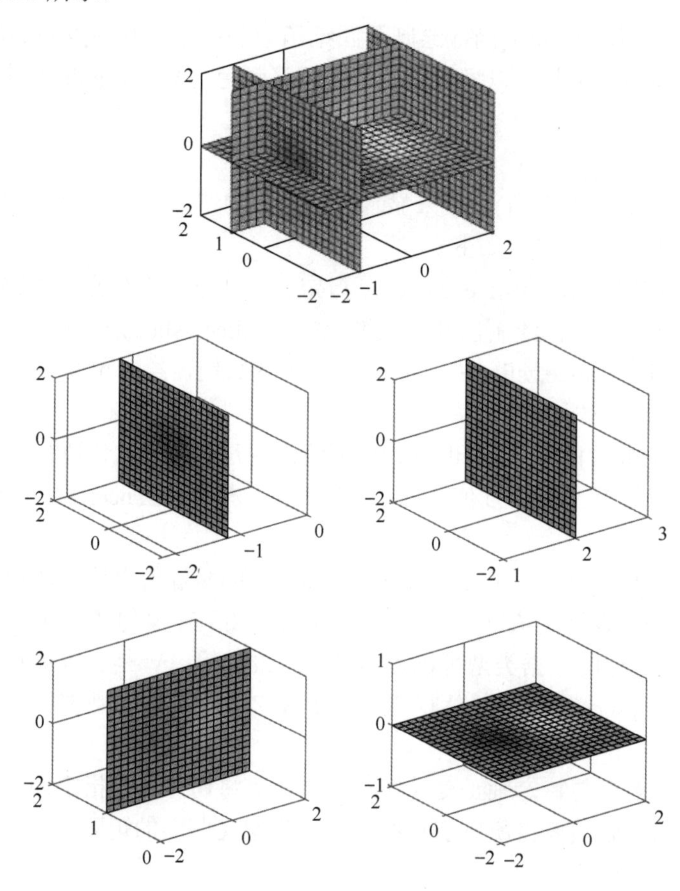

图 7.32　例 7.25 的图形

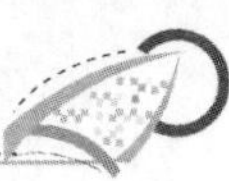

【例 7.26】沿曲面的切片图示例。

```
>> [X,Y,Z]=meshgrid(-5:0.2:5);
>> V=X.*exp(-X.^2-Y.^2-Z.^2);
>> [xsurf,ysurf]=meshgrid(-2:0.2:2);
>> zsurf=xsurf.^2-ysurf.^2;
>> slice(X,Y,Z,V,xsurf,ysurf,zsurf)
```

输出图形如图 7.33 所示。

【例 7.27】指定插值法应用示例。

```
>> [X,Y,Z]=meshgrid(-2:2);
>> V=X.*exp(-X.^2-Y.^2-Z.^2);
>> xslice=0.8;
>> yslice=[];
>> zslice=[];
>> slice(X,Y,Z,V,xslice,yslice,zslice,'nearest')%最近点内插值法 nearest
```

输出图形如图 7.34 所示。

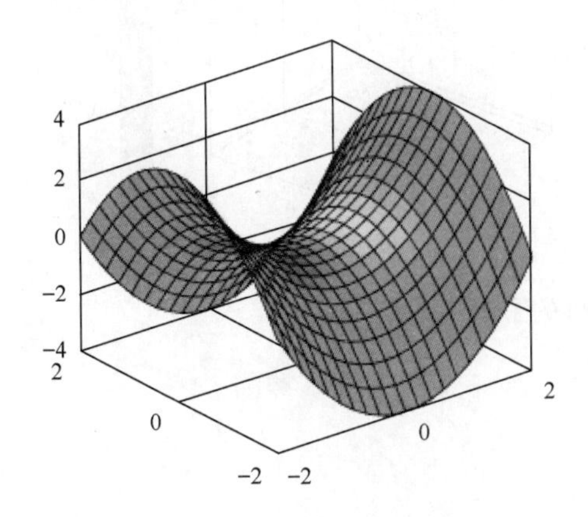

图 7.33　沿曲面的切片图

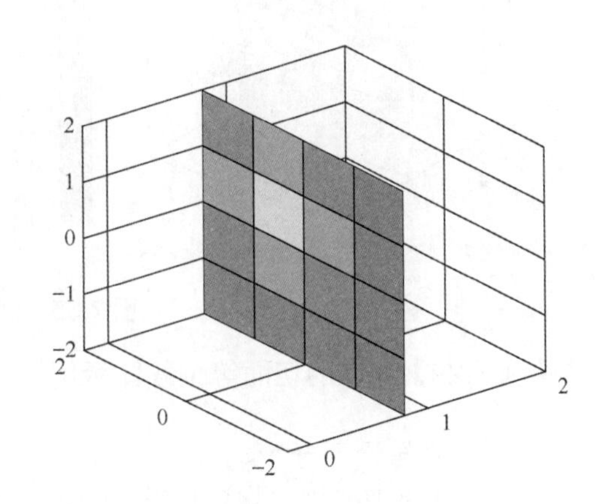

图 7.34　例 7.27 的图形

7.3.3　切面等位线图

函数 contourslice()用于实现切面的等位线效果图，其调用格式与函数 slice()相似。

（1）contourslice(X,Y,Z,V,xslice,yslice,zslice)。

（2）contourslice(V,xslice,yslice,zslice)。

（3）contourslice(...,'method')。

（4）contourslice(...,n)：指定每个切片内绘制等位线的数量。

（5）contourslice(...,cvals)：指定每个切片内要绘制等位线的位置的坐标值。

【例 7.28】contourslice()函数应用示例。

```
>> [X,Y,Z]=meshgrid(-5:.2:5);V=X.*exp(-X.^2-Y.^2-Z.^2);
>> figure(1)
>> xslice=[-1.2,0.8,2]; cvals=[-0.2:0.01:0.4];
>> contourslice(X,Y,Z,V,xslice,[],[],cvals)     %cvals 指定等位线位置坐标
>> colorbar;
>> view(3);grid on
>> figure(2)
>> [x,y]=meshgrid(-2:0.2:2);z=x.^2-y.^2;
>> contourslice(X,Y,Z,V,x,y,z,10)  %沿曲面指定等位线数量为 10
>> colorbar;
>> view(3);grid on
```

输出图形如图 7.35 所示。

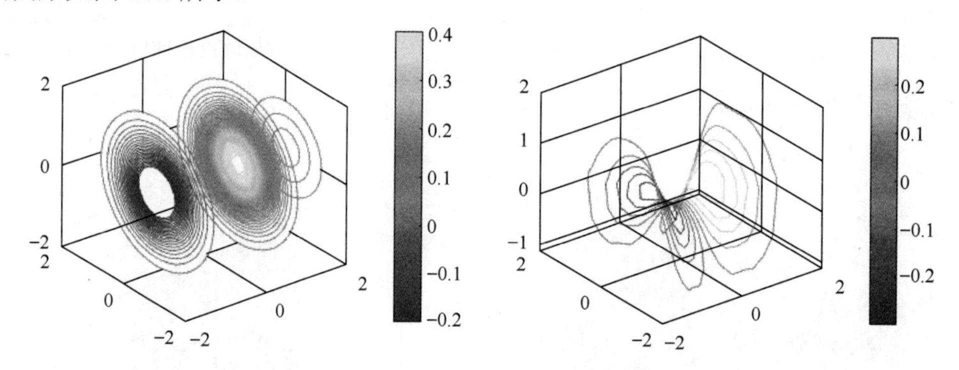

图 7.35　例 7.28 的图形

【例 7.29】流体的切面等位线图示例。

```
>> [x y z v]=flow;
>> x1=min(min(min(x)));x2=max(max(max(x)));
>> sx=linspace(x1+1.5,x2,4);
>> v1=min(min(min(v)));v2=max(max(max(v)));
>> cv=linspace(v1+1,v2,20);
>> contourslice(x,y,z,v,sx,0,0,cv);
>> view(3);
>> colormap cool;
>> box on
>> colorbar
```

输出图形如图 7.36 所示。

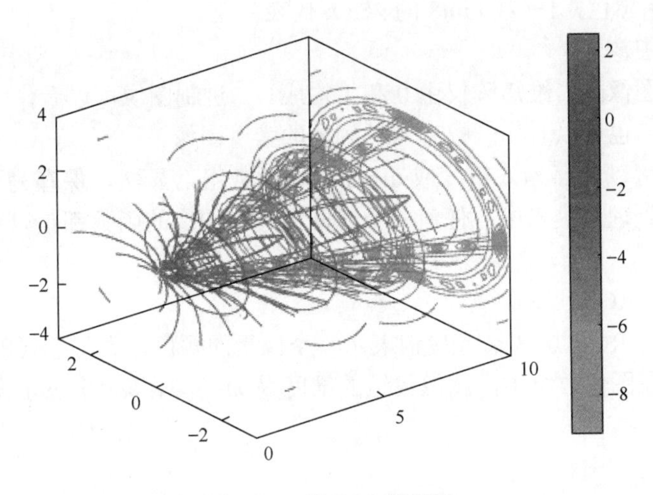

图 7.36　例 7.29 的图形

在 MATLAB 中与绘制四维图形相关的函数还有 streamslice()、interp3()、obliqueslice()等。

7.4　图　　像

图像本身是一种二维函数，图像的亮度是其位置的函数。MATLAB 中的图像是由一个或多个矩阵表示的，因此 MATLAB 的许多矩阵运算功能均可以用于图像矩阵运算。MATLAB 中图像数据的存储在默认情况下为双精度（double），即 64 位浮点数。这种存储方式的优点是运算时不需要进行数据类型转换，但是会导致巨大的存储量。所以，MATLAB 还支持另一种存储类型，无符号整型（uint8），即图像矩阵中的每个数据占用一个字节，但 MATLAB 运算时要将其转换成 double 型。

7.4.1　图像的类别和显示

1. 图像的类别

MATLAB 图像处理工具箱支持 4 种基本图像类型：索引图像、灰度图像、二进制图像和真彩色（RGB）图像。

（1）索引图像

索引图像包括图像矩阵和色图数组，其中色图是按图像中颜色值进行排序后的数组。每个像素图像矩阵包含一个值，这个值就是色图数组中的索引。色图为 m×3 的双精度值矩阵，各行分别指定红绿蓝（RGB）的单色值，RGB 为值域是[0，1]的实数值，0 代表最暗，1 代表最亮。

（2）灰度图像

灰度图像保存在一个矩阵中，矩阵的每个元素代表一个像素点。矩阵可以是双精度类型，值域为[0，1]；也可以为 uint8，值域为[0，255]。矩阵的每个元素值代表不同的亮度或灰度级，0 表示黑色，1（或 uint8 的 255）代表白色。

（3）二进制图像

表示二进制图像的二维矩阵仅由 0 和 1 构成。二进制图像可以看作一幅仅包括黑与白的特殊灰度图像，也可以看作一幅有两种颜色的索引图像。

二进制图像可以保存为双精度或 uint8 类型的数组，显然，保存为 uint8 类型可以节省空间。在图像处理工具箱中，任何一个返回二进制图像的函数都是以 uint8 类型的逻辑数组来返回的。

（4）真彩色（RGB）图像

真彩色图像用 RGB 这 3 个亮度值表示一个像素的颜色，真彩色（RGB）图像各像素的亮度值直接存在图像数组中，图像数组的维度为 $m \times n \times 3$，m、n 表示图像像素的行数和列数。

2. 图像的显示

MATLAB 的图像处理工具箱提供了函数 imshow()用来显示图像。函数调用格式如下。

（1）imshow (I,n)：用 n 个灰度级显示灰度图像，n 默认时为使用 256 级灰度或 64 级灰度显示图像。

（2）imshow (I,[low, high])：将 I 显示为灰度图像，并指定灰度级为范围[low, high]。

（3）imshow(BW)：显示二进制图像。

（4）imshow (X,map)：使用色图 map 显示索引图像 X。

（5）imshow (RGB)：显示真彩色（RGB）图像。

（6）imshow(...,display_option)：在以函数 imshow()显示图像时，可以指定相应的显示参数(display_option)。ImshowBorder 控制是否给显示的图形上加边框；ImshowAxesVisible 控制是否显示坐标轴和标注；ImshowTruesize 控制是否调用函数 truesize()。

（7）imshow (filename)：显示 filename 所指定的图像文件。

另外，MATLAB 的图像处理工具箱还提供了函数 subimage()，它可以在一个图形窗口内使用多个色图，函数 subimage()与 subplot()联合使用可以在一个图形窗口中显示多幅图像。函数调用格式如下。

（1）subimage (X,map)：在当前坐标平面上使用色图 map 显示索引图像 X。

（2）subimage (RGB)：在当前坐标平面上显示真彩色（RGB）图像。

（3）subimage (I)：在当前坐标平面上显示灰度图像 I。

（4）subimage(BW)：在当前坐标平面上显示二进制图像（BW）。

【例 7.30】设在当前目录下有一个 RGB 图像文件 peppers.png，下面给出以不同方式显示该图像的情况。

```
>> I=imread('peppers.png');                                   %读入图像文件
>> subplot(2,2,1);subimage(I);title('(a) RGB 图像') %在子图形窗口 1 显示图像
>> [X,map]=rgb2ind(I,1000);                                   %将该图像转换为索引图像
>> subplot(2,2,2);subimage(X,map);title('(b) 索引图像')%在子图形窗口 2 显示图像
>> X=rgb2gray(I);                                             %将该图像转换为灰度图像
```

```
>> subplot(2,2,3);subimage(X);title('(c) 灰度图像') %在子图形窗口 3 显示图像
>> X=im2bw(I,0.6);                                   %将该图像转换为黑白图像
>> subplot(2,2,4);subimage(X);title('(d) 黑白图像') %在子图形窗口 4 显示图像
```

输出图形如图 7.37 所示。因为印刷的原因，所以看不出显示的效果，读者可以自行运行以上程序在屏幕上进行观察，或扫描二维码查看效果。

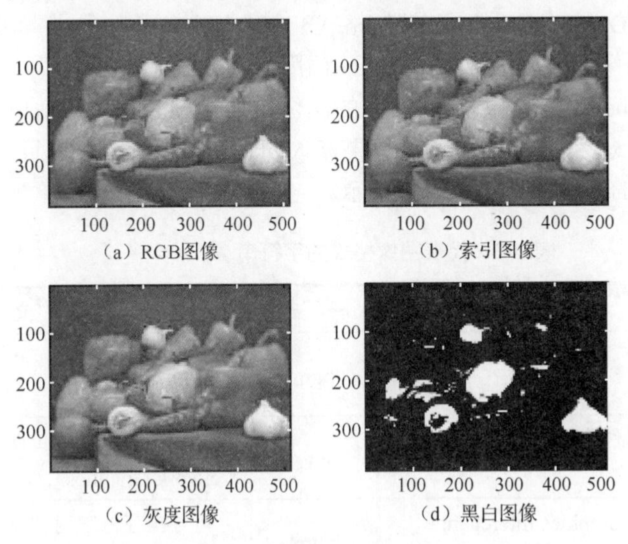

图 7.37　图像的不同显示方式

图 7.37
彩图

【例 7.31】加边框和坐标控制示例。

```
>> I=imread('peppers.png');                      %读入图像文件
>> iptsetpref('ImshowBorder','tight');           %图像不加边框
>> iptsetpref('ImshowAxesVisible','off');        %显示坐标轴
>> imshow(I);
```

输出不带边框和坐标轴的图像，如图 7.38（a）所示。把上述语句中的'tight'改为'loose'、'off '改为'on'时，输出带边框和坐标轴的图像，如图 7.38（b）所示。

（a）图像不带边框和坐标轴

（b）图像带边框和坐标轴

图 7.38　带边框、不带边框和有坐标轴、无坐标轴的图像比较

7.4.2 图像的读写

计算机数字图像文件常用格式有：BMP（Bitmap，Windows 位图）、HDF（Hierarchical Date Format，分层数据格式）、JPEG（Joint Photographic Experts Group，联合图像专家组格式）、PCX（Paintbrush PC 画笔位图）、TIF（Tagged Image File Format，标签图像文件格式）、XWD（X Windows Dump，Windows 转储格式）等。

从图像文件中读入图像数据用函数 imread()，调用格式如下。

（1）A=imread(filename,fmt)：将指定文件名的图像文件 filename 读入到矩阵 A 中，如果读入的是灰度图像，则返回 $m\times n$ 的矩阵；如果读入的是彩色图像，则返回 $m\times n\times 3$ 的矩阵。fmt 为代表图像格式的字符串，如表 7-6 所示。

表 7-6　代表图像格式的字符串

格　式	含　　义	格　式	含　　义
'bmp'	Windows 位图（Bitmap）	'pgm'	可导出灰度位图（Portable Graymap）
'cur'	Windows 光标文件格式（Cursor Resources）	'png'	可导出网络图形位图（Portable Network Graphics）
'gif'	图形交换格式（Graphics Interchange Format）	'pnm'	可导出任意映射位图（Portable Anymap）
'hdf'	分层数据格式（Hierarchical Data Format）	'ppm'	可导出像素映射位图　（Portable Pixmap）
'ico'	Windows 图标（Icon Resources）	'ras'	光栅位图（Sun Raster）
'jpg' 'jpeg'	联合图像专家组格式（Joint Photographic Experts Group）	'tif' 'tiff'	标签图像文件格式（Tagged Image File Format）
'pbm'	可导出位图（Portable Bitmap）	'xwd'	Windows 转储格式（X Windows Dump）
'pcx'	PC 画笔位图（Paintbrush）	—	—

（2）[X,map] = imread(filename,fmt)：将指定文件名的索引图像 filename 读入到矩阵 X 中，其返回色图到 map。

用函数 imwrite()可以将图像写入文件，其调用格式如下。

（1）imwrite(A,filename,fmt)：将 A 中的图像按 fmt 指定的格式写入到文件 filename 中。

（2）imwrite(X,map,filename,fmt)：将矩阵 X 中的索引图像及其色图按 fmt 指定的格式写入到文件 filename 中。

（3）imwrite(…,filename)：根据 filename 的扩展名推断图像文件格式，并写入到文件 filename 中。

7.5 函数绘图

利用 MATLAB 中的一些特殊函数可以绘制任意函数图形，即实现函数可视化。

7.5.1 一元函数绘图

可以通过函数 ezplot()绘制任意一元函数，其调用格式如下。

（1）ezplot('f')：按照 x 的默认取值范围[−2*pi,2*pi]绘制 $f=f(x)$的图形。对于 $f=f(x,y)$，x、y 的默认取值范围为[−2*pi,2*pi]，即绘制 $f(x,y)=0$ 的图形。

（2）ezplot('f',[min,max])：按照 x 的指定取值范围[min,max]绘制函数 $f=f(x)$的图形。对于 $f=f(x,y)$，命令 ezplot('f',[xmin,xmax,ymin,ymax])为按照 x、y 的指定取值范围[xmin,xmax,ymin,ymax]，绘制 $f(x,y)=0$ 的图形。

（3）ezplot(x,y)：按照 t 的默认取值范围[0,2*pi]绘制函数 $x=x(t)$、$y=y(t)$的图形。

（4）ezplot('f',[xmin,xmax,ymin,ymax])：按照指定的 x、y 取值范围[xmin,xmax，ymin,ymax]在图形窗口绘制函数 $f=f(x,y)$的图形。

（5）ezplot(x,y,[tmin,tmax])：按照 t 的指定取值范围[tmin,tmax]绘制函数 $x=x(t)$、$y=y(t)$的图形。

【例 7.32】一元函数 $f=x^2+y^2-16$ 绘图示例。

```
>> f='x.^2+y.^2-16';
>> ezplot(f)
```

输出图形如图 7.39 所示。

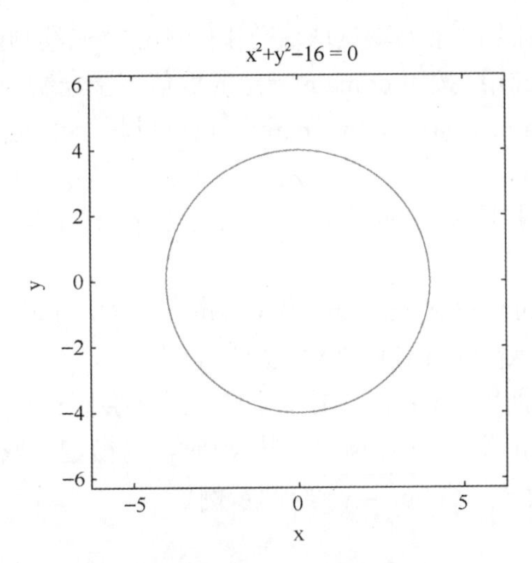

图 7.39 例 7.32 的图形

【例 7.33】一元函数 $x=3t\sin(t)$绘图示例。

```
>> x='3*t*sin(t)';
```

```
>> y='t*cos(t)';
>> ezplot(x,y,[0,8*pi])
```

输出图形如图 7.40 所示。

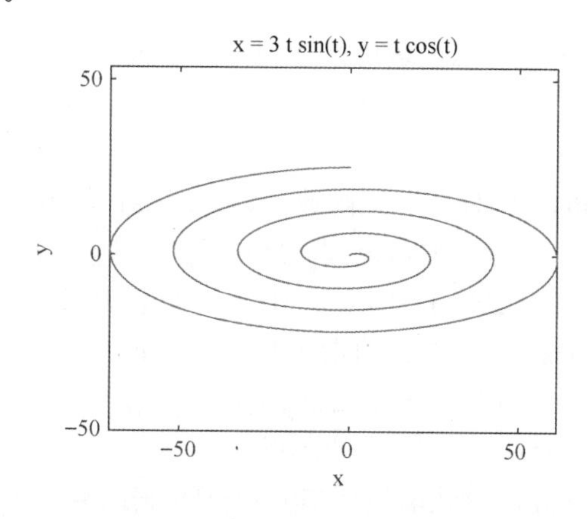

图 7.40　例 7.33 的图形

7.5.2　二元函数绘图

对于二元函数 $z=f(x,y)$，同样可以利用函数 ezmesh()绘制各类图形，也可以用 meshgrid()函数获得矩阵 $\boldsymbol{Z}$，或者用循环语句 for（或 while）计算矩阵 $\boldsymbol{Z}$ 的元素，然后用 7.3 节介绍的函数绘制二元函数图。

1. 函数 ezmesh()

该函数的调用格式如下。

（1）ezmesh('f')：按照 x、y 的默认取值范围[−2*pi,2*pi]绘制函数 $f(x,y)$的图形。

（2）ezmesh('f',domain)：按照 domain 指定的取值范围绘制函数 $f(x,y)$的图形，domain 可以是 4×1 的向量：[xmin, xmax, ymin, ymax]；也可以是 2×1 的向量：[min, max]。此时，min<x<max，min < y<max。

（3）ezmesh(x,y,z)：按照 s、t 的默认取值范围[−2*pi,2*pi]绘制函数 $x=x(s,t)$、$y=y(s,t)$和 $z=z(s,t)$的图形。

（4）ezmesh(x,y,z,[smin,smax,tmin,tmax])或 ezmesh(x,y,z,[min,max])：按照指定的取值范围[smin,smax,tmin,tmax]或[min,max]绘制函数 $f(x,y)$的图形。

（5）ezmesh(…,n)：调用 ezmesh 绘制图形时，同时绘制 n×n 的网格，n=60（默认值）。

（6）ezmesh(…,'circ')：调用 ezmesh 绘制图形时，以指定区域的中心绘制图形。

【例 7.34】二元函数 $f=\sqrt{1-x^2-y^2}$ 绘图示例。

```
>> syms x,y;
>> f='sqrt(1-x^2-y^2)';
>> ezmesh(f)
```

输出图形如图 7.41 所示。

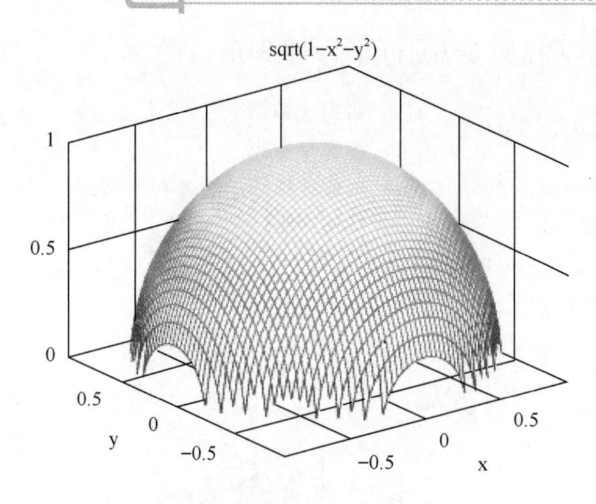

图 7.41　例 7.34 的图形

【例 7.35】二元函数 $x=s\cos(t)$、$y=s\sin(t)$、$z=t$ 的绘图示例。

```
>> syms x y z s t;
>> x='s*cos(t)';y='s*sin(t)';z='t';
>> ezmesh(x,y,z,[0,pi,0,5*pi])
```

输出图形如图 7.42 所示。

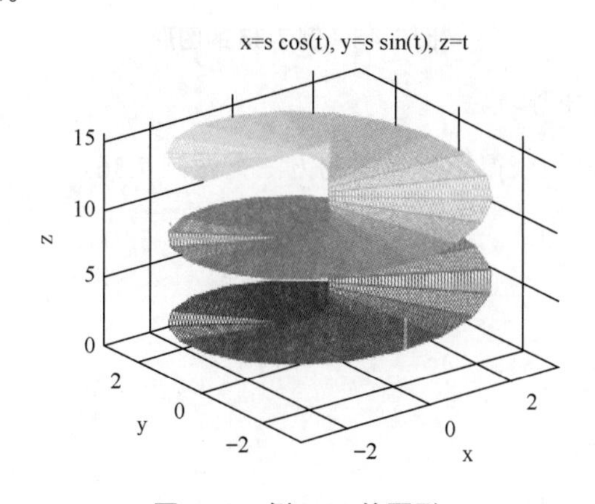

图 7.42　例 7.35 的图形

2. 用函数 meshgrid()获得矩阵 $\boldsymbol{Z}$

对于二元函数 $Z=f(x,y)$，每一对 x 和 y 的值都产生一个 Z 的值。作为 x 与 y 的函数，Z 是三维空间的一个曲面。MATLAB 将 Z 存放在一个矩阵中，$\boldsymbol{Z}$ 的行和列分别表示为：

$$Z(i,:) = f(x,y(i))$$
$$Z(:,j) = f(x(j),y)$$

当 $Z=f(x,y)$能用简单的表达式表示时，利用 meshgrid()函数可以方便地获得所有 Z 的数据，然后用前面讲过的绘制三维图形的函数就可以绘制二元函数 $Z=f(x,y)$。

【例 7.36】绘制二元函数 $Z=f(x,y)=x^3+y^3$ 的图形。

```
>> x=0:0.2:5;                % 给出 x 数据
>> y=-3:0.2:1;               % 给出 y 数据
>> [X,Y]=meshgrid(x,y);      % 形成三维图形的 X 和 Y 数组
>> Z=X.^3+Y.^3;
>> surf(X,Y,Z);xlabel('x'),ylabel('y'),zlabel('z');
>> title('z=x^3+y^3')
```

输出图形如图 7.43 所示。

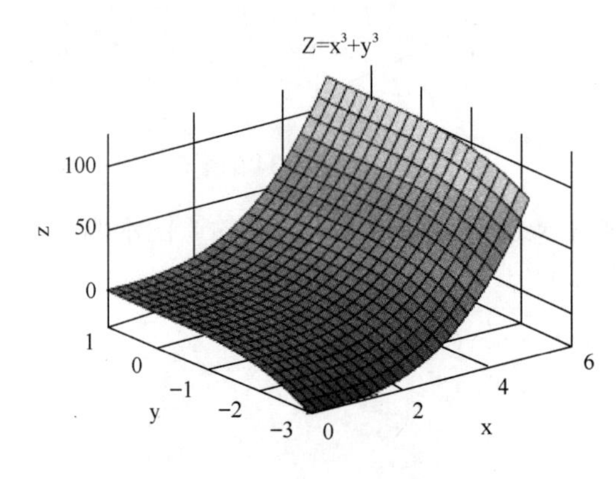

图 7.43　例 7.36 的图形

3. 用循环语句获得矩阵数据

【例 7.37】用循环语句获得矩阵数据的方法重做例 7.36。

```
>> x=0:0.2:5;
>> y=-3:0.2:1;
>> z1=y.^3;
>> z2=x.^3;
>> nz1=length(z1);
>> nz2=length(z2);
>> Z=zeros(nz1,nz2);
>> for r=1:nz1
>>     for c=1:nz2
>>     Z(r,c)=z1(r)+z2(c);
>>     end
>> end
>> surf(x,y,Z);xlabel('x'),ylabel('y'),zlabel('z');
>> title('z=x^3+y^3')
```

图形显示结果同例 7.36。

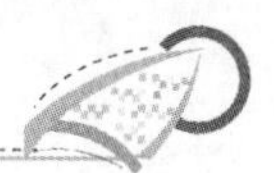

7.6　本 章 小 结

本章系统地阐述了二维图形、三维图形和四维图形绘制的常用函数，包括使用线型、色彩、标记、坐标、子图、视角等手段表示可视化数据，同时介绍了一元函数和二元函数的绘制以及有关图像的基本内容。

本 章 习 题

1. 分别绘制下列函数图形。

（1）$r=3(1-\cos\theta)$　（极坐标）

（2）$y(t)=1.25e^{-0.25t}+\cos(3t)$

2. 绘制函数 $y(t)=1-2e^{-t}\sin t$ $(0\leqslant t\leqslant 8)$的图形，且在 x 轴上标注“Time”，y 轴上标注“Amplitude”，图形的标题为“Decaying Oscillating Exponential”。

3. 在同一图形窗口中绘制下列两条曲线($x\in[0,25]$)。

（1）$y_1(t)=2.6e^{-0.5x}\cos(0.6x)+0.8$

（2）$y_2(t)=1.6\cos(3x)+\sin(x)$

要求用不同的颜色和线型分别表示 $y_1(t)$和 $y_2(t)$，并给图形加注解。

4. 在一个图形窗口中绘制两个子图，分别显示下列曲线。

（1）$y=\sin 2x\cos 3x$

（2）$y=0.4\,x$

要求给 x 轴、y 轴加标注，每个子图加标题。

5. 绘制下列二元函数 $z(x,y)$的图形：

$$z(x,y)=\frac{1}{(x+1)^2+(y+1)^2+1}-\frac{1}{(x-1)^2+(y-1)^2+1}\ (-3\leqslant x\leqslant 3,-3\leqslant y\leqslant 3)$$

6. 二维曲面可用方程表示为 $z=c\sqrt{d-\frac{x^2}{a^2}-\frac{y^2}{b^2}}$，在一个图形窗口中用两个子图表示下面不同情况：

（1）$a=5$，$b=4$，$c=3$，$d=1$

（2）$a=5j$，$b=4$，$c=3$，$d=1$

第 8 章

交互式仿真集成环境 SIMULINK

教学提示

SIMULINK 是 MATLAB 的重要组件之一，它提供了一个动态系统建模、仿真和综合分析的集成环境。本章介绍了 SIMULINK 的基本概念、模块的操作及其连接、常用的输入及输出模块等内容。在了解系统建模的基本知识后，引导读者进行系统仿真，最后通过仿真实例，让读者更加灵活地掌握 SIMULINK 这一仿真工具。

教学要求

能够实现对简单的动态系统进行建模、仿真。

8.1 SIMULINK 简介

SIMULINK 是 MATLAB 的工具箱之一，提供交互式动态系统建模、仿真和分析的图形环境。它可以针对控制系统、信号处理及通信系统等进行系统的建模、仿真、分析等工作。它可以处理的系统包括线性、非线性系统，离散、连续及混合系统，单任务、多任务离散事件系统。

利用 SIMULINK 进行系统的建模仿真，其优点就是易学、易用，同时还可以利用 MATLAB 提供的丰富的仿真资源。

8.1.1 SIMULINK 的特点

1. 框图式建模

SIMULINK 提供了一种图形化的建模方式，所谓图形化建模指的是用 SIMULINK 中丰富的按功能分类的模块库，帮助用户轻松地建立起动态系统的模型（模型用模块组成的框图表示）。用户只需要知道这些模块的输入、输出及实现的功能，通过对模块的调用、连接就可以构成所需系统的模型。整个建模的过程只需用鼠标进行单击和简单拖动即可实现。

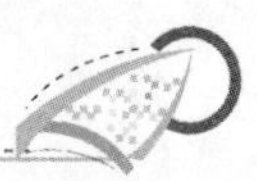

利用 SIMULINK 图形化的环境及丰富的功能模块，用户可以创建层次化的系统模型。从建模角度上讲，用户可以采用从上至下或从下至上的结构创建模型；从分析研究角度上讲，用户可以从最高级别处观察模型，然后双击其中的子系统来检查下一级的内容，以此类推，从而看到整个模型的细节，进而帮助用户理解模型的结构和各个模块之间的关系。

2. 交互式的仿真环境

可以利用 SIMULINK 中的菜单或者是 MATLAB“命令行”窗口的输入命令来对模型进行仿真。菜单方式对于交互工作特别方便，而命令行方式对大量重复的仿真工作很有用。

SIMULINK 内置了很多仿真分析工具，如仿真算法、系统线性化、寻找平衡点等。仿真的结果可以以图形的方式显示在类似于示波器的窗口内，也可以将输出结果以变量的方式保存起来，并输入到 MATLAB 中，让用户观察系统的输出结果并作进一步的分析。

Simulink
仿真基础

3. 专用模块库

SIMULINK 提供了许多专用模块库（Blocksets），如 DSP 模块库（DSP Blocksets）和通信模块库（Communication Blocksets）等，利用这些专用模块库，SIMULINK 可以方便地利用 DSP 及通信系统等进行仿真分析和原型设计。

4. 与 MATLAB 的集成

由于 MATLAB 和 SIMULINK 是集成在一起的，因此用户可以在这两种环境中对自己的模型进行仿真、分析和修改。

8.1.2　SIMULINK 的工作环境

SIMULINK 的工作环境是由库浏览器（Library Browser）与模型窗口组成的，库浏览器为用户提供了进行 SIMULINK 建模与仿真的标准模块库与专业工具箱，而模型窗口是用户创建模型的主要场所。

1. 在 MATLAB 环境中启动 SIMULINK 的方法

（1）在 MATLAB 的“命令行”窗口中输入 simulink 命令。

（2）单击 MATLAB 主界面的“主页”选项卡上的 SIMULINK 图标。

（3）单击 MATLAB 主界面的“主页”选项卡，在“新建”选项的下拉菜单中选择“Simulink 模型”选项。SIMULINK 启动以后则进入“Simulink 起始页”窗口，如图 8.1 所示。界面中为用户提供了 SIMULINK 标准模块库和专业工具箱。

2. 新建 SIMULINK 模型窗口

单击图 8.1 中“SIMULINK 起始页”窗口的“空白模型”选项卡，即可打开一个名为 untitled 的空的模型窗口，如图 8.2 所示。

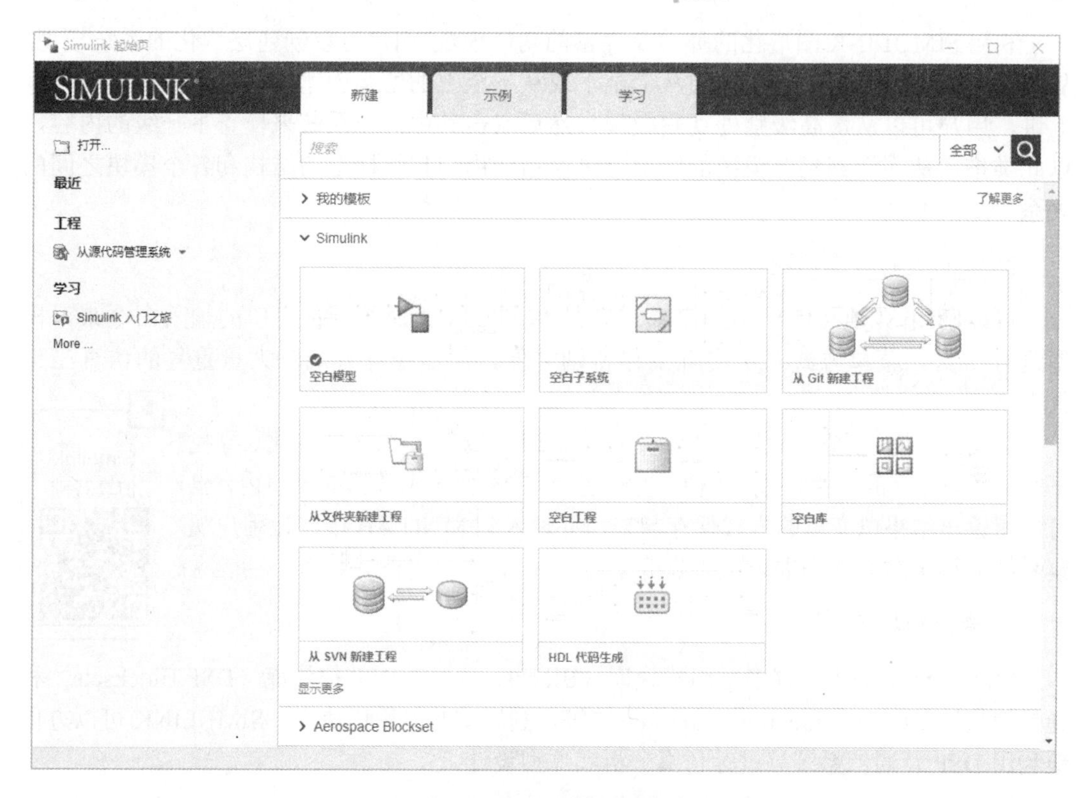

图 8.1　Simulink 起始页窗口

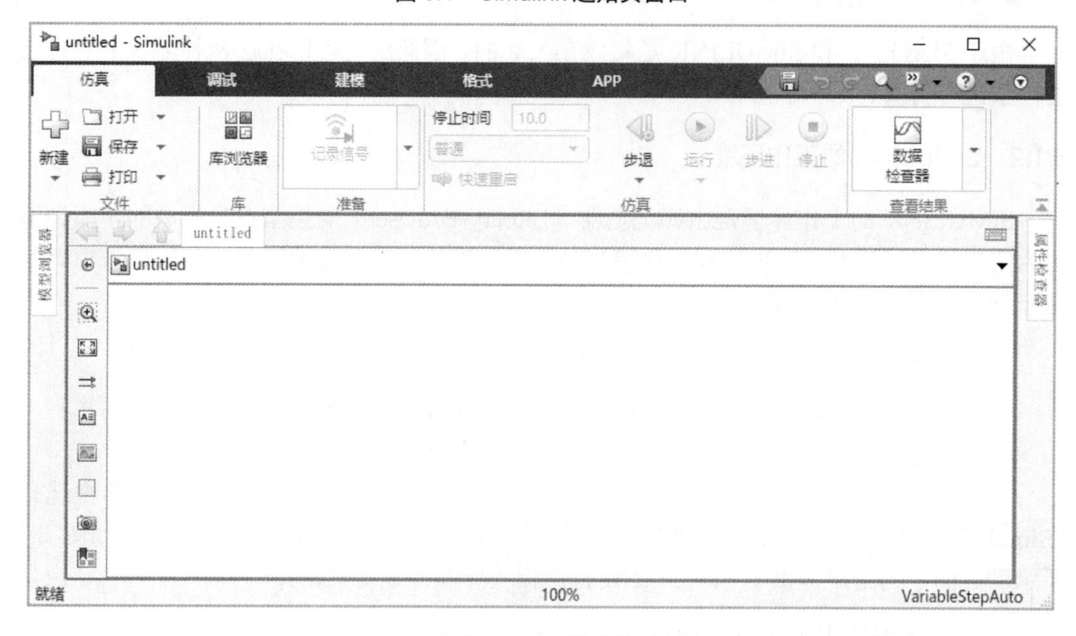

图 8.2　名为 untitled 的空的模型窗口

整个模型创建窗口包含 5 个选项卡：“仿真”、“调试”、“建模”、“格式”和“APP”。在“仿真”选项卡中，“新建”和“打开”选项可以完成模型的新建和模型文件的打开。

8.1.3　SIMULINK 仿真基本步骤

创建系统模型及利用所创建的系统模型对其进行仿真是 SIMULINK 仿真的两个最基本的步骤。

1. 创建系统模型

创建系统模型是用 SIMULINK 进行动态系统仿真的第一个环节，它是进行系统仿真的前提。模块是创建 SIMULINK 模型的基本单元，通过适当的模块操作及信号线操作就能完成系统模型的创建。为了达到理想的仿真效果，在建模后和仿真前必须对各个仿真参数进行配置。

2. 利用模型对系统仿真

在完成了系统模型的创建及合理的设置仿真参数后，就可以进行第二个步骤——利用模型对系统仿真。运行仿真的方法包括使用窗口菜单和命令运行两种。对仿真结果的分析是进行系统建模与仿真的重要环节，因为仿真的主要目的就是通过创建系统模型以得到某种计算结果。SIMULINK 提供了很多可以对仿真结果分析的输出模块，而且在 MATLAB 中也有丰富的用于结果分析的函数和命令。

本章以 SIMULINK 仿真的基本步骤为主线来对 SIMULINK 这一仿真工具作简单的介绍。由于 SIMULINK 的功能极其庞大，本书不可能面面俱到（比如，关于模型调试、结果分析、优化仿真等内容在这里没有作介绍），本章旨在让读者对 SIMULINK 有一个基本的认识。

8.2　模型的创建

用 SIMULINK 进行动态系统仿真的第一个环节就是创建系统模型，系统模型是由框图表示的，而框图的最基本组成单元就是模块和信号线。因此，熟悉和掌握模块和信号线的概念及操作是创建系统模型的第一步。

SIMULINK 库浏览器下提供了多种模块库，这些模块库按领域和功能进行树状排列，方便用户查找。熟悉模块库及其模块的用法对仿真模型的设计和创建框图来说是必不可少的环节。在进行仿真之前，根据实际系统及环境对仿真参数进行配置是模型创建的重要步骤。

本节主要介绍 SIMULINK 模型创建中的相关概念及基本操作，旨在使读者能够熟悉使用 SIMULINK 仿真的第一个环节。

8.2.1　模型概念和文件操作

1. 模型概念

SIMULINK 意义上的模型根据表现形式的不同有着不同的含义：在视觉上表现为直观

的框图；在文件形式上则为扩展名为.mdl 的 ASCII 码文件；在数学上体现为一组微分方程或差分方程；在行为上 SIMULINK 模型模拟了物理器件构成的实际系统的动态特性。采用 SIMULINK 模型对一个实际动态系统进行仿真，关键是建立能够模拟并代表该系统的 SIMULINK 模型。

从系统组成上来看，一个典型的 SIMULINK 模型一般包括输入、系统以及输出 3 个部分。输入一般用信源（Source）表示，它可以是常数信号、正弦波、方波以及随机信号等信号源，代表实际对系统的输入信号；系统也就是指被研究系统的 SIMULINK 框图；输出一般用信宿（Sink）表示，可以是示波器、图形记录仪等。无论是信源、系统还是信宿皆可以从 SIMULINK 模块库中直接获得，或由用户根据实际要求采用模块库中的模块搭建而成。

当然，对于一个具体的 SIMULINK 模型而言，这 3 部分并不都是必需的，有些模型可能不存在输入或输出部分。

2. 文件操作

用户在保存模型（通过执行模型窗口中的“File”菜单下的 Save 或 Save as 命令）时，SIMULINK 通过生成特定格式的文件即模型文件来保存模型，其扩展名为.mdl。换句话说，在 SIMULINK 当中创建的模型是由模型文件记录下来的。在 MATLAB 环境中，可以创建、编辑并保存创建的模型文件。

（1）创建新模型。

创建新模型，即打开一个名为 untitled 的空的模型窗口（8.1 节中已做介绍）。

（2）打开模型。

打开已存在的模型文件的方法如下。

① 直接在 MATLAB 指令窗口中输入模型文件名（不要加扩展名“.mdl”），这要求文件在 MATLAB 的搜索路径范围内。

② 在 MATLAB 菜单上执行“打开”命令，在弹出的窗口中选择所需的模型文件。

③ 单击“库浏览器”模块或模型窗口中的图标。

（3）模型的保存。

SIMULINK 采用扩展名为.mdl 的 ASCII 码文件保存模型。因此，模型的保存完全遵循一般文件的保存操作。

注意：模型文件名必须以字母开头，最多不能超过 63 个字母、数字和下划线；模型文件名不能与 MATLAB 命令同名。

（4）模型的打印。

SIMULINK 模型的打印操作比较特殊，其原因在于模型本身的多层次性。打印模型既可以用菜单的方式也可以用命令的方式。下面针对菜单方式对系统模型的打印做一下简单介绍。

在“SIMULATION 仿真”选项卡中单击图标或使用快捷键 Ctrl+P，打开一个“打印”对话框，该对话框可以使用户有选择地打印模型内的系统。可选择的打印设置如下。

① 当前系统。

② 当前系统及其上的系统。

③ 当前系统及其下的系统。

④ 所有系统。

⑤ 启用分块打印。

⑥ 打印采样时间图例。

⑦ 包括打印日志。

8.2.2 模块操作

SIMULINK 模块框图是由模块组成的（每个模块代表了动态系统的某个功能单元），模块之间采用连线连接。因此模块是组成 SIMULINK 模型框图的基本单元，为了构造系统模型，就要对其进行相应的操作，其基本操作包括选定、复制、移动、删除、调整大小、旋转等。下面将逐一进行介绍。

1. 模块的选定

在 SIMULINK 库浏览器中选择所需的模块的方法如下。

（1）单击模块库浏览器中“Simulink”选项卡前的>符号，将展开模块库中包含的子模块库，单击选中所需要的模块，然后将其拖到需要创建仿真模型的窗口，释放鼠标，这时所需要的模块将出现在模型窗口中。

（2）在模块库浏览器左侧的 Simulink 栏上右击，在弹出的快捷菜单中执行“打开 Simulink”命令，将打开模块库窗口，找到所需要的模块。

2. 模块的复制

（1）不同模型窗口的模块复制方法如下。

① 在一个模型窗口中选中模块，用鼠标将它拖到另一模型窗口中，然后释放鼠标。

② 在一个模型窗口中选中模块，右击后选择“add block to model...”命令向模型添加模块，可多次操作。

（2）相同模型窗口内模块复制的方法如下。

① 在一个模型窗口中用鼠标右键选中模块，然后在目标模型窗口中需要复制模块的位置，鼠标右键选择粘贴命令即可，可多次粘贴。

② 按住鼠标右键，拖动鼠标到目标位置，然后释放鼠标。

③ 按住 Ctrl 键，再按住鼠标，拖动鼠标到目标位置，然后释放鼠标。

在不同模型窗口和同一模型窗口，均可采用快捷键进行复制：选中模块，按 Ctrl+C 进行复制，然后单击需要复制模块的位置，按 Ctrl+V 进行粘贴。

注意：复制后所得模块和原模块属性相同，应用在同一个模型中，区分方式是将这些模块名字后面加上相应的编号。通过复制操作可以实现将一个模块插入到一个与 SIMULINK 兼容的应用程序中（如 Word 字处理程序）。

3. 模块的移动

选中要移动的模块，用鼠标左键将模块拖动到目标位置，释放鼠标。

注意：与模块相连的信号线，由 SIMULINK 自动重新绘制。要移动一个以上的模块（包括它们之间的信号线），首先选中所要移动的模块及连线，然后将其移动到目标位置即可。

4. 模块的删除

选中要删除的模块，采用以下任何一种方法删除该模块。

（1）在模块上右击，在弹出的菜单中执行“剪切”命令。

（2）按 Delete 键。

5. 调整模块大小

通常调整一个模块的大小可以改善模型的外观，增强模型的可读性。调整模块大小的具体操作如下。

（1）选中模块，模块四角出现了小方块。

（2）单击一个角上的小方块并按住鼠标，拖动鼠标，出现了虚线框以显示调整后的大小。

（3）释放鼠标，则模块的图标将按照虚线框的大小显示。

注意：调整模块大小的操作，只是改变模块的外观，不会改变模块的各项参数。

6. 模块的旋转

SIMULINK 默认信号的方向是从左到右（即左端是输入端，右端是输出端），有时为了连线的方便，常要对其进行旋转操作。用户在选定模块后可以通过下面的方法对其进行旋转操作。

（1）选定模块后，单击模型窗口的“格式”选项卡，选择按钮、，可以将选定模块顺时针或逆时针旋转 90°；选择按钮，可以将选定模块左右翻转。

（2）鼠标右击模块，从弹出的快捷菜单中的“格式”下选择相应的旋转命令，也可以执行相应操作。

7. 模块增加阴影

选定模块后，单击模型窗口的“格式”选项卡中的“阴影”按钮，可以给选中的模块加上阴影效果，再次单击该按钮则可以去除阴影效果。以上操作同样可以右击模块，在弹出的快捷菜单中的“格式”下选择相应的命令完成。

8. 颜色设定

选定模块后，单击“格式”选项卡中的“前景”按钮，可以将模块的前景颜色改变为与按钮下面横线相同的颜色；若要改变成其他颜色，可以单击该按钮右侧的下拉箭头，打开颜色模板，通过“标准颜色”或“自定义颜色”按钮改变前景颜色。“背景”按钮可以改变模块的背景颜色，其操作与改变前景颜色的操作一样。

改变模型窗口的颜色则是通过在选中模型窗口时，选择“格式”选项卡中的“背景”按钮进行操作，或者在右键菜单中选择“画布颜色”命令来进行操作。

9. 模块名的操作

一个模块创建后，SIMULINK 会自动在模块下面生成一个模块名，用户可以改变模块名的位置和内容。

（1）模块名的修改：单击需要修改的模块名，光标闪烁，即可对模块名进行修改。

（2）模块名的显示：选定模块后，单击“格式”选项卡上的“模块名格式”按钮，有“自动名称”“名称打开”“名称关闭”三种模式，其中，还可以对“自动模块名称”进行“隐藏”勾选设置；或者鼠标右键单击模块，选择“格式|显示模块名称”命令进行设置。

（3）模块名的位置改变：模块名的位置有一定的规律，当模块的接口在左右两侧时，模块名只能位于模块的上下两侧（默认在下侧）；当模块的接口在上下两侧时，模块名只能位于模块的左右两侧（默认在左侧）。因此，模块名只能从原位置移动到相对的位置。可以先选中模块，用鼠标拖动模块名到相对的位置；也可以先选中模块，选择“翻转名称”按钮实现相同的移动。

10. 模块的参数和特性设置

SIMULINK 中几乎所有的模块都有一个模块参数对话框，用户可在模型窗口双击模块或右击模块，然后单击“模块参数”或“属性...”选项，打开相应的对话框进行模块参数或属性设置。对于不同的模块，参数对话框和属性对话框会有所不同，用户可以按要求来对其进行设置。

11. 模块的输入输出信号

通常模块所处理的信号包括标量信号和向量信号两类，默认状态下，大多数的模块输出为标量信号，某些模块通过对参数的设定，可以使模块输出为向量信号。而对于输入信号而言，模块能够自动匹配其信号类型。

8.2.3　信号线操作

模块设置好后，需要将它们按照一定的顺序连接起来才能组成完整的系统模型（模块之间的连接称为信号线）。信号线基本操作包括绘制、分支、折曲、删除等，下面将逐一对其进行介绍。

1. 绘制信号线

将鼠标光标指向连线起点（某个模块的输出端），此时鼠标的指针变成十字形，按住鼠标，并将其拖到终点（另一模块的输入端）释放鼠标即可。

注意：信号线的箭头表示信号的传输方向。如果两个模块不在同一水平线上，连线将是一条折线，将两个模块调整到同一水平线后，信号线自动变成直线。

2. 信号线的选择和删除

（1）信号线的选择。

选择多个信号线的方法与选择多个模块方法一样，单击选择一个新的信号线，那么之前选择的信号线则自动放弃。

（2）信号线的删除。

选中信号线，按 Delete 键或右击执行“剪切”命令。

3. 信号线的分支和折曲

（1）信号线分支：实际模型中，某个模块的信号经常要与不同的模块进行连接，此时信号线将出现分支，如图 8.3 所示。

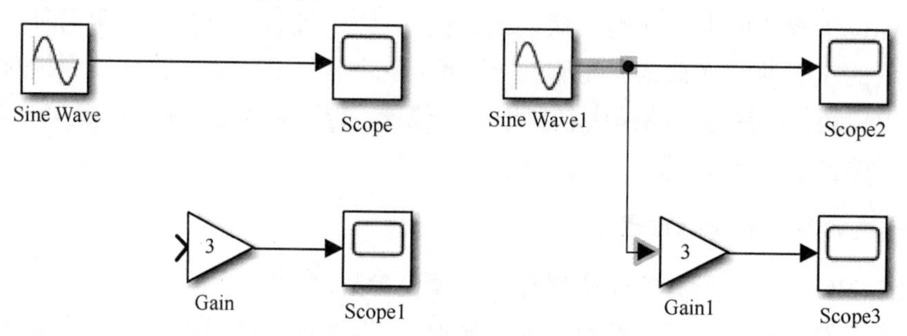

图 8.3　信号线的分支

可采用以下方法之一实现分支。

① 按住 Ctrl 键，在信号线分支的地方按住鼠标，拖动鼠标到目标模块的输入端，释放 Ctrl 键和鼠标。

② 在信号线分支处按住鼠标右键，光标变成十字，拖动鼠标至目标模块的输入端，然后释放鼠标。

（2）信号线折曲：实际模型创建中，有时需要信号线进行转向，称为“折曲”。可采用以下方法实现。

① 直角方式折曲：选中要折曲的信号线，按住鼠标，拖动鼠标到目标点，释放鼠标。

② 任意方向折曲：先以直角方式折曲，然后选中直角折线，将光标指向待移的折点处，当光标变成一个小圆圈时，按住鼠标，并同时按 Shift 键，拖动鼠标到目标点，释放鼠标。

③ 折点的移动：选中折线，将光标指向待移的折点处，当光标变成一个小圆圈时，按住鼠标并拖动到目标点，释放鼠标。

直角方式和任意方向折曲如图 8.4 所示。

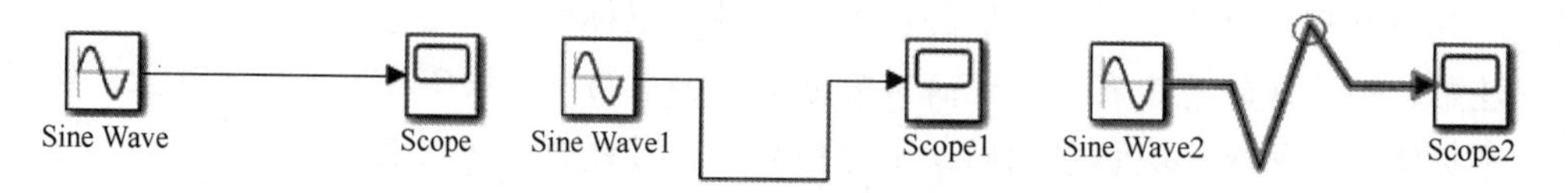

图 8.4　信号线的直角方式和任意方向折曲

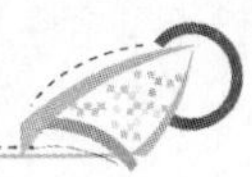

4. 信号线间插入模块

建模过程中，有时需要在已有的信号线上插入一个模块，如果此模块只有一个输入口和一个输出口，那么这个模块可以直接插入到一条信号线中。

具体操作：选中要插入的模块，鼠标左键拖动模块到信号线上需要插入的位置，释放鼠标，如图 8.5 所示。

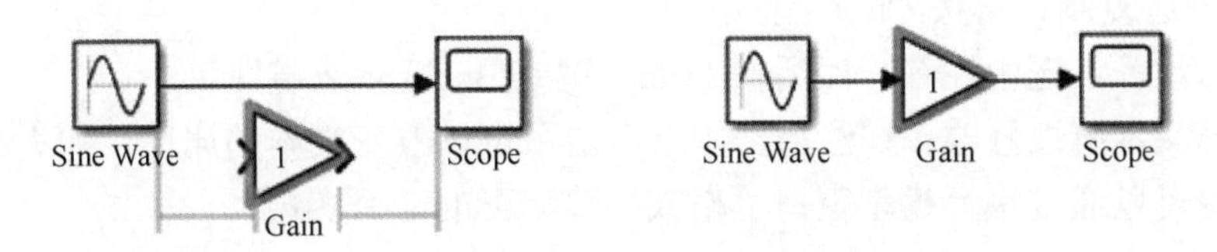

图 8.5　信号线间插入模块

5. 信号线的注释

为了增强模型的可读性，可以为不同的信号做标记，同时在信号线上附加一些说明。

（1）通过信号名称对信号线进行注释：双击信号线，在光标闪烁处输入信号名称即可；或者右击信号线，在弹出菜单中选择“属性”命令，在弹出的对话框中输入信号名称即可。当删除信号线时，该注释会被同时删除。

（2）通过插入文本进行注释：在模型窗口左侧的快捷工具栏上，单击 A≡ 按钮，然后在信号线旁空白处单击，在光标闪烁处输入注释文本即可，如图 8.6 所示。

（3）单击注释文本不放，可以移动注释文本到目标点。

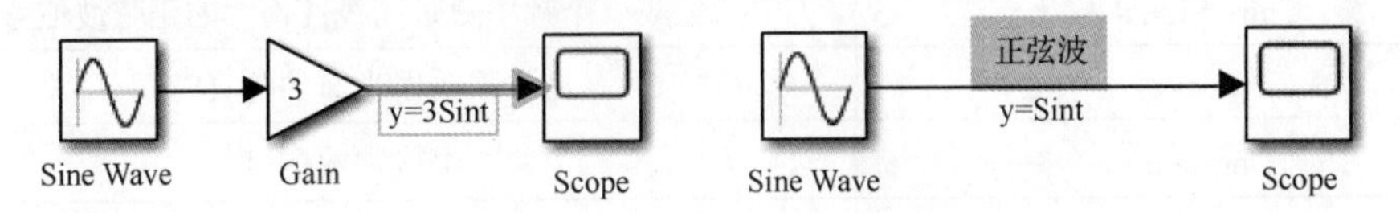

图 8.6　通过插入文本进行注释

8.2.4　对模型的注释

对于友好的 SIMULINK 模型界面，对系统的模型注释是不可缺少的，使用模型注释可以使模型更易被读懂，如图 8.7 所示。

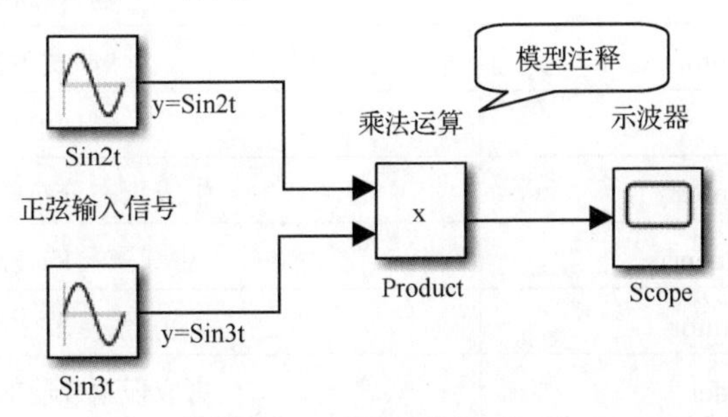

图 8.7　模型中的注释

下面对模型注释的相关操作进行介绍。

（1）创建模型注释：双击模型附近的空白处，在弹出窗口中选择“创建注释”命令，在出现的编辑框中输入所需的文本后，单击编辑框以外的区域，完成注释。

（2）注释位置移动：可以直接用鼠标拖动实现。

（3）注释的修改：只需单击注释，文本变为编辑状态即可修改注释信息。

（4）复制注释：按 Ctrl 键，选中注释，同时按住鼠标拖动，即可完成复制；或者选中注释，按 Ctrl+C 复制，再按 Ctrl+V 粘贴即可。

（5）删除注释：选中注释，然后按 Delete 键或 Backspace 键即可。

（6）注释文本属性修改：在注释文本上右击，可以改变文本的属性，如大小，字体和对齐方式；也可以通过执行模型窗口“格式”菜单下的命令实现。

8.2.5 常用的 Source 信源

在 MATLAB 的 SIMULINK 模块库中，Source 库包含了用户用于建模的基本的输入模块，熟悉其中常用模块的属性和用法，对模型的创建是必不可少的。表 8-1 列出了库中的所有模块及各个模块的简单功能介绍，下面对其中一些常用的模块功能及参数设置进行详细说明。

表 8-1 Sources 库模块功能介绍

模块名称	模块功能
Band-Limited White Noise	生成具有特定带宽的白噪声信号
Chirp Signal	生成一个频率随时间线性增大的正弦波信号
Clock	显示并输出当前的仿真时间
Constant	生成常数信号
Digital Clock	按指定采样间隔生成仿真时间
From Workspace	读取来自 MATLAB 的工作区的数据
From File	输入数据来自某个数据文件
Ground	用于将其他模块的未连接的输入接口接地
In1	输入接口
Pulse Generator	脉冲发生器
Ramp	斜坡信号
Random number	生成正态分布的随机数
Repeating sequence	生成重复的任意信号
Signal Generator	信号发生器
Signal builder	生成任意分段的线性数
Sine Wave	生成正弦波信号

续表

模块名称	模块功能
Step	生成阶跃信号
Uniform Random Number	生成均匀分布的随机数

1. Chirp Signal（扫频信号模块）

此模块可以产生一个频率随时间线性增大的正弦波信号，可以用于非线性系统的频谱分析。模块的输出既可以是标量也可以是向量。

打开模块参数对话框，该模块有 4 个参数可设置。

（1）Initial frequency：信号的初始频率。其值可以是标量或向量，默认值为 0.1Hz。

（2）Target time：目标时间，即变化频率在此时刻达到设置的“目标频率”。其值可以是标量或向量，默认值为 100。

（3）Frequency at target time：目标频率。其值可为标量或向量，默认值为 1Hz。

（4）Interpret vector parameters as 1-D：如果在选中状态，则模块参数的行或列的值将转换成向量进行输出。

2. Clock（仿真时钟模块）

此模块输出每步仿真的当前仿真时间。当模块打开的时候，此时间将显示在窗口中。但是，当此模块打开时，仿真的运行会减慢。当在离散系统中需要仿真时间时，要使用 Digital Clock 模块。Clock 模块对一些其他需要仿真时间的模块是非常适用的。

Clock 模块用来表示系统运行时间，此模块共有 2 个参数。

（1）Display time：此参数被用来指定是否显示仿真时间。

（2）Decimation：此参数被用来定义此模块的更新时间步长，默认值为 10。

3. Constant（常数模块）

Constant 模块产生一常数输出信号。此信号既可以是标量，也可以是向量或矩阵，具体取决于模块参数的设置。

图 8.8 是 Constant 模块参数设置对话框，参数说明如下。

（1）常量值：常数的值，可以为向量，默认值为 1。

（2）将向量参数解释为一维向量：勾选时，如果模块参数值为向量，则输出信号为一维向量，否则为矩阵。

（3）采样时间：默认值为-1（或 inf）。

（4）输出数据类型：选项右侧“信号属性”选项卡，单击“输出数据类型”下拉菜单选择输出数据的类型。

4. Sine Wave（正弦波模块）

此模块的功能是产生一个正弦波信号，图 8.9 是其参数设置对话框。

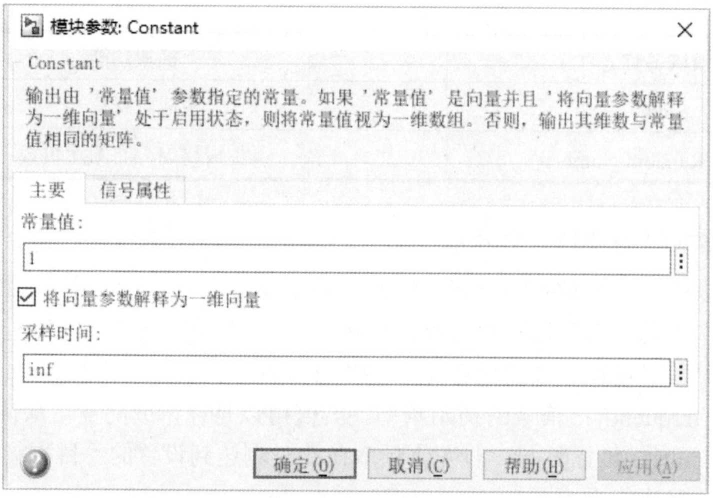

模块参数: Constant

Constant

输出由 '常量值' 参数指定的常量。如果 '常量值' 是向量并且 '将向量参数解释为一维向量' 处于启用状态，则将常量值视为一维数组。否则，输出其维数与常量值相同的矩阵。

主要 信号属性

常量值:

1

☑ 将向量参数解释为一维向量

采样时间:

inf

确定(O) 取消(C) 帮助(H) 应用(A)

图 8.8　Constant 模块参数设置对话框

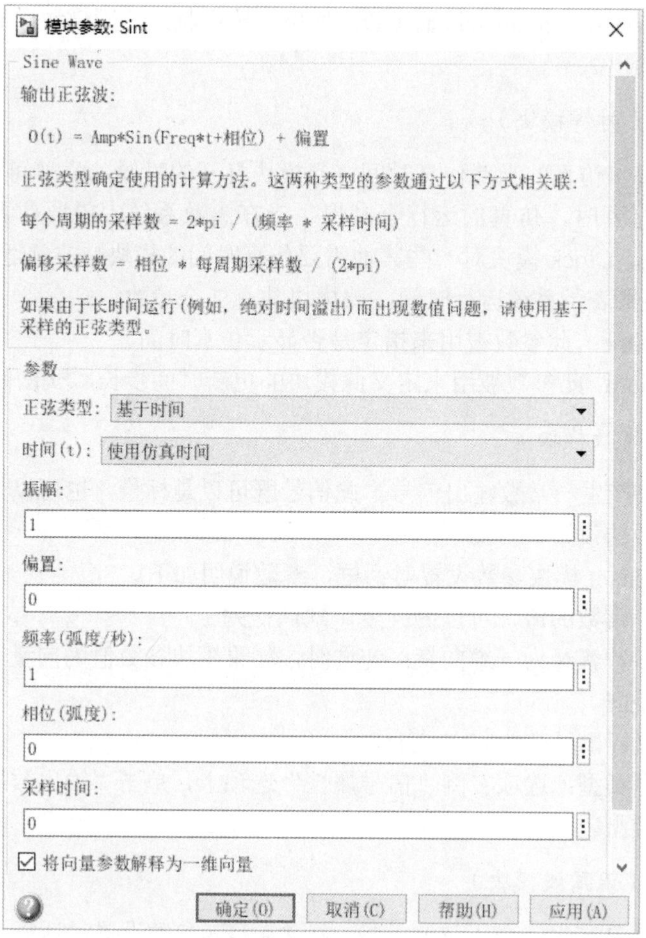

模块参数: Sint

Sine Wave

输出正弦波:

O(t) = Amp*Sin(Freq*t+相位) + 偏置

正弦类型确定使用的计算方法。这两种类型的参数通过以下方式相关联:

每个周期的采样数 = 2*pi / (频率 * 采样时间)

偏移采样数 = 相位 * 每周期采样数 / (2*pi)

如果由于长时间运行(例如，绝对时间溢出)而出现数值问题，请使用基于采样的正弦类型。

参数

正弦类型: 基于时间

时间(t): 使用仿真时间

振幅:

1

偏置:

0

频率(弧度/秒):

1

相位(弧度):

0

采样时间:

0

☑ 将向量参数解释为一维向量

确定(O) 取消(C) 帮助(H) 应用(A)

图 8.9　Sine Wave 模块参数设置对话框

它可以产生两类正弦曲线：基于时间模式的正弦曲线和基于采样点模式的正弦曲线。若在“正弦类型”列表框中选择“基于时间”选项，生成的曲线是基于时间模式的正弦曲线。在基于时间模式下使用下面的公式计算输出的正弦曲线。

$$O(t)=\text{振幅}\times\sin(\text{频率}\times t+\text{相位})+\text{偏置}$$

该公式在“基于时间”模式下有 5 个参数。

（1）振幅：正弦信号的幅值，默认值为 1。

（2）偏置：正弦信号的直流量，默认值为 0。

（3）频率：角频率（弧度/秒），默认值为 1。

（4）相位：初相位（弧度），默认值为 0。

（5）采样时间：默认值为 0，表示该模块在连续模式工作，大于 0 则表示该模块在离散模式工作。

该公式在“基于采样”模式下有 5 个参数。

（1）振幅：正弦信号的幅值，默认值为 1。

（2）偏置：正弦信号的直流量，默认值为 0。

（3）每周期采样数：默认值为 10。

（4）偏移量（采样数）：默认值为 0。

（5）采样时间：默认值为 0，在该模式下，必须设置为大于 0 的数。

5. Repeating Sequence（周期序列）

此模块可以产生任意波形的周期信号，共有 2 个可设置参数。

（1）时间值：输出时间向量[t_0　t_1　…　t_n]，该向量必须严格单调递增，默认值为[0　2]；$t_n- t_0$ 为指定周期信号的周期。

（2）输出值：输出值向量[y_0　y_1　…　y_n]，默认值为[0　2]。

时间值和输出值必须一一对应，每一对值（t_i,y_i）都表示信号波形在 y-t 坐标平面上的一个点，所以，这两个参数的数组大小要一致。以 $t=t_0$ 为 t 轴坐标原点，将所有点连接起来形成的曲线，即是信号波形。但由于信号为周期性的，所以在 $t=t_n$ 时，应该有 $y= y_n=y_0$。若 $y_n\neq y_0$，则点（t_n,y_n）不在信号波形上，而是在与前一个点连成的直线段上。

【例 8.1】观察下列 Repeating Sequence 模块在不同“时间值”参数和“输出值”参数情况下的信号波形：

（1）“时间值”参数为[0　2]，“输出值”参数为[2　5]。

（2）“时间值”参数为[0　2　4]，“输出值”参数为[2　5　2]。

（3）“时间值”参数为[0　2　4]，“输出值”参数为[2　5　8]。

（4）“时间值”参数为[1　3　5]，“输出值”参数为[2　5　8]。

解：（1）信号波形如图 8.10 所示，可以看出，其周期为 $T=t_2-t_0=1.999$。$y_1\neq y_0$，点(2,5)不在信号波形上，而在点(0,2)和点(2,5)连成的直线上（波形前半段），转折点 t_1 与 t_2 的时间间隔$\Delta T\approx$204ms。

（2）信号波形如图 8.11 所示，可以看出，其周期为 $T=t_2-t_0$=4s；$y_2=y_0$，点(0,2)、点(2,5)、点(4,2)均在信号波形上。

（3）信号波形如图 8.12 所示，可以看出，其周期为 $T=t_2-t_0=4s$；$y_1 \neq y_0$，点(4,8)不在信号波形上，而在点(2,5)和点(4,8)连成的直线上，转折点 t_1 与 t_2 的时间间隔$\Delta T \approx 225ms$。

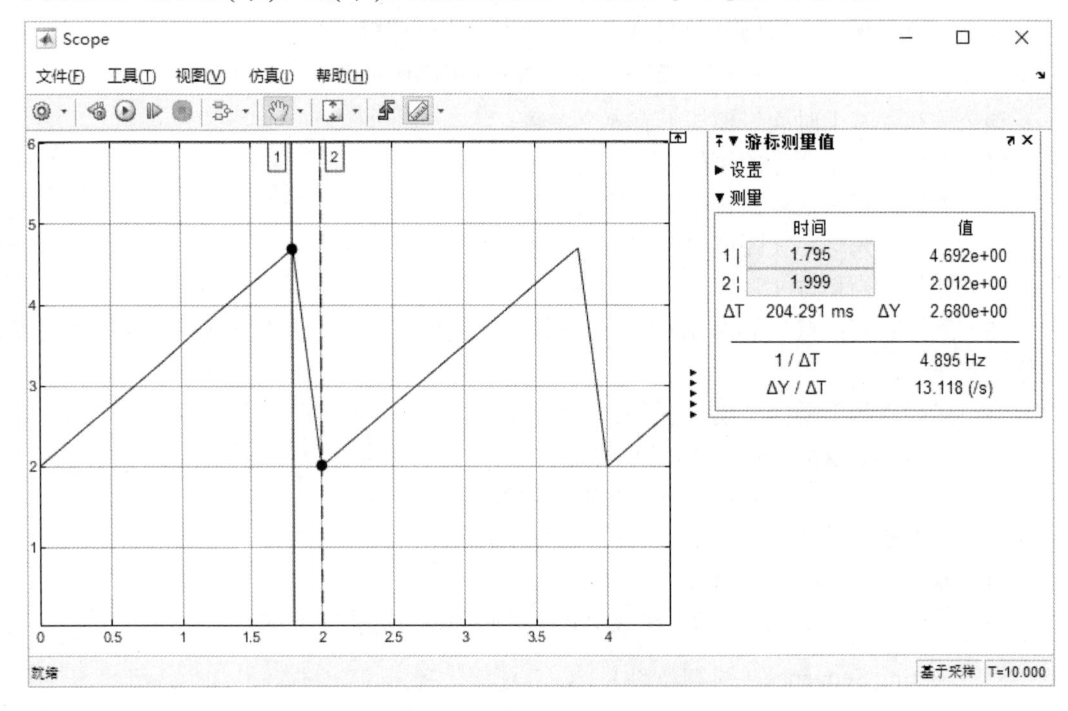

图 8.10　例 8.1（1）的信号波形

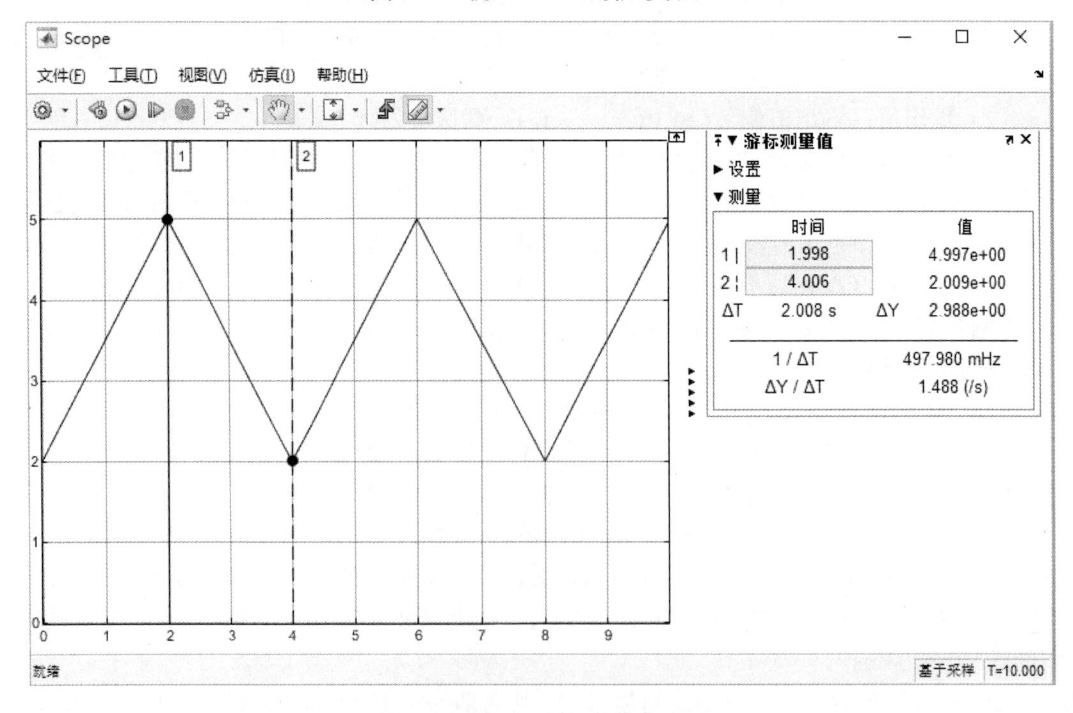

图 8.11　例 8.1（2）的信号波形

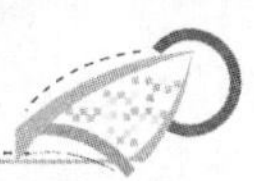

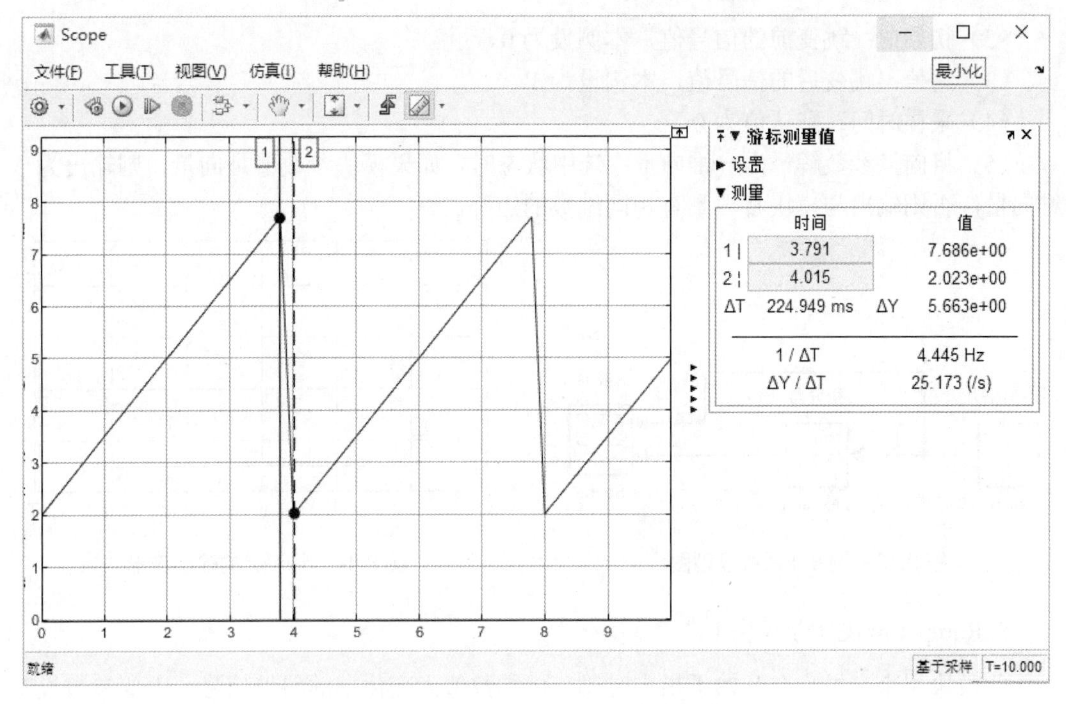

图 8.12　例 8.1（3）、（4）的信号波形

（4）信号波形与（3）完全相同，如图 8.12 所示。说明信号波形是以 t_0 作为横坐标 t 的原点，只要“时间值”参数的时间间隔和对应的“输出值”不变，其波形就是一样的。

6. Signal Generator（信号发生器模块）

此模块可以产生不同波形的信号：正弦波、方波、锯齿波和随机波。用于分析在不同激励下系统的响应。

此模块共有 4 个主要参数。

（1）波形：可以设置为正弦波、方波、锯齿波和随机波 4 种波形，默认为正弦波。

（2）振幅：默认值为 1，可为负值（此时波形偏移 180°）。

（3）频率：默认值为 1。

（4）单位：可以设置为赫兹（Hz）或弧度/秒（rad/s），默认值为 rad/s。

7. Step（阶跃信号模块）

此模块是在某规定时刻于两值之间产生一个阶跃变化，既可以输出标量信号又可以输出向量信号，输出的信号类型取决于参数的设定。

【例 8.2】 对 $\varepsilon(t-2)$ 积分。

解： 系统模型如图 8.13 所示，输出波形如图 8.14 所示，可以看出 $\varepsilon(t-2)$ 的积分为阶跃信号。

设置的对 Step 模块参数说明如下。

（1）阶跃时间：即从初始值变到终值的时间差。本例设为 2，对应 $\varepsilon(t-2)$ 的延迟时间，单位为 s。

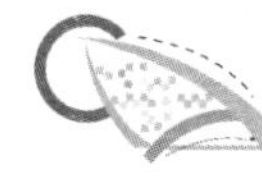

（2）初始值：跳变前的信号值，本例设为 0。

（3）终值：跳变后的信号值，本例设为 1。

（4）采样时间：默认值为 0。

（5）将向量参数解释为一维向量：选中状态时，如果模块参数值是向量，则输出为一维向量，否则输出与模块参数具有相同维数的矩阵。

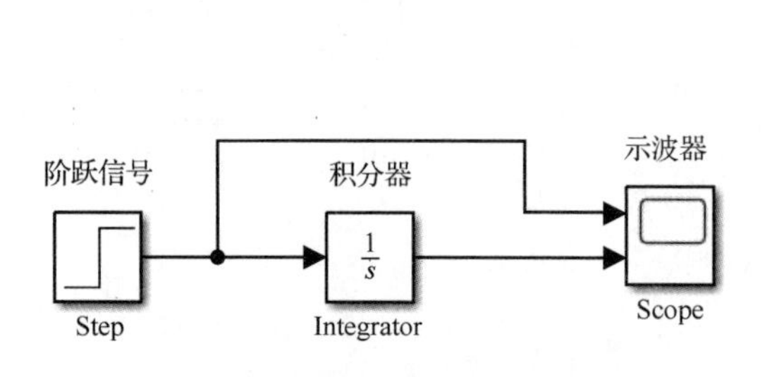

图 8.13　例 8.2 系统模型图

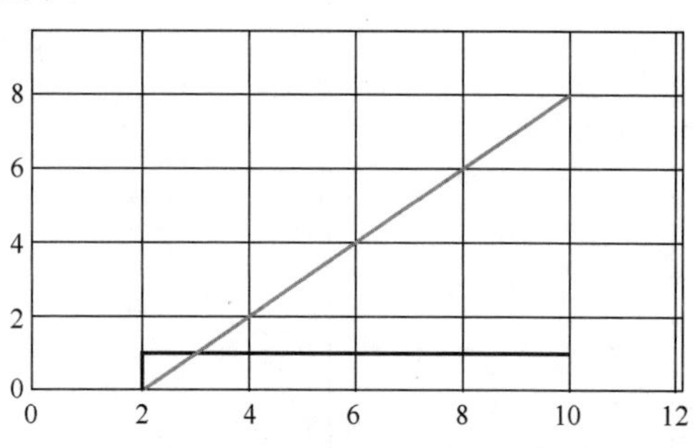

图 8.14　例 8.2 的输出波形

8. Ramp（斜坡信号模块）

此模块用来产生一个开始于指定时刻，以常数值为变化率的斜坡信号。主要参数说明如下。

（1）斜率：默认值为 1。

（2）开始时间：默认值为 0。

（3）初始输出：变化之前的初始输出值，默认值为 0。

9. Pulse Generator（脉冲发生器模块）

该模块以一定的时间间隔产生标量、向量或矩阵形式的脉冲信号。主要参数说明如下。

（1）振幅：默认值为 1。

（2）周期（秒）：默认值为 10。

（3）脉冲宽度（周期百分比）：信号为高电平的时间，默认值为 5。

（4）相位延迟：默认值为 0。

10. Digital Clock（数字时钟模块）

此模块仅在特定的采样间隔产生仿真时间，其余时间，显示保持前一次的值。该模块适用于离散系统，只有一个参数，为采样时间，默认值为 1s。

11. From workspace（读取工作区模块）

此模块从 MATLAB 工作区中的变量中读取数据，在模块的图标中显示变量名。主要参数说明如下。

（1）数据：从工作区加载的数据。

（2）输出数据类型：默认值为 Inherit:auto。

（3）采样时间：默认值为 0。

（4）插值数据：选择是否对数据插值，默认值为是。

（5）最终数据值之后的输出：确定该模块在读取完最后时刻的数据后，模块的输出方法，默认值为外插。

12. From File（读取文件模块）

此模块从指定文件中读取数据，模块将显示读取数据的文件名。文件必须包含大于两行的矩阵，其中第一行必须是单调增加的时间点。其他行为对应时间点的数据，文件形式为：

$$\begin{bmatrix} t_1 & t_2 & \cdots & t_{\text{final}} \\ u_{11} & u_{12} & \cdots & u_{1\text{final}} \\ \vdots & & & \vdots \\ u_{n1} & u_{n2} & \cdots & u_{n\text{final}} \end{bmatrix}$$

输出的宽度取决于矩阵的行数。此模块采用时间数据来计算其输出，但在输出中不包含时间项，这意味着若矩阵为 m 行，则输出为一个行数为 $m-1$ 的向量。

模块主要参数说明如下。

（1）文件名：输入数据的文件名，默认为 untitled.mat。

（2）采样时间：默认值为 0。

13. Ground（接地模块）

该模块用于将其他模块的未连接输入接口接地。如果模块中存在未连接的输入接口，则仿真时会出现警告信息，使用接地模块可以避免产生这种信息。接地模块的输出是 0，与连接的输入接口的数据类型相同。

14. In1（输入接口模块）

建立外部或子系统的输入接口，可将一个系统与外部连接起来。主要参数说明如下。

（1）端口号：输入端口号，默认值为 1。

（2）图标显示：默认值为输入端口号。

（3）端口维度：默认值为-1，表示继承，可以设置成 n 维向量或 $m\times n$ 维矩阵。

（4）采样时间：默认值为-1，表示继承。

15. Band-Limited White Noise（带限白噪声模块）

此模块用来产生适用于连续或混合系统的正态分布的随机信号（白噪声）。此模块与 Random Number（随机数）模块的主要区别在于，此模块以一个特殊的采样速率产生输出信号，此采样速率同噪声的相关时间有关。

模块主要参数说明如下。

（1）噪声功率：默认为 0.1。

（2）采样时间：默认为 0.1。

（3）种子：随机数的随机种子，默认值为 23341。

16. Random Number（随机数模块）

此模块用于产生正态分布的随机数。若要产生一个均匀分布的随机数，用 Uniform Random Number 模块。

模块主要参数说明如下。

（1）均值：随机数的数学期望值，默认值为 0。

（2）方差：默认值为 1。

（3）种子：默认值为 1。

（4）采样时间：默认值为 0.1s。

注意：尽量避免对随机信号积分，因为在仿真中使用的算法更适于光滑信号。若需要生成干扰信号，可以使用 Band-Limited White Noise 模块。

17. Uniform Random Number（均匀分布随机数模块）

此模块用于产生均匀分布在指定时间区间内的有指定起始种子的随机数。“随机种子”在每次仿真开始时会重新设置。若要产生一个具有相同期望和方差的向量，需要设定参数“起始种子”为一个向量。

模块主要参数说明如下。

（1）最小值：默认值为-1。

（2）最大值：默认值为 1。

（3）种子：默认值为 0。

（4）采样时间：默认值为 0.1s。

8.2.6 常用的 Sink 信宿

Sink 库中包含了用户用于建模的基本的输出模块，熟悉其中模块的属性和用法，对模型的创建和结果的分析是必不可少的。表 8-2 列出了 Sink 库中的所有模块及简单功能介绍。

表 8-2 Sink 库模块功能介绍

模块名称	模块功能
Display	数值显示
Floating Scope	悬浮示波器，显示仿真时生成的信号
Out1	为子系统或外部创建一个输出端口
Scope	示波器，显示仿真时生成的信号
Stop simulation	当输入为非零时停止仿真
Terminator	终止一个未连接端口
To File	将数据写在文件中
To Workspace	将数据写入工作区的变量中
XY Graph	使用 MATLAB 图形窗口显示信号的 X-Y 图

下面对 Sink 库中常用的几个模块做一下详细说明。

1. Display 模块

此模块用来显示输入信号的数值，既可以显示单个信号也可以显示向量信号或矩阵信号。

说明：

（1）显示数据的格式可以通过“属性”对话框下选择“格式”选项来设置。

（2）如果信号显示的范围超出了模块的边界，可调整模块的大小，以显示全部的信号的值。

图 8.15 是输入信号为常量的情况，通过 Mux（多路复用标量或向量信号）将其合并为虚拟向量。图 8.15(a)中 Display 模块未显示全部输入，调整模块大小，可以显示全部输入，如图 8.15(b)所示。

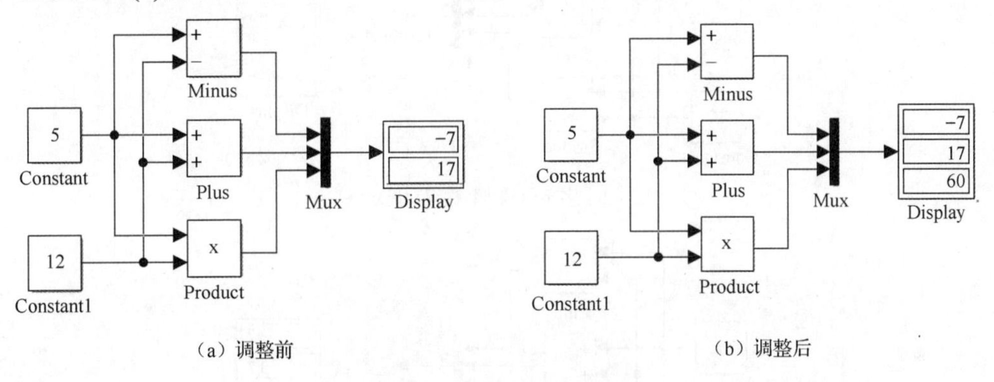

（a）调整前　　（b）调整后

图 8.15　Display 模块

可以通过 Display 模块中的“模块参数设置”对话框，选中“浮动显示”复选框，此时模块输入端口消失，模块浮动显示选定信号线上的信号值，如图 8.16 所示。浮动显示可以省掉测试点与 Display 模块的信号线，使模型布局更简洁、易读。

说明：

（1）在运行仿真时，若有未与输出接口连接的模块，SIMULINK 会发出警告信息。模型中使用了 Terminator 模块，就是为了避免警告信息。

（2）浮动显示需要将信号线属性设置为“测试点”。设置方法为在模型窗口选择“仿真”选项卡，单击“准备”选项的下拉菜单，在“配置与仿真”选项中单击“属性检查器”子选项，弹出“属性检查器”窗口，然后单击显示信号线，在“记录和可访性”选项卡下，勾选“测试点”复选框，设置完成后，在信号线旁边会出现带小圆圈的测试点图标。

（3）可选一条或多条带测试点的信号线进行测试点的数据显示，若要选择多条信号线，可先选中其中的一条，当按下 Shift 键的同时选择其他信号线，运行仿真，即可显示结果。

（4）如果测试点的信号是数组或向量，可以显示数组或向量的值。

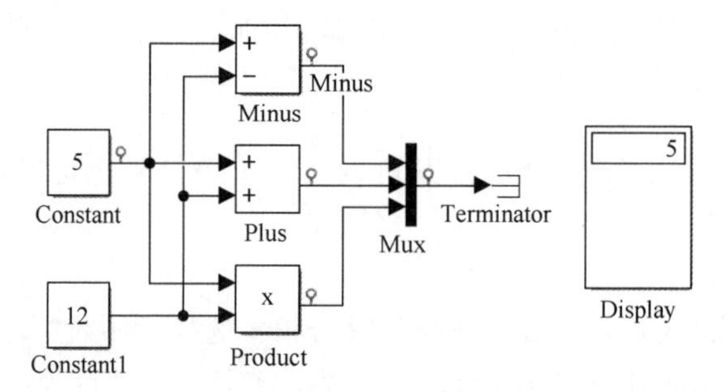

（a）单条信号线数据浮动显示

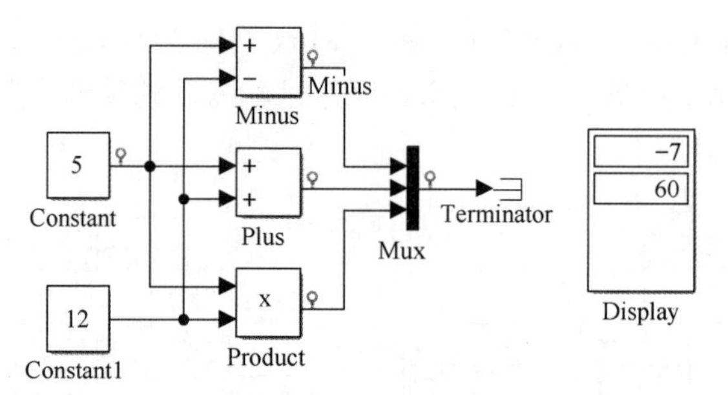

（b）多条信号线数据浮动显示

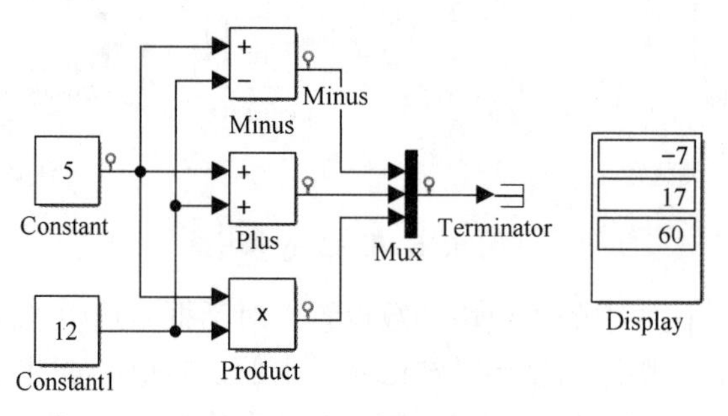

（c）向量信号线数据浮动显示

图 8.16　模块浮动显示选定信号线上的信号值

2. Scope 和 Floating Scope 模块

Scope 是 Sink 库中最为常用的模块，其显示界面与示波器类似，是以图形的方式显示指定的信号。当用户运行仿真模型时，SIMULINK 会把结果写入到 Scope 中。双击 Scope 模块可以打开 Scope 窗口显示 Scope 的输入信号波形。

Scope 窗口主菜单有“文件”“工具”“视图”“仿真”“帮助”等菜单项，用户可以单击菜单项进行各种操作。Scope 窗口中工具条上的工具，可以实现对输出信号曲线进行各种控制调整，便于对输出信号分析和观察。右击 Scope 窗口，还可以弹出快捷菜单进行操作。由于篇幅限制，以上功能不再一一介绍，请读者自行学习使用。

【例 8.3】实现对斜坡信号的积分，并以示波器显示输出结果。

解：系统模型如图 8.17 所示，Scope 模块的仿真结果显示如图 8.18 所示。

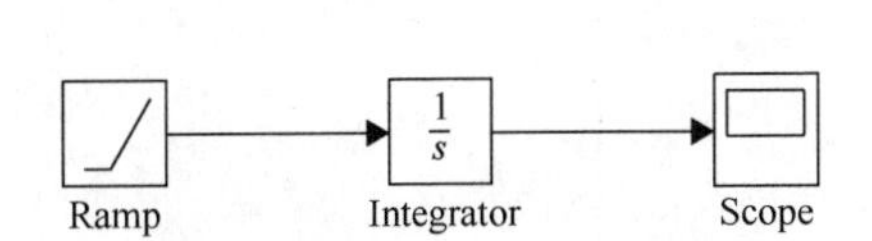

图 8.17　例 8.3 系统模型图

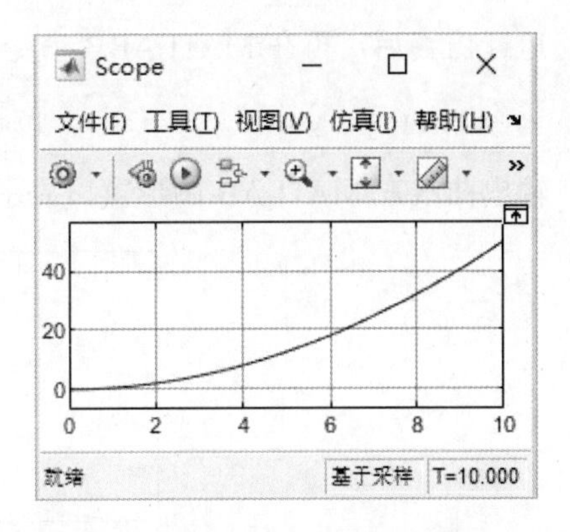

图 8.18　Scope 模块的仿真结果显示

悬浮示波器是一个不带端口的模块，选择 Sink 库中的 Floating Scope 模块，在仿真过程中可以显示被选中的一个或多个信号。其功能与 Scope 模块相同，但不连接信号线。

选择要显示的信号波形，先双击 Floating Scope 模块，在示波器窗口工具栏中，单击信号选择按钮，或者选择锁定按钮旁边的下拉列表来选择该按钮。SIMULINK 编辑器画布呈灰色，表示可以以交互方式选择信号以连接到示波器。单击要连接到示波器的信号，在"连接"弹出窗口中，选中要连接的信号旁边的复选框，即可将要显示的信号波形连接到悬浮示波器中，运行仿真以查看绘制的信号。

【例 8.4】实现对斜坡信号的积分，并以悬浮示波器显示输出结果。

解：系统模型如图 8.19 所示，Floating Scope 模块的仿真结果显示如图 8.20 所示。

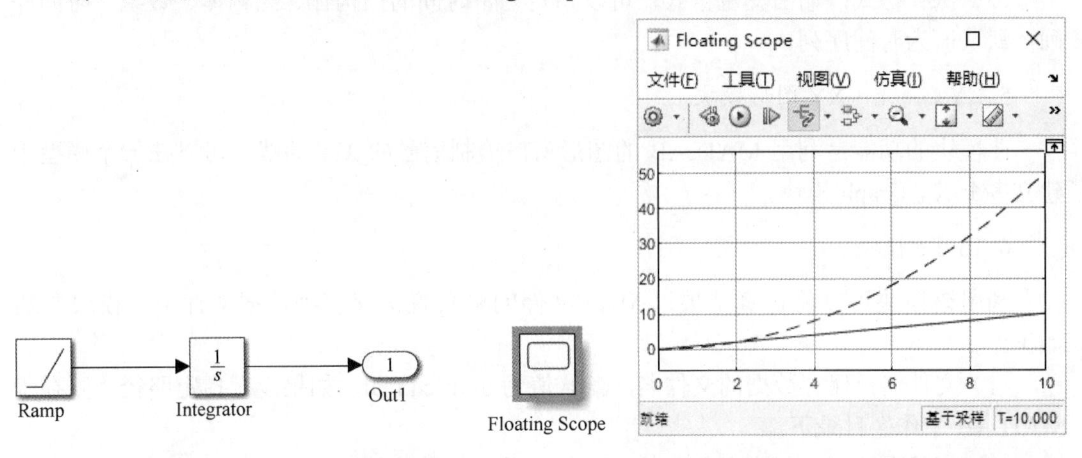

图 8.19　例 8.4 系统模型图　　　　图 8.20　Floating Scope 模块仿真结果显示

3. Out1 模块

该模块与 Source 库下的 In1 模块类似，可以为子系统或外部创建一个输出接口。如果同时定义返回工作区的变量（变量通过配置参数中的"数据导入/导出"选项来定义，在 8.2.7 节详细介绍），即把输出信号返回到定义的工作区变量中。在例 8.3 的模型中，时间变量和输出变量使用默认名称 tout 和 yout。

运行仿真后，再在 MATLAB“命令行”窗口中输入如下命令，可绘制输出曲线。

```
>> plot(out.yout{1}.Values.Time,out.yout{1}.Values.Data);
```

输出曲线在 MATLAB 图形窗口显示，显示结果如图 8.21 所示。

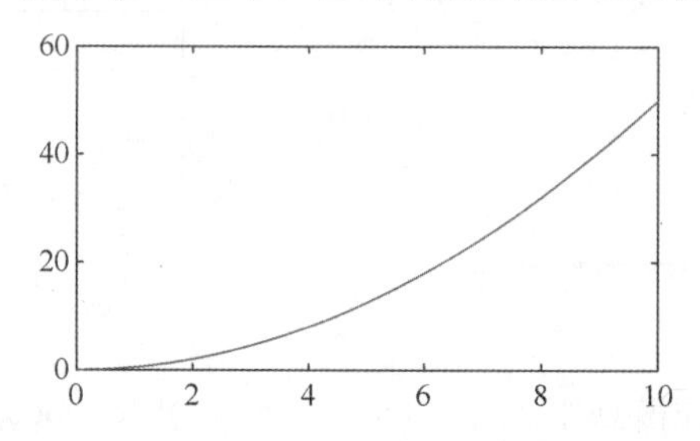

图 8.21　应用 Out1 模块绘制的输出曲线

4. To Workspace（写入工作区模块）

此模块是把设置的输出变量写入到 MATLAB 工作区中，模块参数如下。

（1）变量名称：模块的输出变量，默认值为 simout。

（2）将数据点限制为最后：限制输出数据点的数目，To Workspace 模块会自动进行截取数据的最后 *n* 个点（*n* 为设置值），默认值为 inf。

（3）抽取：步长因子，默认值为 1。

（4）采样时间：采样间隔，默认值为-1s。

（5）保存格式：输出变量格式，可以指定为带时间的结构体、结构体、数组、时间序列，默认值为时间序列。

5. XY Graph（XY 图形模块）

此模块的功能是利用 MATLAB 的图形窗口绘制信号的 *X-Y* 曲线，可以在一个模型中建立多个 XY Graph 模块。

6. To file 模块

利用该模块可以将仿真结果以 MAT 文件的格式直接保存到数据文件中。模块参数如下。

（1）文件名：保存数据的文件名，默认值为 untitled.mat。如果没有指定路径，则存于 MATLAB 工作区目录下。

（2）变量名称：文件中所保存的矩阵的变量名，默认值为 ans。

（3）抽取：步长因子，默认值为 1。

（4）采样时间：默认值为-1s。

如上所述，我们可以看出仿真的结果既可以以数据的形式保存到文件中，也可以用图形的方式直观地显示出来，仿真结果的输出可以采用多种方式实现：使用 Scope 模块或 XY Graph 模块；使用 Floating Scope 模块和 Display 模块；利用 Out1 模块将输出数据写入到返回变量，并用 MATLAB 绘图命令绘制曲线；将输出数据用 To Workspace 模块写入到

工作区中，并用 MATLAB 绘图命令绘制曲线。熟悉以上模块的使用，对仿真结果的分析有很重要的意义。

限于篇幅，其余模块在这里不作介绍，如有需要可以查阅 MATLAB 帮助文档。

8.2.7　仿真的配置

构建好一个系统的模型后，在运行仿真前，必须对仿真参数进行配置。仿真参数的设置包括：仿真过程中的仿真算法，仿真的起始时刻、误差容限及错误处理方式等，还可以定义仿真结果的输出和存储方式。

1. 求解器设置

首先打开需要设置仿真参数的模型，然后在模型窗口的“建模”选项卡中选择“模型设置”选项，就会弹出模型“配置参数”对话框，如图 8.22 所示。

该部分主要完成对仿真的起止时间，仿真算法类型等的设置，如图 8.22 所示。

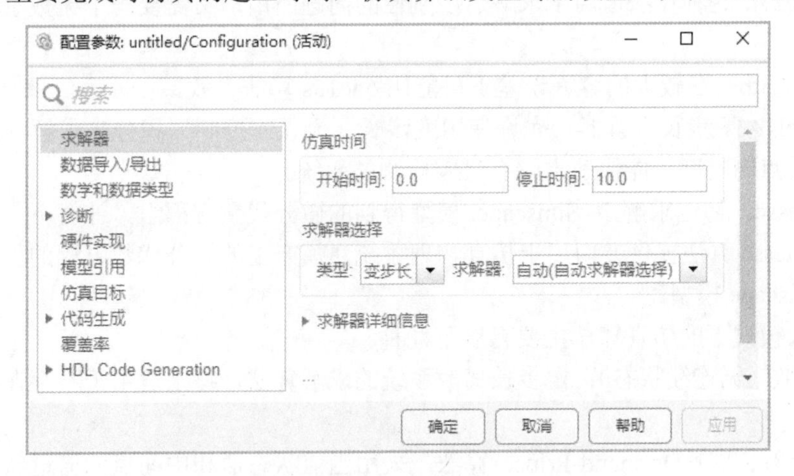

图 8.22　模型“配置参数”对话框

（1）仿真时间：设置仿真的时间范围。

用户可以在“开始时间”和“停止时间”文本框中输入新的数值来改变仿真的起始时间和终止时间，开始时间默认值为 0.0，停止时间默认值为 10.0。

注意：仿真时间与实际的时钟并不相同，前者是计算机对时间进行仿真的一种表示，后者是仿真的实际时间。如仿真时间为 10s，步长为 0.1s，则该仿真要执行 100 步。当然步长减小，总的执行步数会随之增加。仿真的实际时间取决于模型的复杂程度、算法及步长的选择、计算机的速度等诸多因素。

（2）求解器选择：选择仿真算法，并对其参数及仿真精度进行设置。

① 类型：指定仿真步长的选取方式，包括变步长和定步长。

② 求解器：选择对应的模式下所采用的仿真算法，默认值为自动（自动求解器选择）。

变步长模式下的仿真算法主要有以下十种。

① 离散（无连续状态）：适用于无连续状态变量的系统。

② ode45：四五阶龙格-库塔法，适用于大多数连续或离散系统，但不适用于刚性系统。该算法采用的是单步算法，也就是在计算 $y(t_n)$时，仅需要最近处理的 $y(t_{n-1})$的结果。一般来说，面对一个仿真问题最好是先试试 ode45 算法。

③ ode23：二三阶龙格-库塔法，也为单步算法。它在误差限要求不高和求解的问题不太难的情况下，可能会比 ode45 算法更有效。

④ ode113：阶数可变算法，它在误差容许要求严格的情况下通常比 ode45 算法有效，是一种多步算法，就是在计算当前时刻输出时，它需要以前多个时刻的解。

⑤ ode15s：是一种基于数值微分公式的算法，也是一种多步算法，适用于刚性系统。当用户估计要解决的问题是比较困难的，或者不能使用 ode45 算法，或者即使使用 ode45 算法效果也不好时，就可以用 ode15s 算法。

⑥ ode23s：是一种单步算法，专门应用于刚性系统，在弱误差允许下的效果好于 ode15s 算法。它能解决某些 ode15s 算法所不能有效解决的刚性问题。

⑦ ode23t：这种算法适用于求解适度刚性的问题而用户又需要一个无数字振荡的算法的情况。

⑧ ode23tb：在较大的容许误差下可能比 ode15s 算法有效。

⑨ odeN：变步长求解器，允许使用变步长（无误差控制）积分来求解动态模型，同时保持过零点的精度，能快速求解有过零检测的系统。

⑩ daessc：通过求解由 Simscape 模型得到的微分代数方程组，计算下一时间步的模型状态。daessc 算法提供专门用于仿真物理系统建模产生的微分代数方程的稳健算法，仅适用于 Simscape 模型。

定步长模式下的仿真算法主要有以下九种。

① 离散（无连续状态）：定步长离散系统的求解算法，特别适用于不存在状态变量的系统。

② ode8：八阶 Dormand-Prince 算法，采用当前状态值和中间点的逼近状态导数的显函数来计算模型在下一个时间步的状态，具有八阶精度。

③ ode5：五阶 Dormand-Prince 算法，采用当前状态值和中间点的逼近状态导数的显函数来计算模型在下一个时间步的状态，具有五阶精度。

④ ode4：四阶龙格-库塔算法，通过当前状态值和状态导数的显函数来计算下一个时间步的模型状态，具有四阶精度。

⑤ ode3：Bogacki-Shampine 算法，通过当前状态值和状态导数的显函数来计算下一个时间步的模型状态，具有三阶精度。

⑥ ode2：Heun 积分方法，通过当前状态值和状态导数的显函数来计算下一个时间步的模型状态，具有二阶精度。

⑦ ode1：Euler 积分方法，通过当前状态值和状态导数的显函数来计算下一个时间步的模型状态，具有一阶精度。此求解器需要的计算量比更高阶求解器少，但是，它提供的准确性相对较低。

⑧ ode14x：结合牛顿方法和基于当前值的外插方法，采用下一个时间步的状态和状态导数的隐函数来计算模型在下一个时间步的状态。

⑨ ode1be：后向欧拉类型的求解器，它使用固定的牛顿迭代次数，计算成本固定。可以使用 ode1be 求解器作为 ode14x 求解器的高效定步长替代方案。

（3）参数设置：对两种模式下的参数进行设置。

变步长模式下的参数设置如下。

① 最大步长：算法能够使用的最大时间步长，默认值为 auto。

② 最小步长：算法能够使用的最小时间步长，默认值为 auto。

③ 初始步长：默认值为 auto。

④ 相对误差：它是指误差相对于状态的值，是一个百分比，默认值为 1e-3，表示状态的计算值要精确到 0.1%。

⑤ 绝对误差：表示误差值的门限，或者是说在状态值为零的情况下，可以接受的误差，默认值为 auto。

固定步长参数大多数取默认值，这里就不一一介绍了。

2. 数据导入/导出设置

仿真时，用户可以将仿真结果输出到 MATLAB 工作区中，也可以从工作区中载入模型的初始状态，这些都是在仿真配置中的“数据导入/导出”对话框中完成的，如图 8.23 所示。

图 8.23 “数据导入/导出”对话框

（1）从工作区加载。

① 输入：输入数据的变量名，默认为[t,u]，该向量的第一列为仿真时间，第二至第 n 列分别对应于模型的第一至第 $n-1$ 个输入。

② 初始状态：从 MATLAB 工作区中获得状态初始值的变量名，默认值为 xInitial。模型将从 MATLAB 工作区中获取模型所有内部状态变量的初始值，而不管模块本身是否已设置。该栏中输入的应该是 MATLAB 工作区中已经存在的变量，变量的次序应与模块中各个状态中的次序一致。

（2）保存到工作区或文件。

① 时间：时间变量名，默认为 tout，以存储输出到 MATLAB 工作区的时间值。

② 状态：状态变量名，默认为 xout，以存储输出到 MATLAB 工作区的状态值。

③ 最终状态：最终状态值输出变量名，默认为 xFinal，以存储输出到 MATLAB 工作区的最终状态值。

④ 数据存储：数据存储变量名，默认为 dsmout，以存储输出到 MATLAB 工作区的数据。

⑤ 信号记录：信号记录变量名，默认为 logsout，以记录输出到 MATLAB 工作区的信号。

⑥ 输出：输出变量名，默认为 out。如果模型中使用 Out1 模块，那么就必须选择该栏。

⑦ 将数据集数据记录到文件：文件名，默认为 out.mat。

（3）仿真数据检查器：勾选时，在仿真数据检查器中记录所记录的工作区数据。

（4）附加参数（保存选项）。

① 将数据点限制为最后：保存变量的数据长度，默认值为 1000。

② 抽取：保存步长间隔，默认值为 1，也就是对每一个仿真时间点产生的值都保存；若为 2，则是每隔一个仿真时间点才保存一个值。

3. 诊断/仿真目标/代码生成的设置

① 诊断：主要设置用户在仿真的过程中会出现的各种错误或报警消息。用户可以在该项中进行适当的设置来定义是否需要显示相应的错误或报警消息。

② 仿真目标：该项主要让用户设置所有引用模型编译时的选项，并设置顶层模型允许的实例总数。

③ 代码生成：该项用来对代码生成的系统目标文件、语言和标准进行设置，编译过程可以根据需求进行设置。一般采用默认设置，这里就不作说明。

设置好仿真参数后，就可以启动仿真了。启动仿真的方法有两种，一种是在模型窗口以菜单方式直接启动仿真，一种是在 MATLAB“命令行”窗口采用命令行方式启动仿真。

8.2.8 启动仿真

（1）单击工具栏上的▶图标。

（2）在“命令行”窗口调用函数 sim('model')进行仿真。

仿真的最终目的是要通过模型得到某种计算结果，故仿真结果的分析是系统仿真的重要环节。仿真结果的分析不仅可以通过 SIMULINK 提供的输出模块完成，而且 MATLAB 也提供了一些用于仿真结果分析的函数和命令，限于篇幅，本书不再赘述。

8.3　SIMULINK 仿真实例

下面将介绍 3 个利用 SIMULINK 进行仿真的简单实例。希望通过对具体步骤的讲解，读者能对系统仿真的整个过程有一个更好的掌握。

【例 8.5】实现 $y(t)=\sin 2t\sin 3t$。试建立该系统的 SIMULINK 模型，并进行仿真分析，相应的输入及输出曲线在示波器上显示。

求解过程如下。

（1）建立系统模型。

根据系统的数学描述，在模型窗口的“仿真”选项卡上单击“库浏览器”选项，打开 SIMULINK 库浏览器，选择合适的 SIMULINK 模块；或者双击模型窗口的空白处，在弹出窗口的“搜索模块”文本框中输入要搜索的模块名，在搜索结果中，单击欲添加的 SIMULINK 模块。

Simulink 在风力发电机设计中的应用

① Source 库下的 Sine Wave 模块：作为输入的正弦信号。

② Math Operations 库下的 Product 模块：实现乘法操作。

③ Sink 库下的 Scope 模块：完成输出图形显示功能。

建立的系统仿真模型如图 8.24 所示。

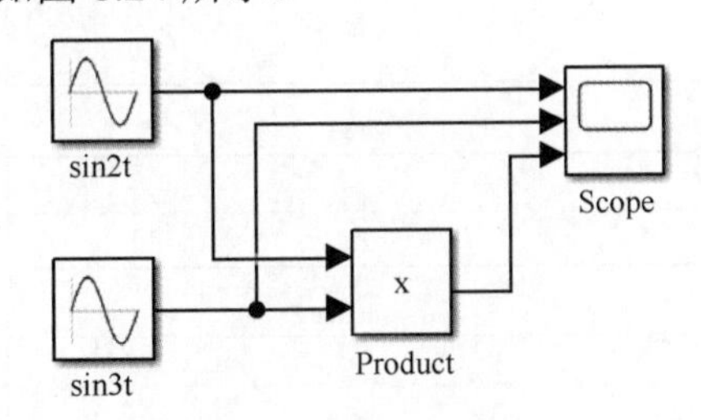

图 8.24　例 8.5 建立的系统仿真模型

（2）模块参数的设置。

① sin2t 模块：频率为 2，其余参数采用 SIMULINK 默认设置，即单位幅值角频率为 2 的正弦信号。

② sin3t 模块：频率为 3，其余参数采用 SIMULINK 默认设置，即单位幅值角频率为 3 的正弦信号。

③ Product 模块：采用默认设置（本例中有两个输入）。

④ Scope 模块：

- 双击 Scope 模块，打开示波器窗口。
- 选择主菜单“视图”下的“配置属性”菜单项或单击  配置属性按钮，弹出“配置属性”窗口。
- 在“常设”选项卡中，将“输入端口个数”设为 3，“布局”设为 3 个波形横向平行显示。
- 在“画面”选项卡中，将“活动画面”1、2、3 的“Y 范围（最小值）”设置为 −1，“Y 范围（最大值）”设置为 1，“标题”分别设为 sin2t，sin3t，y(t)=sin2tsin3t。

- 为了打印截图更加清晰，选择主菜单“视图”下的“样式”菜单项，弹出“样式”窗口，将“图窗颜色”和“坐标区背景色”均设为白色，“活动画面”1、2、3 的“线条颜色”均设为黑色。

（3）仿真配置。

在进行仿真之前，需要对仿真参数进行设置。把“求解器”选项卡中的“停止时间”设为 8，其余为默认设置。

（4）保存模型文件。

将模型和配置信息保存起来，单击模型窗口“仿真”选项卡中的“保存”按钮或其下拉菜单的“保存”选项，输入适当的模型名，这个模型将以 SIMULINK 模型的.slx 文件形式保存起来。

（5）运行仿真。

可以通过命令和图形两种方式来运行仿真。如图 8.25 所示是用图形方式运行的仿真结果。

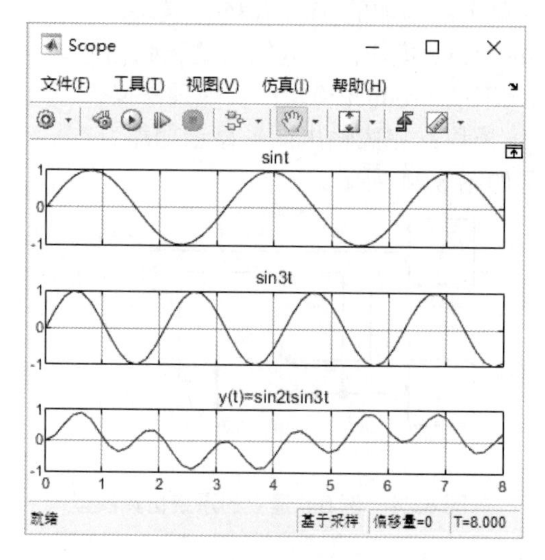

图 8.25　例 8.5 系统的图形方式仿真结果

【例 8.6】 系统在 t<15s 时，输出为单位脉冲信号，当 t>15s 时，输出为 2sin2t。试建立该系统的 SIMULINK 模型，并进行仿真分析。

求解过程如下。

（1）建立系统模型。

根据系统的数学描述选择合适的 SIMULINK 模块。

① Source 库下的 Signal Generator 模块：作为输入的正弦信号 2sin2t（也可用 Sine 模块）。

② Source 库下的 Pulse Generator 模块：作为输入的单位脉冲信号。

③ Source 库下的 Clock 模块：表示系统的运行时间。

④ Source 库下的 Constant 模块：用来产生特定的时间。

⑤ Logical and Bit Operations 库下的 Relational Operator 模块：实现该系统时间上的逻辑关系。

⑥ Signal Routing 库下的 Switch 模块：实现系统输出随仿真时间的转换。

⑦ Sink 库下的 Scope 模块：完成输出图形显示功能。

建立的系统仿真模型如图 8.26 所示。

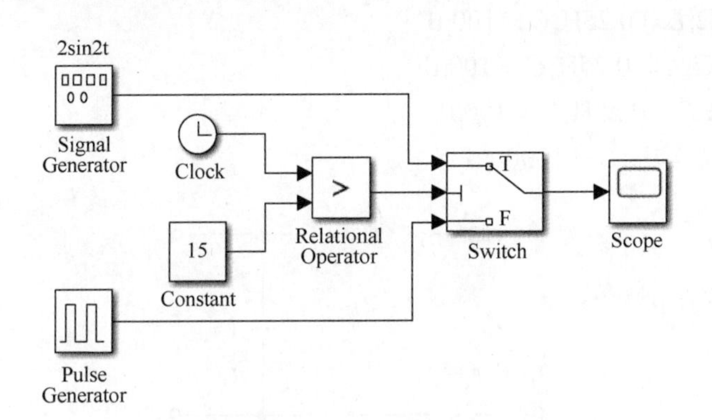

图 8.26　例 8.6 系统的仿真模型

（2）模块参数设置。

① Signal Generator 模块："波形"为正弦，"振幅"为 2，"频率"为 2，产生信号 2sin2*t*。

② Constant 模块："常量值"为 15，用来判断 *t* 是大于还是小于 15 的门限值。

③ Relational Operator 模块："关系运算符"设为"〉"。

④ Switch 模块："阈值"设为 0.1（该值只需要大于 0 小于 1 即可）。

没有提到的模块及相应的参数，均采用默认值。

（3）仿真配置。

求解器仿真的"终止时间"设为 30.0s，因为在时间大于 15s 时系统输出才有转换，需要设置合适的仿真结束时间。为了使输出波形更平滑，求解器"类型"设为"定步长"，"基础采样时间"设为 0.1s，其余选项保持默认。

（4）运行仿真，得到的仿真结果如图 8.27 所示。

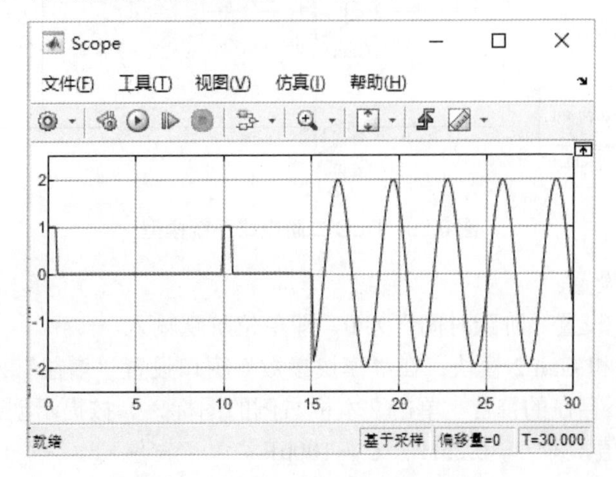

图 8.27　例 8.6 系统的仿真结果

【例 8.7】典型的 RLC 二阶电路如图 8.28 所示，图中 $u_c(t)$为响应函数，$u_s(t)$为输入函数，建立该电路的 SIMULINK 仿真模型，并分析在下面各种条件下，电路的单位阶跃响应。

（1） $R = 100\Omega; L = 0.25\text{H}; C = 100\mu\text{F}$

（2） $R = 220\Omega; L = 0.25\text{H}; C = 100\mu\text{F}$

（3） $R = 25\Omega; L = 0.25\text{H}; C = 100\mu\text{F}$

（4） $R = 0\Omega; L = 1\text{H}; C = 10000\mu\text{F}$

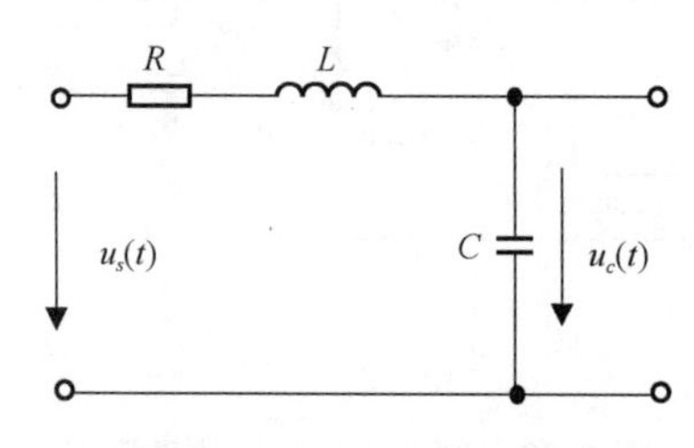

图 8.28　RLC 二阶电路图

求解过程如下。

（1）建立系统模型。

描述该系统的微分方程为：

$$\frac{\mathrm{d}^2}{\mathrm{d}t^2}u_c(t)+\left(\frac{R}{L}\right)\frac{\mathrm{d}}{\mathrm{d}t}u_c(t)+\frac{1}{LC}u_c(t)=\frac{1}{LC}u_s(t)$$

根据系统的数学描述，建立系统模型如图 8.29 所示。

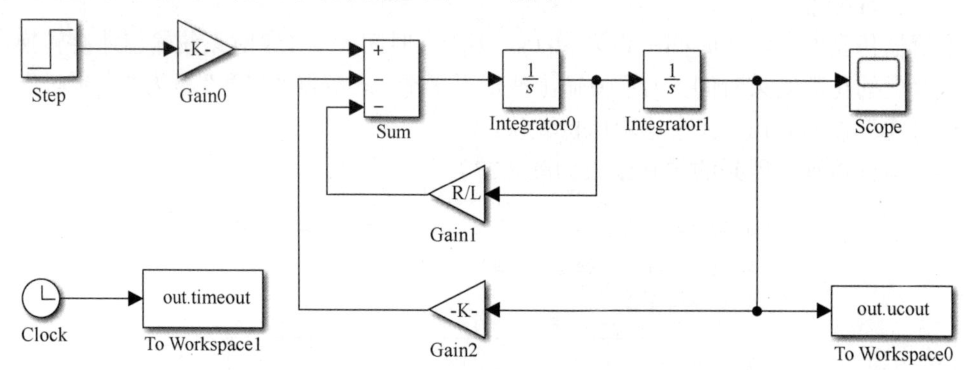

图 8.29　RLC 二阶电路系统模型

（2）模块参数设置。

① Step 模块：设置“阶跃时间”为 0，即单位阶跃输入。

② Gain0 模块和 Gain2 模块：在“模块参数”窗口设置“增益”为 1/(L*C)，此时，会出现变量 L、C 不存在的警告，单击文本框右侧的图标⋮，按提示创建变量 L、C，其值设置成第 1 组数据值，即 $L = 0.25\text{H}$； $C = 100\mu\text{F}$ 。

③ Gain1 模块：设置“增益”为 R/L，R 设置成第 1 组数据值，即 $R = 100\Omega$ 。

④ Sum 模块：设置“图标形状”为矩形；“符号列表”为“+ - -”。

⑤ To Workspace0 模块：“变量名称”为 ucout（输出变量名）；“保存格式”为数组。

⑥ To Workspace1 模块：“变量名称”为 timeout；“保存格式”为数组。

⑦ Scope 模块：“配置属性”的“画面”页面中，“Y 范围（最大值）”设为 2。

各个模块其余的设置皆取默认值。

（3）仿真配置。

求解器中的仿真“停止时间”设为 1s。

（4）运行仿真。

运行仿真，观察 *R*、*L*、*C* 第 1 组值的仿真结果。然后，按照题中的要求给变量重新赋值，再对仿真结果进行观察，仿真结果如图 8.30 所示。

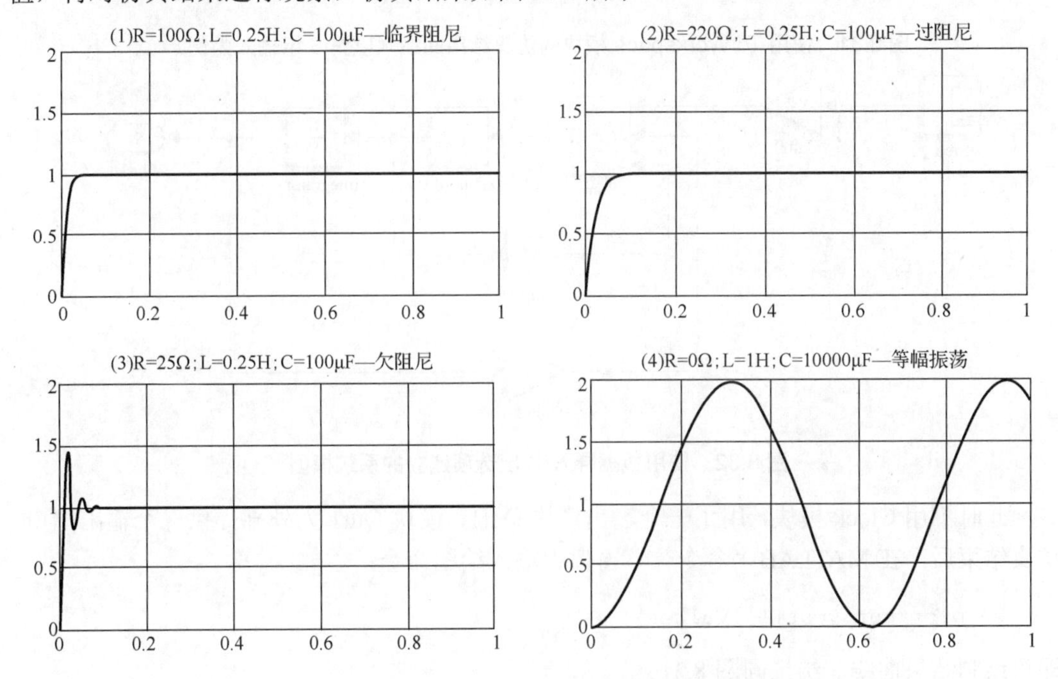

图 8.30　例 8.7 中不同参数下的仿真结果

（5）使用 To Workspace 模块配合 MATLAB 绘图命令，来绘制结果曲线。图 8.29 的系统模型图中使用了两个 To Workspace 模块（将数据写入到工作区的变量中）。仿真结束时，变量 ucout 和 timeout 就会出现在工作区中（写入工作区的变量名分别为 ucout 和 timeout，参见 To Workspace 模块的参数设置）。时间是通过 Clock 模块传递到 To Workspace 模块的。

仿真结束后，在 MATLAB“命令行”窗口中输入绘图命令：

```
>> plot(out.timeout,out.ucout)
```

MATLAB 图形窗口即出现绘制的仿真结果曲线，如图 8.31 所示（以第 3 组输入为例）。

（6）在“配置参数”对话框中的“数据导入/导出”选项中指定时间。

建立的系统模型如图 8.32 所示，所有设置均采用默认设置。

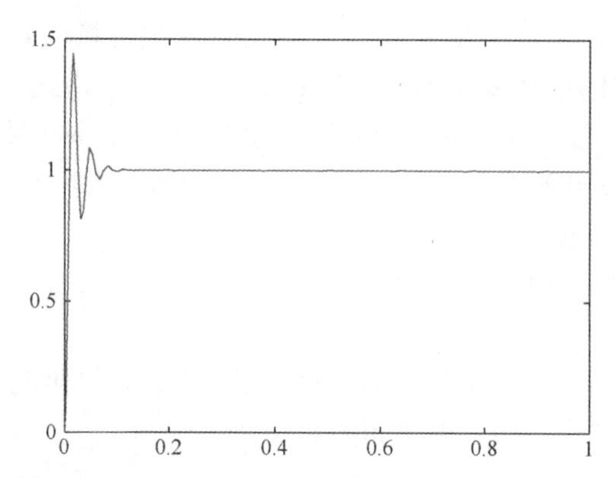

图 8.31　使用 To Workspace 模块的仿真结果曲线（以第 3 组输入为例）

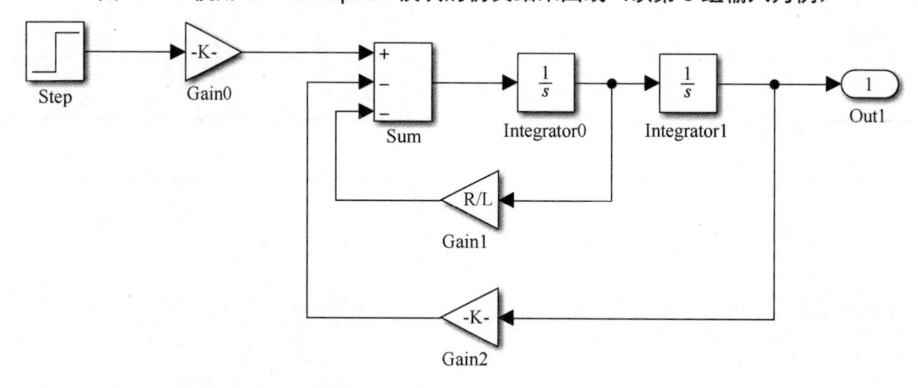

图 8.32　使用数据导入/导出选项建立的系统模型

此时不用 Clock 模块，用了一个输出模块 Out1，模块 Out1 为外部提供一个输出端口。仿真结束后，在 MATLAB“命令行”窗口中输入绘图命令：

```
>> plot(out.yout{1}.Values);
```

即可绘制结果曲线，结果同图 8.31。

（7）使用 To File 模块，输出仿真数据到.mat 文件，系统模型如图 8.33 所示。

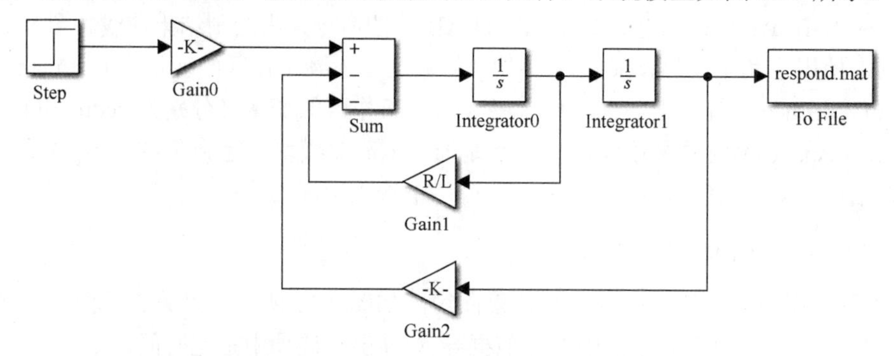

图 8.33　使用 To File 模块建立的系统模型

To File 模块的参数设置如下。

① 文件名：respond.mat。

② 变量名称：uc。

启动仿真后，这个文件名为 respond.mat 的文件被自动创建并存放在 MATLAB 当前文件夹中，双击文件名或在 MATLAB“命令行”窗口中输入 load('respond.mat')即可加载该文件，并在工作区看到变量 uc，双击变量名可查看变量 uc 的值。

在 MATLAB“命令行”窗口中输入：

```
>> load('respond.mat')
>> plot(uc);
```

即可绘制结果曲线，结果同图 8.31。

8.4 本章小结

在本章中首先对 SIMULINK 仿真工具进行了介绍，其次对系统仿真模块与信号线可以进行的基本操作进行了概括，最后对常用的输入及输出模块的功能及应用作了简单的说明。掌握了这些基本知识后就可以熟练地创建系统仿真模型。

建立起系统的仿真模型后，通过对仿真模型参数的合理配置，就可以对仿真模型进行仿真及分析。运行仿真的方法包括使用图形和命令两种。仿真结果的输出显示，可以使用示波器等基本的输出模块完成。

通过本章的学习，读者应该能够对 SIMULINK 仿真工具有一个全面地认识和了解，能够熟练地掌握并运用 SIMULINK 进行系统的建模及仿真，并为学习后续的知识打下良好的基础。

本章习题

1．利用所掌握的方法对 Step 模块进行选取，复制，改变大小以及增添阴影这些模块的基本操作。把其模块参数“Step time”设置为 1，其余为默认，在示波器上观察输出的曲线。

2．建立图 8.34 的系统模型，并通过对图中的 Signal Generator 的参数进行设置，使其输出幅值为 1，频率为 1rad/s 的方波信号，然后对建立的模型进行仿真。

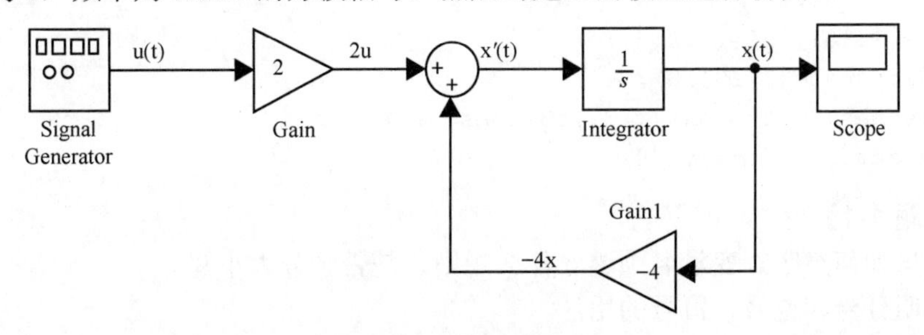

图 8.34　系统模型图

3．SIMULINK 对系统 $y(t)=x^2(t)$进行仿真，其中 $x(t)=2\sin100t$ 为输入信号；$y(t)$为输出信号，使用 Scope 模块显示原始信号和结果信号。

附录 A

MATLAB 上机实验

实验一　熟悉 MATLAB 工作环境

一、实验目的

初步熟悉 MATLAB 工作环境，熟悉“命令行”窗口，学会使用“帮助”窗口查找帮助信息。

二、实验内容

（1）熟悉 MATLAB 平台的工作环境。
（2）熟悉 MATLAB 的 5 个工作窗口。
（3）掌握MATLAB 的优先搜索顺序。

三、实验步骤

1. 熟悉 MATLAB 的 5 个基本窗口

（1）“命令行”窗口。
在“命令行”窗口中依次输入以下命令：

```
>> x=1
>> y=[1 2 3
      4 5 6
      7 8 9];
>> z1=[1:10], z2=[1:2:5];
>> w=linspace(1,10,10);
>> t1=ones(3),t2=ones(1,3),t3=ones(3,1)
>> t4=zeros(3),t5=eye(4)
```

【思考题 1-1】
① 变量如何声明？变量名须遵守什么规则、是否区分大小写？
② 说明分号、逗号、冒号的用法。
③ linspace()被称为线性等分函数，说明它的用法。可使用 help 命令，格式如下。

```
>> help linspace
```

④ 说明函数 ones()、zeros()、eye()的用法。

（2）工作区窗口。

单击工作区窗口右上角图标，在弹出菜单中选择“取消停靠”选择，将其从 MATLAB 主界面中分离出来。

① 在工作区查看各个变量，或在“命令行”窗口用 who, whos（注意大小写）查看各个变量。

② 在工作区双击变量，弹出“变量”编辑窗口，即可修改变量。

③ 使用 save 命令把工作区的全部变量保存在 my_var.mat 文件中。

```
>> save my_var.mat
```

④ 输入下列命令：

```
>> clear all %清除工作区的所有变量
```

观察工作区的变量是否被清空。使用 load 命令把刚才保存的变量载入到工作区。

```
>> load my_var.mat
```

⑤ 清除“命令行”窗口的命令：

```
>> clc
```

（3）“命令历史记录”窗口。

打开“命令历史记录”窗口，可以看到每次运行 MATLAB 的时间和曾在“命令行”窗口输入过的命令，练习以下几种利用“命令历史记录”窗口重复执行输入过的命令的方法。

① 在“命令历史记录”窗口中选中要重复执行的一行或几行命令，右击，出现快捷菜单，选择“复制”命令，然后在“命令行”窗口选择“粘贴”命令，按回车键。

② 在“命令历史记录”窗口中双击要执行的一行命令，或者选中要重复执行的一行或几行命令后，用鼠标将其拖动到“命令行”窗口中执行。

③ 在“命令历史记录”窗口中选中要重复执行的一行或几行命令，右击，出现快捷菜单，选择“执行所选内容”命令，也可以执行。

④ 或者在“命令行”窗口使用方向键的上下键得到以前输入的命令。例如，按方向键“↑”一次，就重新将用户最后一次输入的命令调到 MATLAB 提示符下。重复地按方向键“↑”，就会在每次按下的时候调用再往前一次输入的命令。类似地，按方向键“↓”的时候，就往后调用一次输入的命令。按方向键“←”或者方向键“→”就会在提示符的命令中左右移动光标，这样用户就可以用类似于在文字处理软件中编辑文本的方法编辑这些命令。

（4）“当前文件夹”窗口。

MATLAB 的当前文件夹即是系统默认的实施打开、装载、编辑和保存文件等操作时的文件夹。打开“当前文件夹”窗口后，可以看到用 save 命令所保存的 my_var.mat 文件保存在当前文件夹下。

（5）“帮助”窗口。

单击主页选项卡资源面板上的 ? 图标打开“帮助”窗口；或者单击“帮助”按钮，在弹出菜单中选择“文档”菜单项，也可打开“帮助”窗口。

① 通过关键词查找 log2()函数的用法，在“搜索最新文档”栏中输入需要查找的关键词 log2，然后单击图标，在文档浏览器中就列出与之最匹配的若干条搜索结果，可以在此浏览所要查询的内容。

② 通过索引选项卡结合关键词查找 log2()函数。在“帮助”窗口中单击“函数”索引卡，然后在“搜索最新文档”栏中输入需要查找的关键词 log2，在其下方弹出与之最匹配的若干函数选项，单击所要查询的选项，即可显示相应的帮助文档。

关键词查询与索引选项卡不同，索引只在专用术语表中查找，而关键词查询搜索的是整个 HTML 帮助文档。

2. MATLAB 的数值显示格式设置

屏幕显示方式有紧凑（Compact）和松散（Loose）两种，其中 Loose 为默认方式。

```
>> a=ones(1,30)
>> format compact
>> a
>> format loose
>> a
```

数字显示格式有 long、short、long e、short e 等，请参照教材的列表练习一遍。

```
>> format long
>> pi
>> format short
>> pi
>> format long e
>> pi
>> format short e
>> pi
>> format +
>> pi
>> -pi
```

3. 变量的搜索顺序

在“命令行”窗口中输入以下命令：

```
>> format long
>> pi
>> sin(pi);
>> exist('pi')
>> pi=0;
```

```
>> exist('pi')
>> pi
>> clear pi
>> exist('pi')
>> pi
```

【思考题 1-2】

① 3 次执行 exist('pi')的结果一样吗？如果不一样，解释为什么？

② 圆周率 pi 是系统的默认常量，为什么会被改变为 0？

实验二　MATLAB 语言基础

一、实验目的

基本掌握 MATLAB 向量、矩阵、数组的生成及其基本运算（区分数组运算和矩阵运算），常用的数学函数运用。了解字符串的操作。

二、实验内容

（1）向量的生成和运算。

（2）矩阵的创建、引用和运算。

（3）多维数组的创建及运算。

（4）字符串的操作。

三、实验步骤

1. 向量的生成和运算

（1）向量的生成。

① 直接输入法：

```
>> A=[2,3,4,5,6]          %生成行向量
>> B=[1;2;3;4;5]          %生成列向量
```

② 冒号表达式法：

```
>> A=1:2:10,B=1:10,C=10:-1:1
```

③ 函数法：

linspace()是线性等分函数，logspace()是对数等分函数。

```
>> A=linspace(1,10),B=linspace(1,30,10)
>> A=logspace(0,4,5)
```

练习 2-1：使用函数 logspace()创建 10 个元素在[1,4π]范围内的行向量。

（2）向量的运算。

① 维数相同的行向量之间可以相加减，维数相同的列向量也可相加减，标量可以与向量直接相乘除。

```
>> A=[1 2 3 4 5],B=3:7;
>> AT=A',BT=B';             %向量的转置运算
>> E1=A+B,E2=A-B            %行向量相加减
>> F=AT-BT;                 %列向量相减
>> G1=3*A,G2=B/3,           %向量与标量相乘除
```

② 向量的点积与叉积运算。

```
>> A=ones(1,10);B=(1:10); BT=B’;
>> E1=dot(A,B)
>> E2=A*BT                  %注意 E1 与 E2 的结果是否一样
>> clear
>> A=1:3,B=3:5;
>> E=cross(A,B)
```

2. 矩阵的创建、引用和运算

（1）矩阵的创建和引用。

矩阵是由 $m \times n$ 个元素构成的矩形结构，行向量和列向量是矩阵的特殊形式。

① 直接输入法：

```
>> A=[1 2 3;4 5 6]
>> B=[1, 4 ,7
          2 5 8
          3 6 9]
>> A(1)                     %矩阵的引用
>> A(4:end)                 %用“end”表示某一维数中的最大值
>> B(:,1)
>> B(:)
>> B(5)                     %单下标引用
```

② 抽取法：

```
>> clear
>> A=[1 2 3 4;5 6 7 8;9 10 11 12;13 14 15 16]
>> B=A(1:3,2:3)             %取 A 矩阵行数为 1～3，列数为 2～3 的元素构成子矩阵
>> C=A([1 3],[2 4])         %取 A 矩阵行数为 1、3，列数为 2、4 的元素构成子矩阵
>> D=A([1 3;2 4])           %单下标抽取，注意其结果和前一句有什么不同
```

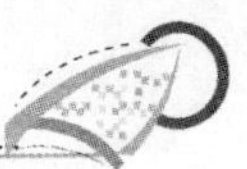

③ 函数法：

```
>> clear
>> A=ones(3,4)
>> B=zeros(3)
>> C=eye(3,2)
>> D=magic(3)
```

④ 拼接法：

```
>> clear
>> A=ones(3,4)
>> B=zeros(3)
>> C=eye(4)
>> D=[A B]
>> F=[A;C]
```

⑤ 拼接函数和变形函数法：

```
>> clear
>> A=[0 1;1 1]
>> B=2*ones(2)
>> cat(1,A,B,A)
>> cat(2,A,B,A)
>> repmat(A,2,2)
>> repmat(A,2)
```

练习 2-2：使用函数法、拼接法、拼接函数法和变形函数法，按照要求创建以下矩阵。

① $\boldsymbol{A}$ 为 3×4 的全 1 矩阵。

② $\boldsymbol{B}$ 为 3×3 的 0 矩阵。

③ $\boldsymbol{C}$ 为 3×3 的单位阵。

④ $\boldsymbol{D}$ 为 3×3 的魔方阵。

⑤ $\boldsymbol{E}$ 由 $\boldsymbol{C}$ 和 $\boldsymbol{D}$ 纵向拼接而成。

⑥ $\boldsymbol{F}$ 抽取 $\boldsymbol{E}$ 的 2～5 行元素生成。

⑦ $\boldsymbol{G}$ 为 $\boldsymbol{F}$ 变形后的 3×4 矩阵。

⑧ $\boldsymbol{H}$ 为以 $\boldsymbol{G}$ 为子矩阵用复制函数 repmat()生成的 6×8 大矩阵。

（2）矩阵的运算。

① 矩阵加减、数乘与乘法。

已知矩阵：

$$\boldsymbol{A}=\begin{bmatrix}1 & 2\\3 & -1\end{bmatrix},\ \boldsymbol{B}=\begin{bmatrix}-1 & 0\\1 & 2\end{bmatrix}$$

求：$\boldsymbol{A}+\boldsymbol{B}$、$2\boldsymbol{A}$、$2\boldsymbol{A}-3\boldsymbol{B}$、$\boldsymbol{AB}$。

② 矩阵的逆运算。

```
>> format rat;A=[1 0 1;2 1 2;0 4 6]
>> A1=inv(A)
>> A*A1
```

③ 矩阵的除法。

```
>> a=[1 2 1;3 1 4;2 2 1],b=[1 1 2],d=b'
>> c1=b*inv(a),  c2= b/a        %右除
>> c3=inv(a)*d ,  c4= a\d       %左除
```

观察结果 c1 是否等于 c2，c3 是否等于 c4？

如何去记忆左除和右除？

答：斜杠向左边倾斜就是左除，向右边倾斜就是右除。左除就是左边的数或矩阵作分母，右除就是右边的数或矩阵作分母。

练习 2-3：

① 用矩阵除法求下列方程组的解，其中 x=[x_1; x_2; x_3]。

$$\begin{cases} 6x_1+3x_2+4x_3=3 \\ -2x_1+5x_2+7x_3=-4 \\ 8x_1-x_2-3x_3=-7 \end{cases}$$

② 求矩阵的秩。

③ 求矩阵的特征值与特征向量。

④ 矩阵的乘幂与开方运算。

⑤ 矩阵的指数与对数运算。

⑥ 矩阵的提取与翻转操作。

3. 多维数组的创建及运算

（1）多维数组的创建。

```
>> A1=[1,2,3;4,5,6;7,8,9];A2=reshape([10:18],3,3)
>> T1(:,:,1)=ones(3);T1(:,:,2)=zeros(3)          %下标赋值法
>> T2=ones(3,3,2)                                %工具阵函数法
>> T3=cat(3,A1,A2),T4= repmat(A1,[1,1,2])        %拼接和变形函数法
```

（2）多维数组的运算。

数组运算用小圆点（“.”）加在运算符的前面表示，以区分矩阵的运算。特点是两个数组相对应的元素进行运算。

```
>> A=[1:6];B=ones(1,6);
>> C1=A+B,C2=A-B
>> C3=A.*B,C4=B./A,C5=A.\B
```

关系运算或逻辑运算的结果都是逻辑值。

```
>> I=A>3,C6=A(I)
>> A1=A-3,I2=A1&A  %由 I2 的结果可知，非逻辑型数组进行逻辑运算时，非零为真，零为假。
>> I3=~I
```

练习 2-4：创建三维数组 A，第一页为$\begin{bmatrix}1 & 3\\4 & 2\end{bmatrix}$，第二页为$\begin{bmatrix}1 & 2\\2 & 1\end{bmatrix}$，第三页为$\begin{bmatrix}3 & 5\\7 & 1\end{bmatrix}$。然后用 reshape()函数重排为数组 B，B 为 3 行、2 列、2 页。

4. 字符串的操作

（1）字符串的创建。

```
>> S1='I like MATLAB'
>> S2='I''m a student.'      %注意这里用两个连续的单引号输出一个单引号
>> S3=[S2,'and',S1]
```

（2）求字符串长度。

```
>> length(S1)
>> size(S1)                  %注意函数 length()和 size()的区别
```

（3）字符串与一维数值数组的相互转换。

```
>> CS1=abs(S1)               %转换得到字符的 ASCII 码
>> CS2=double(S1)
>> char(CS2)
>> setstr(CS2)
```

练习 2-5：用 char()函数和向量生成的方法创建如下字符串 AaBbCcDd…XxYyZz。
提示：A 和 a 的 ASCII 码分别为 65、97。

实验三 MATLAB 数值运算

一、实验目的

掌握 MATLAB 的数值运算及其运算中所用到的函数，掌握结构数组和元胞数组的操作。

二、实验内容

（1）多项式运算。
（2）多项式插值和拟合。
（3）数值微积分。
（4）结构数组和元胞数组。

三、实验步骤

1. 多项式运算

（1）多项式表示。在 MATLAB 中，多项式表示成向量的形式。

如 $s^4+3s^3-5s^2+9$ 在 MATLAB 中表示为：

```
>> S=[ 1  3  -5  0  9]
```

（2）多项式的加减法相当于向量的加减法，但须注意阶次要相同。如不同，低阶的要补 0。如多项式 $2s^2+3s+9$ 与多项式 $s^4+3s^3-5s^2+4s+7$ 相加：

```
>> S1=[0  0  2  3  11 ]
>> S2=[1  3  -5  4  7 ]
>> S3=S1+S2
```

（3）多项式的乘、除法分别用函数 conv()和 deconv()实现：

```
>> S1=[ 2  3  11 ]
>> S2=[1  3  -5  4  7 ]
>> S3=conv(S1,S2)
>> S4=deconv(S3,S1)
```

（4）多项式求根用函数 roots()实现：

```
>> S1=[ 2  4  2 ]
>> roots(S1)
```

（5）多项式求值用函数 polyval()实现：

```
>> S1=[ 2  4  1  -3 ]
>> polyval(S1,3)          %计算 x=3 时多项式的值
>> x=1:10
>> y=polyval(S1,x)        %计算 x 向量对应的 y 向量
```

练习 3-1：求 $\dfrac{(s^2+1)(s+3)(s+1)}{s^3+2s+1}$ 的“商”及“余”多项式。

2. 多项式插值和拟合

有一组实验数据如表 A-1 所示。

表 A-1　实验数据

X	1	2	3	4	5	6	7	8	9	10
Y	16	32	70	142	260	436	682	1010	1432	1960

请分别用拟合（二阶至三阶）和插值（线性和三次样条）的方法来估测 X=9.5 时 Y 的值。以下是实现一阶拟合的语句。

```
>> x=1:10
>> y=[16 32 70 142 260 436 682 1010 1432 1960]
>> p1=polyfit(x,y,1)          %一阶拟合
>> y1=polyval(p1,9.5)         %计算多项式 p1 在 x=9.5 时的值
```

3. 数值微积分

（1）差分使用 diff()函数实现。

```
>> x=1:2:9
>> diff(x)
```

（2）可以用因变量和自变量差分的结果相除得到数值微分。

```
>> x=linspace(0,2*pi,100);
>> y=sin(x);
>> plot(x,y)
>> y1=diff(y)./diff(x);
>> plot(x(1:end-1),y1)
```

（3）cumsum()函数求累计积分，trapz()函数用梯形法求定积分，即曲线的面积。

```
>> x=ones(1,10)
>> cumsum(x)
>> x=linspace(0, pi,100);
>> y=sin(x);
>> S=trapz(y,x)
```

练习 3-2：图 A.1 是案例地图，为了算出其面积，首先对地图作如下测量：以由西向东方向为 X 轴，由南到北方向为 Y 轴，选择方便的原点，并将从最西边界点到最东边界点在 X 轴上的区间适当划分为若干段，在每个分点的 Y 方向测出南边界点和北边界点的 Y 坐标 $Y1$ 和 $Y2$，这样就得到了表 A-2，根据地图比例尺知道 18mm 相当于 40km，试由测量数据计算瑞士国土近似面积，与其精确值 41228km^2 比较。

表 A-2　案例地图沿 X 轴与 Y 轴方向的分段坐标值

X	7	10.5	13	17.5	34	40.5	44.5	48	56	61	68.5	76.5	80.5	91
Y1	44	45	47	50	50	38	30	30	34	36	34	41	45	46
Y2	44	59	70	72	93	100	110	110	110	117	118	116	118	118
X	96	101	104	106.5	111.5	118	123.5	136.5	142	146	150	157	158	
Y1	43	37	33	28	32	65	55	54	52	50	66	66	68	
Y2	121	124	121	121	121	116	122	83	81	82	86	85	68	

提示：由高等数学的知识可知，一条曲线的定积分是它与 X 轴所围成的面积，那么两条曲线所围成的面积可由两条曲线的定积分相减得到。

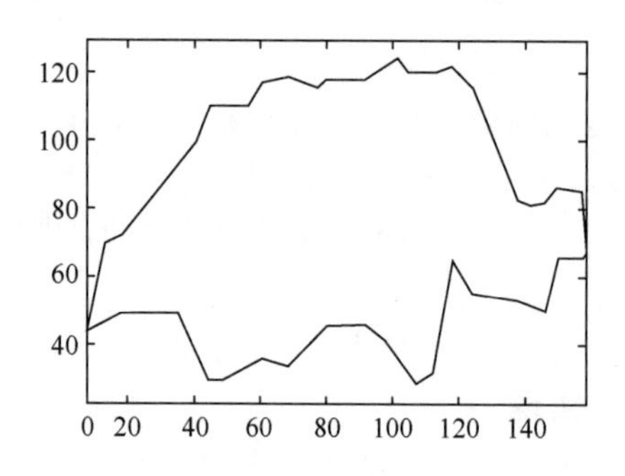

图 A.1　案例地图

4. 结构数组与元胞数组

（1）结构数组的创建。

```
>> student.number='20050731001';
>> student.name='Jack';
>> student(2).number='20050731002';
>> student(2).name ='Lucy';
```

或者用 struct()函数创建。

```
>> student = struct('number',{ '001', '002'},'name',{ 'Jack', 'Lucy'});
```

（2）结构数组的操作。

```
>> student(1).subject=[]                         %添加 subject 域并赋予空值
>> student(1).sorce=[]
>> student
>> fieldnames(student)
>> getfield(student,{2},'name')
>> student=rmfield(student, 'subject')           %删除 subject 域
>> student=setfield(student,{1},'sorce',90);
>> student(2).sorce=88;                          %比较和上一条语句是否效果一样
```

练习 3-3：创建一结构数组 stusource，其域包括学号、姓名、英语成绩、数学成绩、语文成绩、总分、平均分。结构数组的大小为 2×2。

（3）元胞数组的创建。

```
>> A={'How are you!',ones(3);[1 2;3 4],{'cell'}};        %直接创建
>> B(1,1)={'Hello world'};                               %由各个元胞元素创建
>> B(1,2)={magic(3)};
>> B(2,1)={[ 1 2 3 4]};
```

或者用 cell()函数先创建空的元胞数组，再给各元素赋值。

```
>> C=cell(1,2);                    %创建 1×2 的元胞数组
```

```
>> C(1,1)={'Hello world'};
>> C(1,2)={magic(3)};
>> C(1,3)={[ 1 2 3 4]};
```

（4）元胞数组的操作。

```
>> ans1=A(1,1)
>> ans2=A{1,1}            %注意圆括号和花括号的区别，ans1 和 ans2 的数据类型
>> whos ans1 ans2
>> elldisp(A)             %显示元胞数组的所有元素
>> a1=A{2,1}(1,2)         %取出 A 的第 2 行的第 1 列元胞元素矩阵中的第 1 行的第 2 列内容
>> [a2 a3]=deal(A{1:2})     %取出 A 的第 1 个和第 2 个元胞元素的内容赋给 a2、a3
```

练习 3-4：创建一大小为 2×2 的元胞数组 stucell，其元素的类型分别为：结构类型、字符串、矩阵和细胞类型。

实验四　MATLAB 符号运算

一、实验目的

掌握符号变量和符号表达式的创建，掌握 MATLAB 的 symbol 工具箱的一些基本应用。

二、实验内容

（1）符号变量、表达式、方程及函数的表示。
（2）符号微积分运算。
（3）符号表达式的操作和转换。
（4）符号微分方程求解。

三、实验步骤

1. 符号运算的引入

在数值运算中如果求 $\lim_{x \to 0} \frac{\sin \pi x}{x}$，则可以不断地让 x 趋近于 0，以求得表达式的趋近值，但是终究不能令 x=0，因为在数值运算中 0 是不能作除数的。MATLAB 的符号运算能解决这类问题。输入如下命令。

```
>> f=sym('sin(pi*x)/x ')
>> limit(f,'x',0)
```

2. 符号常量、符号变量、符号表达式的创建

（1）使用 sym()函数创建。
输入以下命令，观察工作区中 A、B、f 是什么类型的数据，占用了多少字节的内

存空间。

```
>> A=sym('1')                 %符号常量
>> B=sym('x')                 %符号变量
>> f=sym('2*x^2+3y-1')        %符号表达式
>> clear
>> f1=sym('1+2')              %有单引号，表示字符串
>> f2=sym(1+2)                %无单引号
>> f3=sym('2*x+3 ')
>> f4=sym(2*x+3)              %为什么会出错
>> x=1
>> f4=sym(2*x+3)
```

通过查阅 MATLAB 的帮助文档可知，sym()函数的参数可以是字符串或数值类型，无论是哪种类型都会生成符号类型数据。

（2）使用命令 syms 创建。

```
>> clear
>> syms x y z        %注意观察 x、y、z 都是什么类型的数据，它们的内容是什么
>> x,y,z
>> f1=x^2+2*x+1
>> f2=exp(y)+exp(z)^2
>> f3=f1+f2
```

通过以上实验，知道生成符号表达式的第二种方法是由符号类型的变量经过运算（加减乘除等）得到的。又如：

```
>> f1=sym('x^2+y +sin(2)')
>> syms x y
>> f2=x^2+y+sin(2)
>> x=sym('2'),y=sym('1')
>> f3=x^2+y+sin(2)
>> y=sym('w')
>> f4=x^2+y+sin(2)
```

【思考题 4-1】 syms x 是不是相当于 x=sym('x')?

3. 符号矩阵创建

```
>> syms a1 a2 a3 a4
>> A=[a1 a2;a3 a4]
>> A(1),A(3)
```

或者：

```
>> B=sym('[ b1 b2 ;b3 b4]')
```

```
>> c1=sym('sin(x)')
>> c2=sym('x^2')
>> c3=sym('3*y+z')
>> c4=sym('3')
>> C=[c1 c2; c3 c4]
```

练习 4-1：分别用命令 sym 和 syms 创建符号表达式 $f_1=\cos x+\sqrt{-\sin^2 x}$，$f_2=\dfrac{y}{\mathrm{e}^{-2t}}$。

4. 符号算术运算

（1）符号量相乘、相除。

符号量相乘运算和数值量相乘一样，分成矩阵乘和数组乘。

```
>> a=sym(5);b=sym(7);
>> c1=a*b
>> c2=a/b
>> a=sym(5);B=sym([3 4 5]);
>> C1=a*B, C2=a\B
>> syms a b
>> A=[5 a;b 3]; B=[2*a b;2*b a];
>> C1=A*B, C2=A.*B
>> C3=A\B, C4=A./B
```

（2）符号数值任意精度控制和运算。

任意精度的 VPA 运算可以使用命令 digits（设定默认的精度）和 vpa（对指定对象以新的精度进行计算）来实现。

```
>> a=sym('2*sqrt(5)+pi')
>> b=sym(2*sqrt(5)+pi)
>> digits
>> vpa(a)
>> digits(15)
>> vpa(a)
>> c1=vpa(a,56)
>> c2=vpa(b,56)
```

注意观察 c1 和 c2 的数据类型，c1 和 c2 是否相等。

（3）符号类型与数值类型的转换。

使用命令 sym 可以把数值型对象转换成有理数型符号对象，命令 vpa 可以将数值型对象转换为任意精度的 VPA 型符号对象。使用 double()、numeric()函数可以将有理数型和 VPA 型符号对象转换成数值对象。

```
>> clear
>> a1=sym('2*sqrt(5)+pi')
```

```
>> b1=double(a1)        %符号转数值
>> b2=numeric(a1)       %符号转数值
>> a2=vpa(a1,70)        %数值转符号
```

5. 符号表达式的操作和转换

（1）独立变量的确定原则。

独立变量的确定原则：在符号表达式中默认独立变量是唯一的。MATLAB 会对单个英文小写字母（除 *i*、*j* 外）进行搜索，且以 *x* 为首选独立变量。如果表达式中字母不唯一且无 *x*，就选在字母表顺序中最接近 *x* 的字母。如果有相连的字母，则选择在字母表中较后的那一个。例如：'3*y+z'中，y 是默认独立变量。'sin(a*t+b)'中，t 是默认独立变量。

输入以下命令，观察并分析结果。

```
>> clear
>> f=sym('a+b+i+j+x+y+xz')
>> findsym(f)
>> findsym(f,1),findsym(f,2),findsym(f,3)
>> findsym(f,4),findsym(f,5),findsym(f,6)
```

（2）符号表达式的化简。

符号表达式化简函数主要包括表达式美化（pretty()）、合并同类项（collect()）、多项式展开（expand()）、因式分解（factor()）、化简（simple()或 simplify()）等函数。

① 合并同类项函数（collect()）。分别按 *x* 的同幂项和 e 指数同幂项合并表达式为 $(x^2+xe^{-t}+1)(x+e^{-t})$。

```
>> syms x t; f=(x^2+x*exp(-t)+1)*(x+exp(-t));
>> f1=collect(f)
>> f2=collect(f,'exp(-t)')
```

② 表达式美化函数（pretty()）。针对上例，用表达式美化函数可以使显示出的表达式更符合数学书写习惯。

```
>> pretty(f1)
>> pretty(f2)
```

注意与直接输出的 f1 和 f2 对比。

③ 多项式展开函数（expand()）。将表达式$(x-1)^{12}$展开成 *x* 不同幂次的多项式。

```
>> clear all
>> syms x;
>> f=(x-1)^12;
>> pretty(expand(f))
```

④ 因式分解函数（factor()）。将表达式 $x^{12}-1$ 作因式分解。

```
>> clear all
```

```
>> syms x; f=x^12-1;
>> pretty(factor(f))
```

⑤ 化简函数（simple()或simplify()）。将函数$f=\sqrt[3]{\frac{1}{x^3}+\frac{6}{x^2}+\frac{12}{x}+8}$化简。

```
>> clear all, syms x; f=(1/x^3+6/x^2+12/x+8)^(1/3);
>> g1=simple(f)
>> g2=simplify(f)
```

6. 符号表达式的变量替换

subs()函数可以对符号表达式中的符号变量进行替换。

```
>> clear
>> f=sym('(x+y)^2+4*x+10')
>> f1=subs(f,'x','s')                    %使用 s 替换 x
>> f2=subs(f,'x+y','z')
```

练习4-2：

① 已知$f=\left(ax^2+bx+c-3\right)^3-a\left(cx^2+4bx-1\right)$，按照自变量$x$和自变量$a$，对表达式$f$分别进行降幂排列。

② 已知符号表达式$f=1-\sin^2 x$，g=2x+1，计算x=0.5时，f的值；计算复合函数$f(g(x))$。

7. 符号方程的求解

（1）求一元二次方程$ax^2+bx+c=0$的解。其求解方法有多种形式。

① Seq=solve('a*x^2+b*x+c')

② Seq=solve('a*x^2+b*x+c=0')

③ eq='a*x^2+b*x+c'; 或 eq='a*x^2+b*x+c=0';

Seq=solve(eq)

④ syms x a b c;

eq= a*x^2+b*x+c;

Seq=solve(eq)

（2）常微分方程求解。

求解常微分方程的函数是 dsolve()。应用此函数可以求得常微分方程（组）的通解，以及给定边界条件（或初始条件）后的特解。

常微分方程求解函数的调用格式为：

```
>> r=dsolve('eq1,eq2,...', 'cond1,cond2,...', 'v')
>> r=dsolve('eq1','eq2',...,'cond1','cond2',...,'v')
```

说明：

① 以上两式均可给出方程 eq1、eq2、...对应初始条件 cond1、cond2、...之下的以 v

作为解变量的各微分方程的解。

② 常微分方程解的默认变量为 t。

③ 第二式中最多可接受的输入式是 12 个。

④ 微分方程的表达方法：在用 MATLAB 求解常微分方程时，用 Dy 表示微分符号 $\frac{\mathrm{d}y}{\mathrm{d}x}$，用 D2$y$ 表示 $\frac{\mathrm{d}^2y}{\mathrm{d}x^2}$，依此类推。

边界条件类似于 $y(a)=b$ 或 D$y(a)=b$，其中 y 为因变量，a、b 为常数。如果初始条件给得不够，求出的解则为含有 C1、C2 等待定常数的通解。例如，求微分方程 $y'=2x$ 的通解。

```
y=dsolve('Dy=2*x','x')
```

练习 4-3：

① 求 $\lim\limits_{x\to 2}\frac{x^2-1}{x^2-3x+2}$。

② 求函数 $f(x)=\cos 2x-\sin 2x$ 的积分；求函数 $g(x)=\sqrt{\mathrm{e}^x+x\sin x}$ 的导数。

③ 计算定积分 $\int_0^{\frac{\pi}{6}}(\sin x+2)\mathrm{d}x$。

④ 求下列线性代数方程组的解。

$$\begin{cases} x+\ \ y+z=10 \\ 3x+2y+z=14 \\ 2x+3y-z=1 \end{cases}$$

⑤ 求解当 $y(0)=2$，$z(0)=7$ 时，微分方程组的解。

$$\begin{cases} \frac{\mathrm{d}y}{\mathrm{d}x}-z=\sin x \\ \frac{\mathrm{d}z}{\mathrm{d}x}+y=1+x \end{cases}$$

实验五　MATLAB 程序设计

一、实验目的

掌握 MATLAB 程序设计的主要方法，熟练编写 MATLAB 函数文件。

二、实验内容

（1）M 文件的编辑。

（2）程序流程控制结构。

（3）子函数调用和参数传递。

（4）局部变量和全局变量。

三、实验步骤

1. M 文件的编辑

在“主页”选项卡的“文件”面板中，单击图标，或单击“新建”按钮，在弹出菜单中，选择“脚本”选项，即可打开 M 文件编辑器，然后输入以下内容，并保存成文件名为 exp1.m 的文件。

```
% exp1.m 脚本文件
% 功能：计算自然数列 1～100 的数列和
s=0;
for  n=1:100
   s=s+n;
end
s
```

保存好文件后，在“命令行”窗口中输入 exp1 即可运行该脚本文件，注意观察变量空间。接着创建 M 函数文件，然后输入以下内容，并保存文件为 exp2.m。

```
%exp2.m 函数文件
%功能：计算自然数列 1～x 的数列和
function s=exp2(x)
    s=0;
for  n=1:x
        s=s+n;
end
```

保存好文件后，在“命令行”窗口输入：

```
>> clear
>> s=exp2(100)
```

open 命令可以打开 M 文件进行修改：

```
>> open conv          %打开 conv 函数
```

2. 程序流程控制结构

（1）for 循环结构。

```
for n=1:10
    n
end
```

另一种形式的 for 循环：

```
n=10:-1:5
for i=n             %循环的次数为向量 n 的列数
    i
end
```

（2）while 循环结构。

在“命令行”窗口输入：

```
>> clear,clc;
x=1;
while 1
    x=x*2
end
```

将会看到 MATLAB 进入死循环，因为 while 判断的值恒为真，这时须按下 Ctrl+C 键来中断运行，并且可看到 x 的值为无穷大。

练习 5-1：

① 用 while 循环结构改写 exp2.m 函数文件。

② 用 $\pi/4\approx1-1/3+1/5-1/7+\ldots$ 公式求 π 的近似值，直到最后一项的绝对值小于 10^{-6} 为止，编写其 M 函数文件。

（3）if-else-end 分支结构。

if-else-end 分支结构有如下 3 种形式：

（a）if <表达式>
            语句组 1
      end

（b）if <表达式>
            语句组 1
      else
            语句组 2
      end

（c）if <表达式 A>
            语句组 1
      elseif <表达式 B>
            语句组 2
      elseif
            语句组 3
            ……
      else
            语句组 n
      end

（4）switch-case 结构。

创建 M 脚本文件 exp3.m，输入以下内容并在“命令行”窗口中运行：

```
%exp3.m 脚本文件
%功能：判断键盘输入的数是奇数还是偶数
n=input('n=');
if  isempty(n)
error('please input n')
end
switch  mod(n,2)
case 1
   A='奇数'
case 0
   A='偶数'
end
```

3. 子函数和参数传递

有一个函数 $g(x)=\sum_{n=1}^{x} n!(x=1,2,3...)$，编写实现该函数的函数文件。

```
%exp4.m 主函数文件
function g=exp4(x)          %主函数
g=0;
for n=1:x
     g=g+fact(n);           %调用子函数
end

%exp4.m 子函数文件
function y=fact(k)          %子函数
y=1;
for  i=1:k
    y=y*i;
end
```

输入参数可以由函数 nargin()计算。在下面的例子中的 sinplot2()函数，当只给其输入一个参数 w 时，会给 p 赋默认值 0。

```
%sinplot 函数文件
function y=sinplot(w,p)
if nargin>2
   erro('too many input')
end
if nargin==1
```

```
p=0;
end
x=linspace(0,2*pi,500);
z=sin(x.*w+p);
```

练习 5-2：

① 编写一个求矩形面积的函数 rect()，当没有输入参数时，显示提示信息；当只输入一个参数时，则以该参数作为正方形的边长计算其面积；当有两个参数时，则以这两个参数为长和宽计算其面积。

② 编写一个字符串加密函数 nch=my_code(ch,x)，其中 ch 是字符串参数，x 为整数。加密方法是把 ch 的每一个字符的 ASCII 码值加上 x，得到的即为加密后的新的字符串 nch。由于可显示的 ASCII 码值的范围为(32,126)，因此当得到的 ASCII 码值大于 126 时，需要减去 93。同理，再编写一个解码函数 nch=my_dcode(ch,x)。

提示：char(32:126)可获得 ASCII 码值为 32 ~ 126 的字符。

4. 局部变量和全局变量

自程序执行开始到退出 MATLAB，始终存放在工作区中，可被任何命令文件和数据文件存取甚至修改的变量即是全局变量。全局变量可用于函数之间传递参数，用关键字 global 声明。

编写一个求和的函数文件，其名为 summ.m。程序如下：

```
%求和函数文件 summ.m
function s=summ
global BEG END
k=BEG:END;
s=sum(k);
```

再编写一个 M 脚本文件 use.m 来调用 summ.m 函数文件，它们之间通过全局变量传递参数。程序如下。

```
%调用求和函数文件 use.m
global BEG END
BEG=1;
END=10;
s1=summ;
BEG=1;
END=20;
s2=summ;
```

实验六　MATLAB 数据可视化

一、实验目的

掌握 MATLAB 二维、三维图形的绘制，掌握图形属性的设置和图形修饰，掌握图像文件的读取和显示。

二、实验内容

（1）二维图形绘制。

（2）三维曲线和三维曲面绘制。

（3）图像文件的读取和显示。

三、实验步骤

1. 二维图形绘制

（1）使用函数 plot()实现二维图形绘制。

```
>> clear all;
>> x=linspace(0,2*pi,100);
>> y1=sin(x);
>> plot(x,y)
>> hold on            %保持原有的图形
>> y2=cos(x)
>> plot(x,y)
```

注意： hold on 命令用于保持图形窗口中原有的图形，hold off 命令用于解除保持。

（2）函数 plot()的参数也可以是矩阵。

```
>> close all               %关闭所有图形窗口
>> x=linspace(0,2*pi,100);
>> y1=sin(x);
>> y2=cos(x);
>> A=[y1;y2]';             %把矩阵转置
>> B=[x;x]'
>> plot(B,A)
```

（3）选用绘图线型和颜色。

```
>> close all          %关闭所有图形窗口
>> plot(x,y1,'g+',x,y2,'r:')
>> grid on            %添加网格线
```

（4）添加文字标注。

```
>> title('正弦曲线和余弦曲线')
>> ylabel('幅度')
>> xlabel('时间')
>> legend('sin(x)','cos(x)')
>> gtext('\leftarrowsinx') %可用鼠标选择标注的位置
                           %\leftarrow 产生左箭头，'\'为转义符
```

（5）修改坐标轴范围。

```
>> axis equal
>> axis normal
>> axis([0 pi 0 1.5])
```

（6）子图和特殊图形绘制。

```
>> subplot(2,2,1)
>> t1=0:0.1:3;
>> y1=exp(-t1);
>> bar(t1,y1);

>> subplot(2,2,2)
>> t2=0:0.2:2*pi;
>> y2=sin(t2);
>> stem(t2,y2);

>> subplot(2,2,3)
>> t3=0:0.1:3;
>> y3=t3.^2+1;
>> stairs(t3,y3);

>> subplot(2,2,4)
>> t4=0:.01:2*pi;
>> y4= abs(cos(2*t4));
>> polar(t4,y4);
```

练习 6-1：写出图 A.2 的绘制方法。

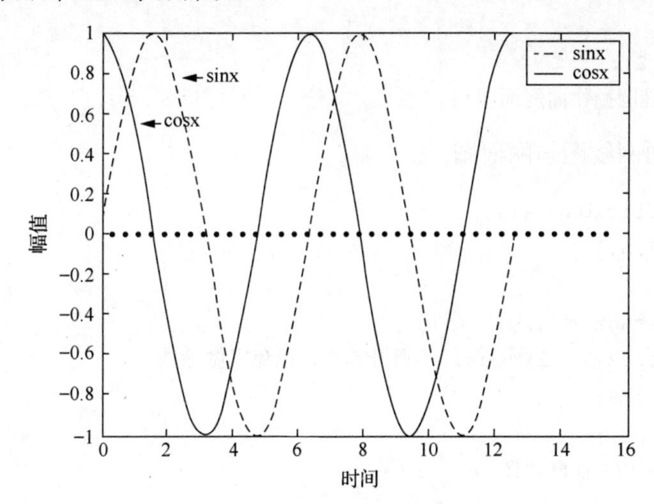

图 A.2　练习 6-1 的图形

提示：按照以下的步骤进行：①确定产生曲线的数据（共有 3 组数据）；②选择合适的线型、标记、颜色（正弦曲线为红色，余弦曲线为紫色）；③添加图例及文字说明信息；④添加坐标轴说明与图标题。

2. 三维曲线和三维曲面绘制

（1）三维曲线绘制使用 plot3()函数。绘制一条空间螺旋线。

```
>> z=0:0.1:6*pi;
>> x=cos(z);
>> y=sin(z);
>> plot3(x,y,z);
```

练习 6-2：利用子图函数，绘制以上的空间螺旋线的俯视图、左视图和前视图。

（2）三维曲面图的绘制。

MATLAB 绘制网线图和网面图的函数分别是 mesh()和 surf()，其具体操作步骤如下。

① 用函数 meshgrid()生成平面网格点矩阵[***X***,***Y***]。

② 由[***X***,***Y***]计算函数数值矩阵 ***Z***。

③ 用 mesh()函数绘制网线图，用 surf()函数绘制网面图。

绘制椭圆抛物面网线图和网面图：

```
>> clear all,close all;
>> x=-4:0.2:4;
>> y=x;
>> [X,Y]=meshgrid(x,y);
>> Z=X.^2/9+Y.^2/9;
>> mesh(X,Y,Z);
```

```
>> title('椭圆抛物面网线图')
>>figure(2)
>>surf(X,Y,Z);
>> title('椭圆抛物面网面图')
```

绘制阔边帽面网线图与网面图：

```
>> clear all,close all;
>> x=-7.5:0.5:7.5;
>> y=x;
>> [X,Y]=meshgrid(x,y);
>> R=sqrt(X.^2+Y.^2)+eps;  %避开零点，以免零做除数
>> Z=sin(R)./R;
>> mesh(X,Y,Z);
>> title('阔边帽面网线图')
>> figure(2)
>> surf(X,Y,Z);
>> title('阔边帽面网面图')
```

练习 6-3：考虑以下问题：设 $z = x^2 e^{-(x^2+y^2)}$，求定义域 x=[−2,2]，y=[−2,2]内的 z 值（网格取 0.1）。请把 z 的值用网面图形象地表示出来，如图 A.3 所示。

3. 图像文件的读取和显示

```
>> x=imread('cameraman.tif')          %首先读取图像文件
>> imshow(x)
>> y=255-double(x);                   %对图像进行反色处理
>> y=uint8(y);
>> figure
>> imshow(y)
>> imwrite(y,'reverse.tif')           %将图像数据保存为文件
```

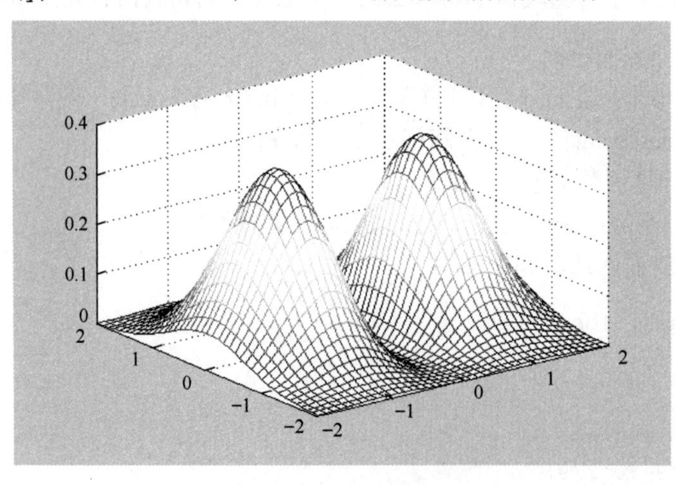

图 A.3　练习 6-3 的网面图

实验七　SIMULINK 仿真集成环境

一、实验目的

熟悉 SIMULINK 的模型窗口，熟练掌握 SIMULINK 模型的创建，熟练掌握 SIMULINK 常用模块的操作及其连接。

二、实验内容

（1）SIMULINK 模型的创建和运行。

（2）一阶系统仿真。

三、实验步骤

1. SIMULINK 模型的创建和运行

以幅度调制为例，创建 SIMULINK 模型，进行仿真。

- 调制信号：f_1=2+sin(t)。
- 载波信号：f_2=sin(100t)。
- 已调波信号：f_0=(2+sin(t))*sin(100t)。

（1）创建模型。

① 在 MATLAB 的“命令行”窗口中输入 simulink 语句，或者单击“主页”选项卡“SIMULINK”面板的按钮，即可打开“Simulink 起始页”窗口。

② 在“Simulink 起始页”窗口中的“新建”选项卡下选择“空白模型”选项，即可新建一个名为 untitled 的空白模型窗口。

③ 单击“库浏览器”按钮，打开 SIMULINK 库浏览器，在左侧目录中，单击 Simulink->Source，在右侧列出的模块库中，选择“Sine Wave”模块，将其拖到模型窗口；或右击“Sine Wave”模块，在弹出菜单中选择“向模型 untitled 添加模块”命令，即可向模型中添加正弦波信号源。重复以上过程，再次添加正弦波信号源。单击 Simulink->Math Operations，在右侧列出的模块库中，选择“Product”模块；单击 Simulink->Sinks，在右侧列出的模块库中，选择“Scope”模块。

（2）设置模块参数。

① 修改模块注释：单击模块的注释处，在编辑框中修改注释，将上边的“Sine Wave”模块修改为 f1，下边的“Sine Wave”模块修改为 f2，“Scope”模块修改为 f0。

② 双击 f1 模块，在弹出的对话框中将“偏置”设置为 2；双击 f2 模块，在弹出的对话框中将“频率”设置为 100；双击 f0 模块，弹出示波器窗口，单击示波器窗口右上角的图标，显示菜单和工具栏，然后单击工具栏的图标，在弹出的对话框中修改示波器“输入端口个数”为 3。

③ 用信号线连接模块，如图 A.4 所示。

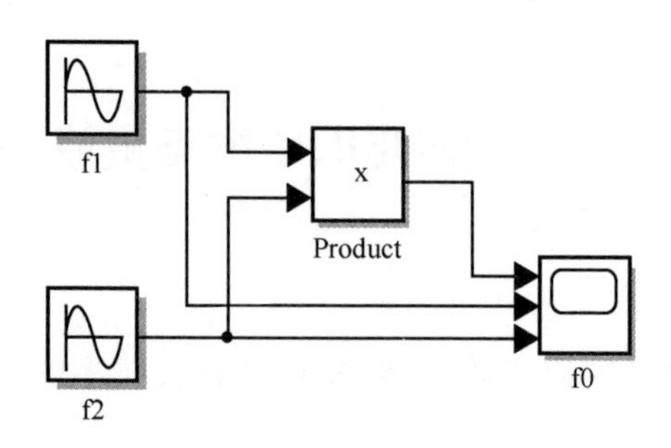

图 A.4　模块参数设置后的模块连接图

（3）启动仿真。

单击工具栏上的▶图标或者单击“运行”按钮，在弹出菜单中选择“运行仿真模型”选项，启动仿真；然后双击 f0 模块弹出示波器窗口，可以看到波形图。波形图的调整，请参阅帮助文档等相关资料自行实验。

（4）修改仿真参数。

仿真参数的设置项比较多，一般采用默认设置。这里，我们仅以修改仿真最大步长进行实验，其他请参阅帮助文档等相关资料自行实验。

① 修改仿真步长。在模型窗口的“仿真”选项卡的“准备”面板上单击▾图标，在弹出的对话框中单击“模型设置”按钮，弹出“配置参数”对话框，把“最大步长”设置为 0.01。启动仿真，观察波形。

② 再次修改“最大步长”为 0.001，启动仿真，可以看到波形的起点不是零点，这是因为步长改小后，数据量增大，超出了示波器的缓冲。单击示波器工具栏中的⇔、⇕或✥按钮，可以在水平、垂直或两个方向上自动调整波形显示范围。

2. 一阶系统仿真

使用阶跃信号作为输入信号，经过传递函数为 $\frac{1}{0.6s+1}$ 的一阶系统，观察其输出。

① 设置 Transfer Fcn 模块的分子系数为[1]，分母系数为[0.6 1]；设置 Step 模块的“阶跃时间”为 0；将仿真参数的“最大步长”设置为 0.01。

② 打开 SIMULINK 库浏览器，选取 Clock 模块添加到模型窗口中。

③ 打开 SIMULINK 库浏览器，选取两个 simout 模块（To workspace）添加到模型窗口中，两个模块分别连接输出和 Clock 模块，把结果数据输出到工作区。

④ 设置 simout 模块参数：设置变量名称分别为 y 和 t，如图 A.5 所示。

⑤ 启动仿真后，在工作区中可以有两个结构体 y 和 t。在“命令行”窗口输入如下命令：

```
>> y1=out.y.data;
>> t1=out.t.data;
>> plot(t1,y1)
```

观察输出结果。

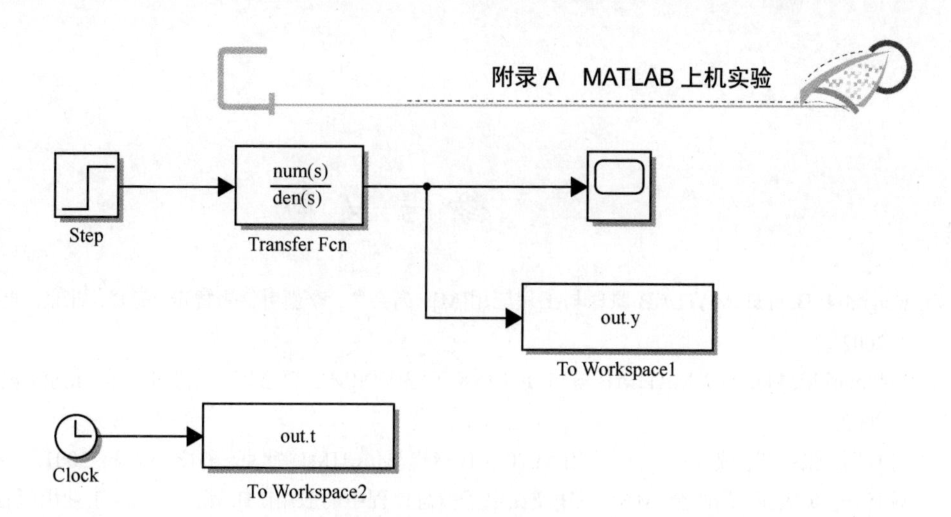

图 A.5　设置 simout 模块参数

参 考 文 献

Magrab E B, et al. MATLAB 原理与工程应用[M]. 高会生，李新叶，胡智奇，等译. 北京：电子工业出版社，2002.

Mokhtari M, Marie M. MATLAB 与 SIMULINK 工程应用[M]. 赵彦玲，吴淑红，译. 北京：电子工业出版社，2002.

陈桂明，张明照，戚红雨，等. 应用 MATLAB 建模与仿真[M]. 北京：科学出版社, 2001.

陈怀琛，吴大正，高西全. MATLAB 及在电子信息课程中的应用[M]. 北京：电子工业出版社, 2002.

精锐创作组. MATLAB 6.0 科学运算完整解决方案[M]. 北京：人民邮电出版社, 2001.

刘宏友，李莉，彭锋. MATLAB 6 基础及应用[M]. 重庆：重庆大学出版社, 2002.

苏金明，阮沈勇. MATLAB 6.1 实用指南. 上册[M]. 北京：电子工业出版社, 2002.

苏晓生. 掌握 MATLAB 6.0 及其工程应用[M]. 北京：科学出版社, 2002.

王家文，王皓，刘海. MATLAB 7.0 编程基础[M]. 北京：机械工业出版社, 2005.

王沫然. MATLAB 6.0 与科学计算[M]. 北京：电子工业出版社, 2001.

魏巍. MATLAB 信息工程工具箱技术手册[M]. 北京：国防工业出版社, 2004.

闻新，周露，张鸿. MATLAB 科学图形构建基础与应用(6.X)[M]. 北京：科学出版社, 2002.

薛定宇，陈阳泉. 基于 MATLAB/Simulink 的系统仿真技术与应用[M]. 北京：清华大学出版社, 2002.

张威. MATLAB 基础与编程入门[M]. 西安：西安电子科技大学出版社, 2004.

张智星. MATLAB 程序设计与应用[M]. 北京：清华大学出版社, 2002.

郑阿奇，曹弋，赵阳. MATLAB 实用教程[M]. 北京：电子工业出版社, 2004.

周晓阳. 数学实验与 Matlab[M]. 武汉：华中科技大学出版社, 2002.